工业和信息化高职高专"十三五"规划教材立项项目
高等职业院校信息技术应用"十三五"规划教材

计算机应用基础

（Windows 7+Office 2010）

张佰慧 王聪 ◎ 主编
白东升 赵敏 ◎ 副主编

人民邮电出版社
北　京

图书在版编目（CIP）数据

计算机应用基础：Windows 7+Office 2010 / 张佰
慧，王聪主编. -- 北京：人民邮电出版社，2017.9（2018.8重印）
高等职业院校信息技术应用"十三五"规划教材
ISBN 978-7-115-45869-8

Ⅰ. ①计… Ⅱ. ①张… ②王… Ⅲ. ①Windows操作系
统—高等学校—教材②办公自动化—应用软件—高等学校
—教材 Ⅳ. ①TP316.7②TP317.1

中国版本图书馆CIP数据核字(2017)第167318号

内 容 提 要

本书共分为两篇。第 1 篇是计算机基础知识篇，主要内容有计算机概述、计算机系统的组成、操作系统 Windows 7 的安装与使用、计算机网络基础、计算机网络安全以及微信公众平台等计算机相关基础知识。第 2 篇是办公设备的使用和办公软件的应用，主要介绍办公自动化的使用、文字处理软件 Word 2010、电子表格软件 Excel 2010、演示文稿软件 PowerPoint 2010 办公软件的应用。

本书适合作为高职高专院校计算机基础课程的教材。

◆ 主　编　张佰慧　王　聪
　　副主编　白东升　赵　敏
　　责任编辑　范博涛
　　责任印制　焦志炜

◆ 人民邮电出版社出版发行　　北京市丰台区成寿寺路 11 号
　　邮编　100164　电子邮件　315@ptpress.com.cn
　　网址　http://www.ptpress.com.cn
　　大厂聚鑫印刷有限责任公司印刷

◆ 开本：787×1092　1/16
　　印张：17.75　　　　　　2017 年 9 月第 1 版
　　字数：442 千字　　　　2018 年 8 月河北第 2 次印刷

定价：42.00 元
读者服务热线：(010)81055256　印装质量热线：(010)81055316
反盗版热线：(010)81055315
广告经营许可证：京东工商广登字 20170147 号

前言   FOREWORD

为了培养学生过硬的专业技能和工程能力，提升学生的计算机应用能力以达到企业对招聘人员的相关要求，本书在编写时不再按照传统的知识点来组织内容，而是以典型的学习型工作任务设置学习情境，按照项目课程的理念来整合教材内容。

本书以新的计算机等级考试大纲要求为标准，以计算机最新应用技术、Windows 7、Office 2010 为平台，以企业实践内容为基础，面向企业实际工作过程，将"中平能化集团公司"一年一度的"煤矿安全生产月活动"作为教学项目，学生通过完成书中设置的每个子任务，可以建立起一个完整的计算机基本应用的知识体系，了解计算机的理论知识，逐步掌握 Windows 操作系统的使用、网络基础应用、Office 办公软件应用，能利用搜索引擎搜索网络资源，并能够熟练使用扫描仪、打印机等。

本书由平顶山工业职业技术学院的张佰慧、王聪任主编，确定教材大纲、规划各章节内容，张佰慧完成全书审稿工作；平顶山工业职业技术学院的白东升、赵敏任副主编并参与定稿工作。其中，第 1 篇中的第 1 章、第 2 章由张佰慧编写，第 3 章的第 3.5 ~ 第 3.7 节由平顶山工业职业技术学院的高倩编写，第 4 章、第 6 章以及第 3 章的第 3.1 ~ 3.4 节由白东升编写，第 5 章由赵敏编写；第 2 篇中的项目一由白东升编写，项目二由王聪编写，项目三由平顶山工业职业技术学院的刘艺培编写，项目四由平顶山工业职业技术学院的蒋欣编写。

为了方便教师教学工作，本书附有全套电子课件。

编者
2017 年 6 月

目 录

CONTENTS

第 1 篇

计算机基础知识篇

1 Chapter

Windows 7+Office 2010

第 1 章
计算机概述

1.1　计算机的历史

1.1.1　电子计算机发展简史

计算机是 20 世纪人类最伟大的科学技术发明之一。这项发明对人类社会产生了极大的影响，为人们的工作和学习带来了许多方便，它正在改变着人们的生活，且已经成为现代文明的必然组成部分。计算机（Computer）是一种能够按照事先存储的程序，自动、高速地进行大量数值计算和各种信息处理的现代化智能电子设备。

第一台电子计算机叫"埃尼阿克"（ENIAC），它于 1946 年 2 月 15 日在美国宾夕法尼亚大学诞生。承担开发任务的"莫尔小组"由 4 位科学家和工程师埃克特、莫克利、戈尔斯坦和博克斯组成，总工程师埃克特当时只有 24 岁。这台计算机研制的初衷是将其用于二战，但直到二战结束一年后才完成。

ENIAC（电子数值积分计算机）的问世，标志着人类社会从此迈进了计算机时代的门槛。

现代电子计算机技术的飞速发展，离不开人类科技知识的积累，离不开许许多多热衷于此并呕心沥血的科学家的探索，正是这一代代的积累才构筑了今天的"信息大厦"。从下面这个按时间顺序展现的计算机发展简史，我们可以感受到科技发展的艰辛及科学技术的巨大推动力。

从 1946 年至今，电子计算机的发展经历了 4 代。计算机的发展史是根据核心部件（处理器）采用的电子元件类别来划分的，如图 1-1-1 至图 1-1-4 所示。

图1-1-1　ENIAC（埃尼阿克）计算机

图1-1-2　电子管

图1-1-3　电子管计算机

图1-1-4　晶体管计算机

第一代：电子管计算机（1947—1957）

第一代计算机是以电子管为逻辑元件的。1996 年是世界上第一台电子计算机问世 50 周年。在为此举行的纪念仪式上，美国副总统戈尔按动了这台被称为"埃尼亚克"（ENIAC）的计算机的电钮，计算机上的两排数码灯随即以准确的节奏闪烁到"46"这一数字，表示它诞生于 1946 年，然后又闪烁 50 下到"96"，标志计算机已经走过了不平凡的 50 年。这台计算机是个庞然大物，装有 17468 个电子管、7 万个电阻器、1 万个电容器和 6000 个开关，重达 30t，占地面积 160m²，耗电 174kW，它工作时不得不对附近的居民区停止供电，制造费用 45 万美元（相当于现在的 1200 万美元）。然而，这个庞然大物的计算速度却只有每秒 5000 次，仅及当今一台普通个人计算机的几千分之一，而后者轻轻一提即可带走，售价低于 2000 美元。

第二代：晶体管计算机（1958—1964）

这一时期的电子计算机主要采用晶体管作为基本器件，因而缩小了体积，降低了功耗，提高了速度和可靠性，价格也不断下降。计算机的应用范围已不仅局限在军事与尖端技术上，而且逐步扩大到气象、工程设计、数据处理及其他科学研究领域。

第三代：集成电路计算机（1964—1974）

这一时期的计算机采用集成电路作为核心部件。集成电路是将成百上千个晶体管集成到 1 块芯片上，电路板体积缩小，功能增强，运算速度加快。采用集成电路设计出的计算机，其运算速度达到百万次每秒。

这一时期的集成电路属于中小规模集成电路，1 块芯片集成的晶体管数目为 103～105 个。

第四代：大规模集成电路计算机（1974 至今）

在计算机的发展史上，20 世纪 70 年代初问世的第四代计算机具有特殊重要的意义。对此，我们只要知道"微机"和"网络"是第四代计算机的产物就会一目了然了。第四代计算机是采用大规模集成电路制造的计算机，高度的集成化使得计算机的中央处理器和其他主要功能可以集中到同一块集成电路中，这就是人们常说的"微处理器"。第一台微处理器"4004 芯片"于 1971 年由英特尔公司研制成功，这块集成了 2300 个晶体管的芯片的面积只有 4.2×3.2mm²，其功能却已相当于 1950 年时像房子那么大的电路板。此后，微处理器的发展如同乘上了高速列车，每隔 18 个月，性能价格比就翻一番。

从计算机诞生以来的近 60 年中，组成计算机的核心电子器件，经历了由电子管到晶体管，由中小规模集成电路到及超大规模集成电路的变化，CPU 芯片的集成度越来越高，使计算机成本不断下降、体积不断缩小、功能不断增强，特别是微型计算机的出现和发展，是计算机能普及的主要原因。

就在第四代计算机方兴未艾的时候，日本人在 1992 年提出了第五代计算机的概念，立即引起了广泛的关注。第五代计算机的特征是智能化的，具有某些与人的智能相类似的功能，可以理解人的语言，能思考问题，并具有逻辑推理的能力。严格地说来，只有第五代计算机才具有"脑"的特征，才能被称为"电脑"，不过到目前为止，智能计算机的研究虽然取得了某些成果，如发明了能模仿人的右脑工作的模糊计算机等，但从总体上看还没有突破性进展。

科学家预测，到 21 世纪初，一个微处理器可以集成 110 亿个晶体管，比现在提高 100 多倍，智能计算机将取得突破性进展，人类将迎来"智能时代"。再往后还将出现光计算机、超导计算机和生物计算机，届时人类社会的信息化进程又将出现质的飞跃。

1.1.2 我国计算机发展史中的里程碑事件

依靠自力更生精神，我国的计算机事业用 50 年时间，进入了世界少数能研制巨型机的国家行列。

1983 年，由国防科技大学计算机研究所研制的我国第一台巨型机"银河Ⅰ型"，运行速度为 1 亿次每秒。

1993 年，银河 II 号巨型机研制成功，运行速度为 10 亿次每秒。

1995 年，由中科院计算技术研究所研制的"曙光 1000 型"大型机通过鉴定，运算速度最高达到 25 亿次每秒。

2002 年，我国第一块有自主知识产权的微处理器（CPU）芯片"龙芯 1 号"问世，如图 1-1-5 所示。同年，研制出速度达万亿次每秒的超级服务器机组。

2003 年，"联想深腾 6800"超级计算机以 4.183 万亿次每秒的峰值运算速度，居全球超级计算机 500 强的第 14 位。

2005 年 4 月，64 位 CPU "龙芯 2 号"研制成功。

2008 年 11 月，"曙光 5000A"大型机通过鉴定，运算速度最高达到 230 亿次每秒。

2010 年 10 月，由国防科技大学研制的"天河一号 A"，如图 1-1-6 所示。其性能高达 2.507 千万亿次每秒，成为 2010 年度全球速度最快的超级计算机。

图1-1-5　龙芯1号CPU

图1-1-6　国产"天河一号A"超级计算

1.2　计算机的未来发展趋势

1.2.1　未来计算机的发展

计算机发展至今，已经经历过四代的改进，其实，计算机的发展史，就是一部人类不断追求更快，运算量更大，信息处理能力更强大的机器的过程。现在，不但是科学家，连普通的市民，都会在想象，未来的计算机，将是什么样的。其实，未来的计算机，苹果公司已经给了我们许多灵感，更轻薄、更简约、更人性化的触屏式笔记本计算机，已经被他们带来，随之而来的是，人们对新型计算机的又一轮憧憬。其实，每一次的计算机革新，离不开的还是产业技术革新，工业水平的提高，才能让许多我们以前想象的东西，成为实物。所以，技术才是新型计算机的未来。

1. 超导计算机

所谓超导，是指有些物质在接近绝对零度（相当于-269℃）时，电流流动是无阻力的。1962 年，英国物理学家约瑟夫逊提出了超导隧道效应原理，即由超导体—绝缘体—超导体组成器件，当两端加电压时，电子便会像通过隧道一样无阻挡地从绝缘介质中穿过去，形成微小电流，而这一器件的两端是无电压的。约琴夫逊因此获得诺贝尔奖。

2. 纳米计算机

科学家发现，当晶体管的尺寸缩小到 0.1μm（100nm）以下时，半导体晶体管赖以工作的基本原理将受到很大限制。研究人员需另辟蹊径，才能突破 0.1μm 界，实现纳米级器件。现代商品化大规模集成电路上元器件的尺寸约在 0.35μm（即 350nm），而纳米计算机的基本元器件尺寸只有几到几十纳米。

3．光计算机

与传统硅芯片计算机不同，光计算机用光束代替电子进行运算和存储：它以不同波长的光代表不同的数据，以大量的透镜、棱镜和反射镜将数据从一个芯片传送到另一个芯片。研制光计算机的设想早在 20 世纪 50 年代后期就已提出。1986 年，贝尔实验室的戴维·米勒研制出小型光开关，为同实验室的艾伦·黄研制光处理器提供了必要的元件。1990 年 1 月，黄的实验室开始用光计算机工作。然而，要想研制出光计算机，需要开发出可用一条光束控制另一条光束变化的光学"晶体管"。现有的光学"晶体管"庞大而笨拙，若用它们造成台式计算机将有一辆汽车那么大。因此，要想短期内使光计算机实用化还很困难。

4．DNA 计算机

1994 年 11 月，美国南加州大学的阿德勒曼博士提出一个奇思妙想，即以 DNA 碱基对序列作为信息编码的载体，利用现代分子生物技术，在试管内控制酶的作用下，使 DNA 碱基对序列发生反应，以此实现数据运算。DNA 计算机的最大优点在于其惊人的存储容量和运算速度：$1cm^3$ 的 DNA 存储的信息比 1 万亿张光盘存储的还多；十几小时的 DNA 计算，就相当于所有计算机问世以来的总运算量。更重要的是，它的能耗非常低，只有电子计算机的一百亿分之一。

5．量子计算机

以处于量子状态的原子作为中央处理器和内存，利用原子的量子特性进行信息处理。由于原子具有在同一时间处于两个不同位置的奇妙特性，即处于量子位的原子既可以代表 0 或 1，也能同时代表 0 和 1 以及 0 和 1 之间的中间值，故无论从数据存储还是处理的角度，量子位的能力都是晶体管电子位的两倍。对此，有人曾经作过这样一个比喻：假设一只老鼠准备绕过一只猫，根据经典物理学理论，它要么从左边过，要么从右边过，而根据量子理论，它却可以同时从猫的左边和右边绕过。量子计算机与传统计算机在外形上有较大差异：它没有传统计算机的盒式外壳，看起来像是一个被其他物质包围的巨大磁场；它不能利用硬盘实现信息的长期存储，但高效的运算能力使量子计算机具有广阔的应用前景，这使得众多国家和科技实体乐此不疲。尽管目前量子计算机的研究仍处于实验室阶段，但不可否认，终有一天它会取代传统计算机进入寻常百姓家。

1.2.2　平板电脑的发展

随着 iPad 一代又一代的推出，消费者对于平板电脑已经并不陌生了。不过从平板电脑的发展史上看，真正爆发性增长阶段主要集中在 2010 年至今。平板产品从 iPad 再到 Android 系统平板，从单核时代进入四核时代，从曾经一度低于 1000 元的价格，再到四核平板跨入 1999 元时代，平板电脑这种产品已然进入了普及阶段。

平板电脑是一种小型、方便携带的个人计算机，以触摸屏作为基本的输入设备。2010 年 1 月 27 日，苹果公司发布旗下平板电脑产品——iPad。2010 年，iPad 销量近 1500 万台。iPad 开启了平板电脑新纪元，不同行业的厂商，如消费电子、PC、通信、软件等厂商都纷纷加入到平板电脑产业中来。一时间，从上游到终端，从操作系统到软件应用，一条平板电脑产业生态链俨然形成。

那么在进入 2014 年以后，平板电脑在产品及应用等方面将可能出现哪些趋势呢？

趋势一：操作系统三分天下。

目前平板电脑产品的操作系统的基本势态是苹果 iOS 以一己之力抗衡诸强联盟的 Android

系统，但进入 2012 年以后，这种两强相争的局面已被打破，随着微软 Win8 操作系统的正式上市，平板电脑操作系统将进入三足鼎立的状态。笔者预计在 2017 年，Android 系统的平板电脑份额将在众多厂商的支持下逐渐赢得先机，iOS 居次，Win8 系统初来乍到，仍需一段时间的发酵期。

趋势二：跨界智能终端成平板新趋势。

所谓跨界智能终端，笔者的定义是屏幕介于 5 ~ 10 英寸之间，产品形态填补智能手机和平板电脑之间的空白，性能与智能终端或平板电脑不相上下，这样一个智能终端设备。笔者认为，由于在便携性上大屏智能终端要好于平板电脑，同时随着电池待机性能的不断提升，加之操作体验上不比平板电脑差多少，大屏智能终端完全有可能逐渐取代平板电脑成为新的市场主流。近日三星宣布 5.3 英寸平板手机 Galaxy Note 上市两个月全球出货量已超过 100 万，而这款机型热销，也表明在智能手机与平板电脑之间的市场存在巨大潜力。

趋势三："核战争"升级。

随着平板电脑概念的普及，用户对其产品性能的要求也水涨船高。如果说 2011 年是双核标准的确立年，那么 2012 年将是四核时代的开启元年。2011 年采用 Tegra2 双核处理器、1 GHz 级主频、512 MB 运行内存以及流畅运行 3D 图形处理显示芯片的机型已经成为主流，苹果 iPad2 则采用了 A5 双核处理器。但技术的提升都会带来产品硬件的更新换代，产品性能也随之不断提升。2011 年年末，已经有几家厂商推出了四核平板产品，2011 年 12 月初，华硕在京举行发布会，正式发布了全球首款搭载 Android 4.0 操作系统的 Tegra3 四核平板电脑，青睐四核处理器的不仅仅是华硕，海尔随后也推出了国内首款 Tegra3 四核平板电脑 HaiPad，另有消息报道，和硕科技已接下联想四核平板电脑 LePad 订单，自 2012 年春节后进入批量生产阶段。另外，宏碁、HTC 等厂商都即将推出四核平板电脑。从近期各厂商的动作不难看出，平板电脑市场正在加速跨入四核时代。预计 2017 年，四核平板电脑将逐渐成为平板电脑产品的主流标配。

趋势四：商务应用比例提升。

目前平板电脑的应用较多集中在游戏、影音娱乐等方面，厂家的产品定位也大多集中在这些方面，但随着产品终端的不断丰富，平板电脑的商用潜力将被激发。拥有便携、可随时联网、交互直观等特性的平板电脑在商务应用中的价值将逐步体现，成为笔记本电脑、智能手机外的又一个极具发展前景的商务工具。

趋势五：行业应用将获突破。

针对行业应用，平板电脑可以说是大有可为，它可以为行业用户提供更好的便携操作终端，同时能让客户获得更直观、更全面的相关信息。笔者预计，2017 年以后，平板电脑的行业应用将更加普及，而金融、政教、医疗、能源等大型产业的平板电脑行业应用机会将集中在国际品牌端，因为国际品牌已经积累了从服务器到终端设备、从数据到应用的丰富积淀。在行业应用方面国内品牌想要在短期迎头赶上可能性不大。但是，餐饮、娱乐等服务行业的机会更适合国内平板电脑产品。

趋势六：产品应用对接云计算和移动互联网。

或许这将是平板电脑产品最重要的趋势之一。随着云计算和移动互联网的发展，人们越来越需要一个可以实现与云计算和移动互联网应用完美对接，性能相对完善，操作体验较好，同时又便于携带的终端产品来充当"个人日常生活和工作的电子助理"的角色，无疑平板电脑是最有潜质的备选之一。笔者预计，未来的平板电脑产品将会更完善的融合无线数据传输功能和数据处理功能，以便更好地运行云计算以及移动互联网相关应用和服务，从而成为人们享用云计算和移动互联网红利的重要窗口。

上述关于平板电脑发展趋势的阐述，或许不能完全概述平板电脑产品未来发展的方向。但就目前情况来看，上文中所描述的趋势已经逐渐显露头角并日趋清晰，而至于未来平板电脑将如何发展，我们将和大家一起拭目以待。

1.2.3　智能手机的发展

随着 3G 网络的不断完善，移动互联网的广泛应用以及手机生产厂商与运营商的大力推进，智能手机逐渐进入黄金增长通道，国内智能手机规模的扩大，很大程度上得益于各大手机厂商以及运营商对中低端智能机型的推广和普及，中国正在引领着智能手机平价时代的到来。

智能手机是指和计算机一样，具有独立的操作系统，可自行安装软件、游戏等第三方服务商提供的程序，通过程序对手机的功能进行扩充，并可以通过移动通信网络来实现无线网络接入的这样一类手机的总称。

2014 年以后智能手机发展趋势如下。

1．4G 网络普及

最近中国移动正式获得 4G 牌照并且开始试点运行的消息相信大家都有所耳闻。虽然在我们国家 4G 的概念还并不普及，但是在欧美发达国家和地区却已经发展得风生水起，国际一线厂商的中高端产品对 4G 网络的支持已经变得顺理成章。相信在 2014 年随着 4G 网络及终端的不断普及，除了发达国家以外，发展中国家和第三世界国家不断壮大的智能手机市场也催生着 4G 网络在当地的蓬勃发展。

相信在 2014 年，包括我们中国的用户在内，将会有越来越多的消费者能够体验到超过 100 Mbit/s 下载速度所带来的畅快感。同时越来越多的消费者为了体验 4G 网络，必然会将手中老旧的设备进行更换，因此对整个智能手机市场的产品更新换代也起到了非常大的促进作用。

2．"大屏幕"iPhone

相信大家一定听说过身边的人这样抱怨诸如"要是 iPhone 的屏幕再大一些就好了""如果 iPhone 的屏幕像三星那样大，我一定会买一部"这样的抱怨。没错，在大屏幕盛行的 2013 年，苹果公司依然坚持为自己的 iPhone 5s 配备 4 英寸的显示屏。而在其他竞争对手动辄 5 英寸甚至 6 英寸的屏幕面前，似乎显得有些"小家子气"。

而对于苹果为何坚持仍然使用 4 英寸屏幕，相信各种各样的分析大家也看了不少。无非就是为了更好的单手操作、更好的电池续航时间以及更好的屏幕显示效果等。但是如果用事实说话，我们看到在 Android 阵营中一批大屏幕智能手机已经帮助 Android 夺得了接近 80% 的市场份额，而三星更是凭借 Galaxy 大屏智能手机继续巩固着自己世界第一的宝座。

因此对于苹果来说，就算再看重操作体验、再有自己需要坚持的"原则"，顺应市场和消费者的需求永远是第一位的。还记得当初有多少人对三星推出 Galaxy Note 这种超大屏幕智能手机的做法嗤之以鼻，但是该系列现在已经成为了最受欢迎的智能手机之一。因此在 2014 年，苹果将很有可能"顺应民意"，推出 5 英寸以上屏幕尺寸的 iPhone 来满足消费者的需求。

3．搭载 Android 系统的诺基亚手机

最近关于诺基亚的"N 计划"消息让大家非常关注。"N 计划"指的就是诺基亚代号 "Normandy"的 Android 系统手机开发项目。虽然在 2013 年 9 月诺基亚的设备和服务部门被整

体出售给了微软公司,成为了微软御用的 Windows Phone 系统设备厂商。但是"N 计划"Android 系统智能手机项目一直没有停止开发。据称该项目将采用诺基亚独立的 UI/UX 界面,由并未出售给微软的 CTO 办公室负责。

4. 手机屏幕分辨率进入 2K 时代

虽然目前没有一款产品能达到 2K 水平,但据我们了解,下周三国产厂商 vivo 将发布的 Xplay3S 将会大幅度提升硬件配置,在屏幕分辨率参数方面也已经基本确认将同样使用 2560×1440 像素,也就是大家常说的 2K 屏幕。此外,在 2014 年发布的明星级新产品中,三星 Galaxy S5 的屏幕分辨率也将会提升至 2560×1440 像素级别。

在 2013 年,1080P 高清分辨率已经成为了高端产品的标准配置,而分辨率的提升绝对是不可逆的。一旦大家适应了某一级别,未来的趋势就会向更高级别发展。外有 Galaxy S5,内有 vivo Xplay3S,相信在这两家厂商的带领下,跟风也好,趋势也罢,手机屏幕分辨率进入 2K 时代已经为期不远。

5. 移动支付

相信大家都已经对 NFC 近场通信技术不再陌生了,目前已经有许多智能手机配备了 NFC 功能,但是实际应用的范围还并不是非常广泛。相信随着技术的不断进步和推广,再加上移动设备的应用范围逐渐扩大,像类似 NFC 这种技术被应用到移动支付领域中的趋势已经非常明显。

另外,包括 iPhone 5s 配备的指纹识别,以及目前像微信支付这样越来越被认可的移动 App 支付方式,都将为广大消费者的生活带来诸多便利。刷卡乘地铁、充话费、移动购物和支付,在 2014 年,将会变成一件非常普通的事情。

6. 小尺寸产品回归

各大 Android 厂商在推出各自的旗舰机型之后,同时也不忘了照顾一下那些并不喜欢大屏幕手机的消费者。三星 Galaxy S4 Mini、HTC One Mini、摩托罗拉 Droid Mini 以及呼之欲出的 Xperia Z1 Mini 和 LG G2 Mini。似乎各大厂商们都非常乐于推出自己旗舰机型的缩小版。

虽然智能手机屏幕尺寸的趋势是越来越大,但是依然有相当一部分消费者对于适合单手操作的中等尺寸设备情有独钟。他们不需要太大的屏幕,而适合单手操作的大小、更好的续航时间、更好的屏幕效果甚至是更低廉的价格才是这部分消费者所追求的。因此在 2014 年,尽管大屏幕设备依然会是主流趋势,但是相信会有越来越多的小尺寸设备出现在市场上,并且在配置上绝对丝毫不会逊色于各自的旗舰机型。看一下将在明年的 CES 2014 展览上亮相的索尼 Xperia Z1 Mini 就知道了。

7. 柔性屏幕

提到柔性屏幕产品,似乎三星与 LG 两家韩国电子巨头对此特别热衷,而 Galaxy Round 及 G Flex 也受到了外界广泛的关注。与三星相比,LG 似乎对柔性屏幕产品的前景更加看好。从 G Flex 的评测中我们就能看到柔性屏幕的可弯曲角度非常大,未来市场应用的前景也非常广阔。而伴随着柔性屏幕产品,其他配套的部件也要跟着"柔"起来,柔性电池、可自我修复划痕的外壳及自动回弹的塑料面板等。在 LG G Flex 的身上,我们能够看到很多虽然目前看来并没有很大的用处但是未来又很具有潜力的特质。

除了 LG 与三星,苹果公司最近也通过了一项关于柔性屏幕的专利,而该项专利将不仅仅可能被应用到智能手机中,就连外界非常期待的 iWatch 智能手表更是很有可能使用这种柔性屏幕。看来在 2014 年,智能手机要进入一个"刚柔并济"的年份了。

8. 大底拍照手机

现在智能手机的像素值已经开始比肩单反甚至超越单反相机了，尤其是诺基亚 Lumia 1020 更是达到了惊人的 4100 万像素。就智能手机目前主流的 1/3 小底 COMS 尺寸来看，应该是不太够用的。因此下一步预计整个智能手机领域要迈进 1800 万像素时代，而各种品牌的旗舰产品应该保持在 1800 万至 2000 万像素左右。而 1/2.3 左右大小的 CMOS 应该会成为主流旗舰智能手机的 CMOS 尺寸，而一小部分特别强调拍照功能的产品，甚至有可能会进入 1/1.7 或者 1/1.5 这个领域。

9. 64 位系统比 8 核处理器更有看头

在 2013 年 iPhone 5s 的发布会上，苹果公司宣布新的 A7 处理器将会与 iOS 7 系统一起为消费者带来 64 位系统的全新体验。而不久之后，谷歌公司全新的 Android 4.4 KitKat 系统及最近高通公司的新产品都将会对 64 位运算进行支持。目前的四核处理器来说对于大部分智能手机来说已经绰绰有余。而与其继续升级到 8 核处理器，还不如对 64 位系统进行更加深入的开发。毕竟未来的智能手机要承担越来越多的作用，消费者通过 64 位系统可以拥有更大的内存、更强大的应用程序来处理更加复杂的任务。

10. 无线充电

有一种说法是"科技的进步就是逐渐减小对线缆的依赖"，Wi-Fi、蓝牙、NFC 等无线技术已经开始慢慢改变了我们的生活。而目前智能手机的续航问题又成为了广大用户最为头疼的因素。虽然目前只有一少部分智能手机支持无线充电功能，并且无线充电这一概念的实际应用还不是非常广泛。但是相信在即将到来的 2014 年，除了智能手机本身的硬件提升之外，如何让消费者在使用上变得更加便利也是各大厂商必须要考虑的因素。而无线充电则首当其冲将会变成最基本的功能，就像支持 Wi-Fi 和蓝牙一样，到时候我们再也不用随身携带数据线或到处找电源，只要将手机靠近支持无线充电的设备，就可以轻松地为手机充电。

1.3　物联网

1.3.1　什么是物联网

早在 1995 年，比尔·盖茨在《未来之路》一书中就已经提及物联网概念。但是，"物联网"概念的真正提出是在 1999 年，由 EPCglobal 的 Auto-ID 中心提出，被定义为：把所有物品通过射频识别等信息传感设备与互联网连接起来，实现智能化识别和管理。

2005 年，国际电信联盟（ITU）正式称"物联网"为"The Internet of things"，并发表了年终报告《ITU 互联网 报告 2005：物联网》。报告指出，无所不在的"物联网"通信时代即将来临，世界上所有的物体从轮胎到牙刷、从房屋到纸巾都可以通过因特网主动进行交换；并描绘出"物联网"时代的图景：当司机出现操作失误时汽车会自动报警；公文包会提醒主人忘带了什么东西；衣服会"告诉"洗衣机对颜色和水温的要求等。

现在较为普遍的理解是，物联网是将各种信息传感设备，如射频识别（RFID）装置、红外感应器、全球定位系统、激光扫描器等种种装置与互联网结合起来而形成的一个巨大网络。通过装置在各类物体上的电子标签（RFID）、传感器、二维码等经过接口与无线网络相连，从而给物体赋予智能，可以实现人与物体的沟通和对话，也可以实现物体与物体互相间的沟通和对话。

2010 年，我国政府工作报告中关于物联网的注释是物联网是指通过信息传感设备，按照约定协议，把任何物品与互联网连接起来，进行信息交换和通信，以实现智能化识别、定位、跟踪、监控和管理的一种网络。它是在互联网基础上延伸和扩展的网络。

实际上，用 Networks of Things 来概括物联网更合适。

1.3.2　物联网的应用前景

物联网把新一代 IT 技术充分运用在各行各业之中，具体地说，就是把感应器嵌入和装备到电网、铁路、桥梁、隧道、公路、建筑、大坝、供水系统、油气管道等各种物体中，然后将"物联网"与现有的互联网整合起来，实现人类社会与物理系统的整合，在这个整合的网络当中，存在能力超级强大的中心计算机群，能够对整合网络内的人员、机器、设备和基础设施实施实时的管理和控制，在此基础上，人类可以以更加精细和动态的方式管理生产和生活，达到"智慧"状态，提高资源利用率和生产力水平，改善人与自然间的关系，如图 1-3-1 所示。

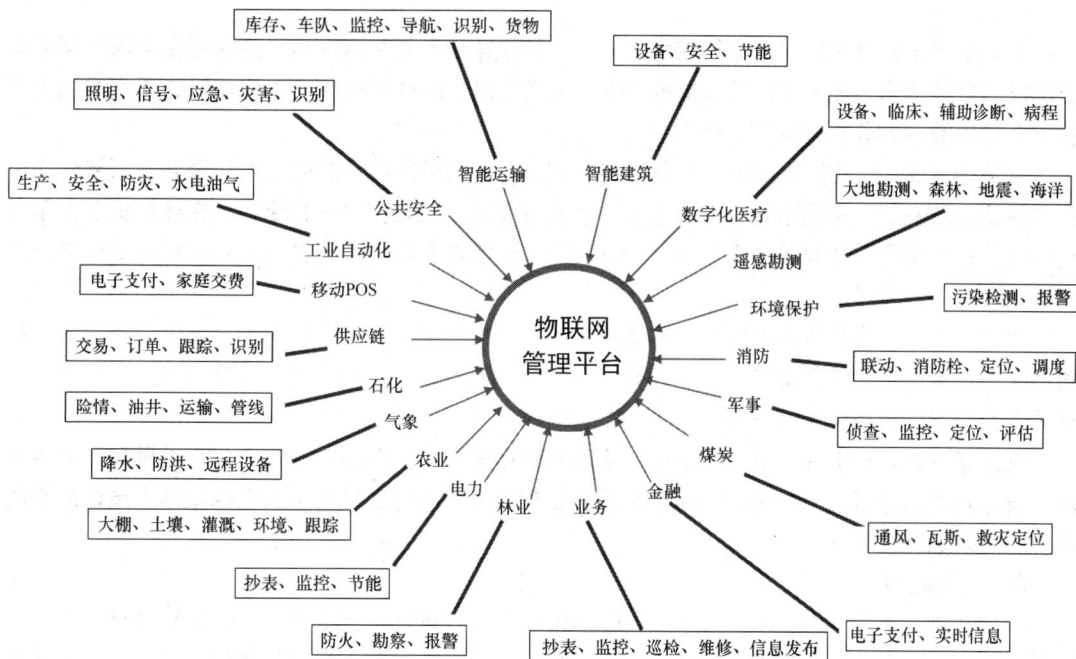

图1-3-1　物联网管理平台

1．平台与接口

（1）Pachube：实时网络服务平台

Pachube 的最大贡献是通过提供基于互联网的网络服务平台，在业务上将感知层和应用层逻辑分离开来；Pachube 为 IoT 感知设备和网络应用提供了统一的网络开发接口；2011 年 Pachube 被云服务提供商 LogMeIn 收购；商业应用是与 CurrentCost 合作，形成一套完整的家用电力能源感知、采集、监测、分析和决策方案　较为典型。

（2）ArcGIS：专业地理信息处理引擎

地理信息系统（Geographic Information System，GIS）是以采集、存储、管理、分析、描述和应用整个或部分地球表面（包括大气层在内）与空间和地理分布有关数据的计算机系统。

ArcGIS 作为专业的地理信息系统，不仅能够提供地图可视化查询和定位，更能够通过空间分析，寻找到不同的地理因素之间的内在联系，从而帮助决策者在更加全面、系统地把握信息的基础上进行科学的决策。

随着感知数据类型和容量的快速增长，ArcGIS 在专业地理信息处理方面的优势逐步显现，成为物联网应用不可或缺的一部分。

2．家庭应用

生活场景一：在衣橱里的每一件衣服上都有一个电子标签，每拿出一件上衣时，就能显示这件衣服应该搭配什么颜色、什么类型的裤子，应该在什么季节、什么天气甚至是什么场合穿比较合适。

生活场景二：家里的冰箱可以监视冰箱里的食物，在我们去超市的时候，家里的冰箱会告诉我们缺少些什么，也会提醒我们食物什么时候过期。这种冰箱知道我们喜欢吃什么东西，会根据我们不同的体质配制不同的营养早中晚餐。它可以照顾我们的身体，因为它知道什么食物对我们有好处。

生活场景三：当我们出门远行或者出差时，如果家里有陌生人闯入，感应器便会通过网络向我们发送危险信号，这时我们可以报警。而且我们可以通过计算机或者手机随时查看家里的安全状态，可以随时调取视频监控录像。

生活场景四：当我们早上拿车钥匙出门上班，在计算机旁待命的感应器检测到之后就会通过互联网络自动发起一系列事件，比如通过短信或者喇叭自动播报今天的天气，在计算机上显示快捷通畅的开车路径并估算路上所花时间，同时通过短信或者即时聊天工具告知公司同事你将何时到达公司等。

生活场景五：给养殖里的每一头猪都分配一个二维码，这个二维码会一直保持到在超市出售的每一块猪肉上，消费者可以通过手机阅读二维码，就能准确地了解这只猪的成长、宰杀及销售等各个流程，以确保食品安全。

生活场景六：在电梯上安装传感器，实时传递电梯的运行数据，当电梯发生故障时，会第一时间发出危险信号通知有关部门，而无须乘客报警，有关部门会迅速派出电梯维修人员以最快的速度赶赴现场处理事故。

3．工业应用

仓储管理：当今 RFID 技术正在为供应链领域带来一场巨大的变革，以识别距离远、快速、不易损坏、容量大等条码无法比拟的优势，简化繁杂的工作流程，有效改善供应链的效率和透明度。托盘是供应链中最基础也是最主要的货物单元，它已经广泛应用于生产、仓储、物流、零售等各个供应链环节。

智能运输：近几年来，被原油价格不断上涨所困扰的石油化工行业，重新把提高物流效率作为现实的研究课题。其中，散杂货物流的大型化和大量化的改进工作一直在探讨之中。

日本著名物流公司山九股份有限公司拥有陆路和海上的物流业务，还包括设备管理及服务领域的业务。该公司携手三井股份有限公司，用 RFID 技术实现集装箱的智能化管理。

2011 年 12 月 29 日，国家标准化管理委员会与交通运输部联合宣布，国际标准化组织（ISO）已投票通过并颁布由中国专家领衔制定的《ISO 18186：货物集装箱–RFID 货运标签系统》国际标准。

该标准是物流、物联网领域第一个由中国专家发起和主导的国际标准，是中国拥有自主知识产权的创新成果最终上升为国际标准的成功探索，也是我国交通运输系统首次登上领衔制定国际标准的舞台。

4. 医学应用

1999 年，物联网概念由麻省理工学院提出，早期是指依托射频识别（Radio Frequency Identification，RFID）技术和设备，按约定的通信协议与互联网的结合，使物品信息实现智能化管理。而医学物联网，就是将物联网技术应用于医疗、健康管理、老年健康照护等领域。

医学物联网中的"物"，就是各种与医学服务活动相关的事物，如健康人、亚健康人、病人、医生、护士、医疗器械、检查设备、药品等。医学物联网中的"联"，即信息交互连接，把上述"事物"产生的相关信息交互、传输和共享。医学物联网中的"网"是通过把"物"有机地连成一张"网"，就可感知医学服务对象、各种数据的交换和无缝连接，达到对医疗卫生保健服务的实时动态监控、连续跟踪管理和精准的医疗健康决策。

那么什么是"感""知""行"呢？"感"就是数据采集和信息获得，比如，连续监测高血压患者的人体特征参数、周边环境信息、感知设备和人员情况等。"知"特指数据分析，如高血压患者连续的血压值测到之后，计算机会自动分析出他的血压状况是否正常，如果不正常，就会生成警报信号，通知医生知晓情况，调整用药，加以处理，这就是"行"。

5. 其他应用

安全管理：随着识别技术的发展，人们对智能化系统的要求在不断的提高。采用先进的 RFID 射频识别技术，对进出单位大门、危险区域的人员和车辆实现自动读卡识别。只要身上带卡就可以实现免掏卡自动识别、自动开门，把卡放车上可以自动开启道闸。同时还可以支持自动进行人数（车辆数）统计、行动轨迹跟踪和定位。

如 2010 年 5 月份开始的上海世博会的门票系统全部采用 RFID 技术，每张门票内都含有一颗自主知识产权"世博芯"，通过采用特定的密码算法技术，确保数据在传输过程中的安全性，外界无法对数据进行任何篡改或窃取。

环境保护：物联网与环保设备的融合能够实现对生活环境中各种污染源及污染治理各环节关键指标的实时监控。在重点排污企业排污区域安装无线传感设备，可以实时监测企业排污数据，及时发现污染源，防止突发性环境污染事故的产生。

例如，江苏省太湖流域水环境信息共享平台采用物联网传感技术理念，运用先进的虚拟实境、视频监控、通信组网等信息化技术，覆盖流域内 282 家重点污染源、75 个水质自动站、53 个国家考核断面、21 个湖体监测点位和太湖蓝藻遥感预警监测，实现流域水环境全方位、一体化监控，在太湖流域水环境管理与决策中发挥了重要的支撑作用

1.3.3　物联网的发展前景

物联网注定要催化中国乃至世界生产力的变革。在信息产业的发展过程中，物联网是中国真正的战略新兴产业，是一个机遇，它能使我国信息产业有可能超越国外。前信息产业主要应用在媒体、游戏、娱乐、电子商务领域等第三产业中，而物联网作为最新的网络技术，将会进一步对农业、工业这样的第一产业、第二产业发展发挥重大的推动作用。即互联网时代带动更多的是第三产业的发展，而物联网的兴起将联动第一、第二产业。

现阶段物联网有希望成为加快转变经济发展方式的突破口。如果我国能够在三网融合、物联网、云计算等方面加快发展，将带来以信息化为标志的新一次战略机遇——通过信息化带动工业、

农业、医疗、安全等基础产业发生翻天覆地的变化。

有研究机构预计 10 年内物联网就可能大规模普及，这一技术将会发展成为一个上万亿元规模的高科技市场，其产业要比互联网大 30 倍。

"物联网"被称为继计算机、互联网之后，世界信息产业的第三次浪潮。业内专家认为，物联网一方面可以提高经济效益，大大节约成本；另一方面可以为全球经济的复苏提供技术动力。目前，美国、欧盟、中国等都在投入巨资深入研究探索物联网。我国也正在高度关注、重视物联网的研究，工业和信息化部会同有关部门，在新一代信息技术方面正在开展研究，以形成支持新一代信息技术发展的政策措施。

此外，在"物联网"普及以后，用于动物、植物和机器、物品的传感器与电子标签及配套的接口装置的数量将大大超过手机的数量。物联网的推广将会成为推进经济发展的又一个驱动器，为产业开拓了又一个潜力无穷的发展机会。按照目前对物联网的需求，在近年内就需要按亿计的传感器和电子标签，这将大大推进信息技术元件的生产，同时增加大量的就业机会。

1.4　云计算

云计算（cloud computing）是基于互联网的相关服务的增加、使用和交付模式，通常涉及通过互联网来提供动态易扩展且经常是虚拟化的资源。云是网络、互联网的一种比喻说法。过去在图中往往用云来表示电信网，后来也用于表示互联网和底层基础设施的抽象。

对云计算的定义有多种说法。国内较为广泛接受的定义是著云台给出的："云计算是通过网络提供可伸缩的廉价的分布式计算能力"。

1．云计算影响

（1）软件开发的影响

云计算环境下，软件技术、架构将发生显著变化。首先，所开发的软件必须与云相适应，能够与虚拟化为核心的云平台有机结合，适应运算能力、存储能力的动态变化；二是要能够满足大量用户的使用，包括数据存储结构、处理能力；三是要互联网化，基于互联网提供软件的应用；四是安全性要求更高，可以抗攻击，并能保护私有信息；五是可工作于移动终端、手机、网络计算机等各种环境。

云计算环境下，软件开发的环境、工作模式也将发生变化。虽然，传统的软件工程理论不会发生根本性的变革，但基于云平台的开发工具、开发环境、开发平台将为敏捷开发、项目组内协同、异地开发等带来便利。软件开发项目组内可以利用云平台，实现在线开发，并通过云计算实现知识积累、软件复用。

云计算环境下，软件产品的最终表现形式更为丰富多样。在云平台上，软件可以是一种服务，如 SAAS，也可以就是一个 Web Services，也可能是可以在线下载的应用，如苹果的在线商店中的应用软件等。

（2）对软件测试的影响

在云计算环境下，由于软件开发工作的变化，也必然对软件测试带来影响和变化。

软件技术、架构发生变化，要求软件测试的关注点也应做出相对应的调整。软件测试在关注传统的软件质量的同时，还应该关注云计算环境所提出的新的质量要求，如软件动态适应能力、大量用户支持能力、安全性、多平台兼容性等。

云计算环境下，软件开发工具、环境、工作模式发生了转变，也就要求软件测试的工具、环境、工作模式也应发生相应的转变。软件测试工具也应工作于云平台之上，测试工具的使用也应该通过云平台来进行，而不再是传统的本地方式；软件测试的环境也可移植到云平台上，通过云构建测试环境；软件测试也应该可以通过云实现协同、知识共享、测试复用。

软件产品表现形式的变化，要求软件测试可以对不同形式的产品进行测试，如 Web Services 的测试，互联网应用的测试，移动智能终端内软件的测试等。

2. 云计算应用

（1）云物联

"物联网就是物物相连的互联网"。这有两层意思：第一，物联网的核心和基础仍然是互联网，是在互联网基础上的延伸和扩展的网络；第二，其用户端延伸和扩展到了任何物品与物品之间，进行信息交换和通信。

随着物联网业务量的增加，对数据存储和计算量的需求将带来对"云计算"能力的要求。

a. 云计算从计算中心到数据中心在物联网的初级阶段，PoP 即可满足需求。

b. 在物联网高级阶段，可能出现 MVNO/MMO 营运商（国外已存在多年），需要虚拟化云计算技术，SOA 等技术的结合实现互联网的泛在服务：TaaS（everyTHING As A Service）。

（2）云安全

云安全（Cloud Security）是一个从"云计算"演变而来的新名词。云安全的策略构想是：使用者越多，每个使用者就越安全，因为如此庞大的用户群，足以覆盖互联网的每个角落，只要某个网站被挂马或某个新木马病毒出现，就会立刻被截获。

"云安全"通过网状的大量客户端对网络中软件行为的异常监测，获取互联网中木马、恶意程序的最新信息，推送到 Server 端进行自动分析和处理，再把病毒和木马的解决方案分发到每一个客户端。

（3）云存储

云存储是在云计算（cloud computing）概念上延伸和发展出来的一个新的概念，是指通过集群应用、网格技术或分布式文件系统等功能，将网络中大量各种不同类型的存储设备通过应用软件集合起来协同工作，共同对外提供数据存储和业务访问功能的一个系统。当云计算系统运算和处理的核心是大量数据的存储和管理时，云计算系统中就需要配置大量的存储设备，那么云计算系统就转变成为一个云存储系统，所以云存储是一个以数据存储和管理为核心的云计算系统。

（4）云游戏

云游戏是以云计算为基础的游戏方式，在云游戏的运行模式下，所有游戏都在服务器端运行，并将渲染完毕后的游戏画面压缩后通过网络传送给用户。在客户端，用户的游戏设备不需要任何高端处理器和显卡，只需要基本的视频解压能力就可以了。 就现今来说，云游戏还并没有成为家用机和掌机界的联网模式，因为至今 X360 仍然在使用 LIVE，PS 是 PS Network，Wii 是 Wi-Fi。但是几年后或十几年后，云计算取代这些成为其网络发展的终极方向的可能性非常大。 如果这种构想能够成为现实，那么主机厂商将变成网络运营商，它们不需要不断投入巨额的新主机研发费用，而只需要拿这笔钱中的很小一部分去升级自己的服务器就行了，但是达到的效果却是相差无几的。对于用户来说，他们可以省下购买主机的开支，但是得到的确是顶尖的游戏画面（当然对于视频输出方面的硬件必须过硬）。你可以想象一台掌机和一台家用机拥有同样的画面，家用机和我们今天用的机顶盒一样简单，甚至家用机可以取代电视的机顶盒而成为次时代的电视收看方式。

（5）云计算与大数据

从技术上看，大数据与云计算的关系就像一枚硬币的正反面一样密不可分。大数据必然无法用单台的计算机进行处理，必须采用分布式计算架构。它的特色在于对海量数据的挖掘，但它必须依托云计算的分布式处理、分布式数据库、云存储和虚拟化技术，如图1-4-1所示。

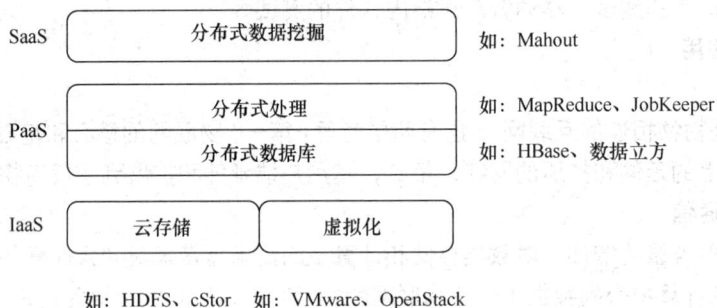

图1-4-1　云计算数据分布图

云计算的普及和应用，还有很长的道路，社会认可、人们习惯、技术能力，甚至是社会管理制度等都应做出相应的改变，方能使云计算真正普及。但无论怎样，基于互联网的应用将会逐渐渗透到每个人的生活中，对我们的服务、生活都会带来深远的影响。要应对这种变化，我们也很有必要讨论我们业务未来的发展模式，确定我们努力的方向。

1.5 应用练习

1. 试阐述你认为智能手机的应该朝哪个方向发展。
2. 就物联网的某一应用领域，撰写一个应用场景。
3. 举例说明云计算在生活中的应用。

2 Chapter

第 2 章
计算机系统的组成

2.1　认识计算机系统

　　一个完整的微型计算机系统是由计算机硬件系统和软件系统组成的，只有硬件和软件的结合才能使计算机正常运行。计算机硬件系统是一个为执行程序建立物质基础的物理装置，称为硬件或裸机。计算机软件系统是指为运行、管理、应用、维护计算机所编制的所有程序 及文档的总和。典型的微型计算机系统的组成如图2-1-1所示。

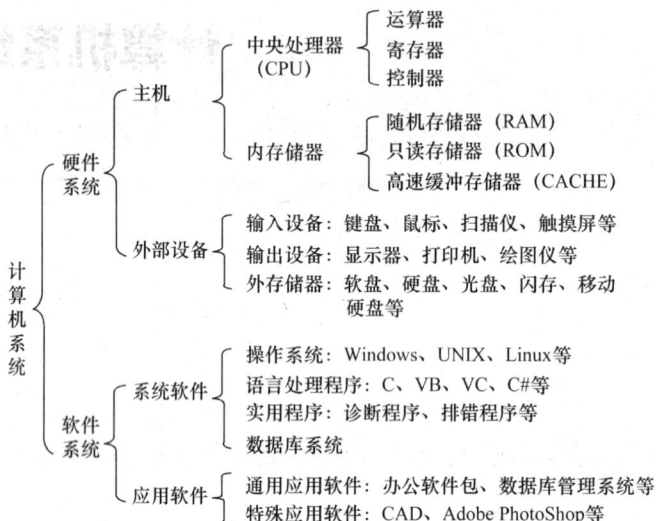

中央处理器（CPU）——运算器、寄存器、控制器

内存储器——随机存储器（RAM）、只读存储器（ROM）、高速缓冲存储器（CACHE）

主机

硬件系统

外部设备——输入设备：键盘、鼠标、扫描仪、触摸屏等
输出设备：显示器、打印机、绘图仪等
外存储器：软盘、硬盘、光盘、闪存、移动硬盘等

计算机系统

软件系统

系统软件——操作系统：Windows、UNIX、Linux等
语言处理程序：C、VB、VC、C#等
实用程序：诊断程序、排错程序等
数据库系统

应用软件——通用应用软件：办公软件包、数据库管理系统等
特殊应用软件：CAD、Adobe PhotoShop等

图2-1-1　微型计算机系统组成

2.2　微型计算机硬件系统

2.2.1　微处理器（CPU）

　　中央处理器简称CPU（Central Processing Unit），它是计算机系统的核心，主要包括运算器和控制器两个部件。如果把计算机比作一个人，那么CPU就是心脏，其重要作用由此可见一斑。CPU 的内部结构可以分为控制单元、逻辑单元和存储单元三大部分，三个部分相互协调，便可以进行分析、判断、运算并控制计算机各部分协调工作。

　　计算机发生的所有动作都是受CPU控制的。其中运算器主要完成各种算术运算（如加、减、乘、除）和逻辑运算（如逻辑加、逻辑乘和非运算）。

　　而控制器不具有运算功能，它只是读取各种指令，并对指令进行分析，作出相应的控制。通常，在CPU中还有若干个寄存器，它们可直接参与运算并存储运算的中间结果。

　　我们常说的CPU都是X86系列及兼容CPU，所谓X86指令集是美国Intel公司为其第一块16位CPU（i8086）专门开发的，美国IBM公司1981年推出的世界第一台PC中的CPU——i8088（i8086简化版）使用的也是X86指令，同时计算机中为提高浮点数据处理能力而增加的X87芯片系列数学协处理器则另外使用X87指令，以后就将X86指令集和X87指令集统称为X86指令集。虽然随着 CPU 技术的不断发展，Intel 陆续研制出更新型的 i80386、i80486 直到今天的 Pentium Ⅲ 系列，但为了保证计算机能继续运行以往开发的各类应用程序以保护和继承丰富的软件资源，Intel 公司所生产的所有 CPU 仍然继续使用 X86 指令集。

　　另外除 Intel 公司之外，AMD 和 Cyrix 等厂家也相继生产出能使用 X86 指令集的 CPU，由于这些 CPU 能运行所有的为 Intel CPU 所开发的各种软件，所以计算机业内人士就将这些 CPU 列为 Intel 的 CPU 兼容产品。由于 Intel X86 系列及其兼容 CPU 都使用 X86 指令集，就形成了今天庞大的 X86 系列及兼容 CPU 阵容，如图 2-2-1 所示。

图2-2-1　Intel酷睿i5

2.2.2　存储器

　　存储器（Memory）是计算机系统中的记忆设备，用于存储程序和数据。计算机中全部信息，包括输入的原始数据、计算机程序、中间运行结果和最终运行结果都保存在存储器中。它根据控制器指定的位置存入和取出信息。有了存储器，计算机才有记忆功能，才能保证正常工作。按用途存储器可分为主存储器（内存）和辅助存储器（外存），也有分为外部存储器和内部存储器的分类方法。外存通常是磁性介质或光盘等，能长期保存信息。内存指主板上的存储部件，用于存储当前正在执行的数据和程序，但仅用于暂时存储程序和数据，关闭电源或断电，数据会丢失。

1. 外部储存器

　　外部储存器简称外存（也是辅助存储器），是指除计算机内存及 CPU 缓存以外的储存器，此类储存器一般断电后仍然能保存数据。常见的外存储器有硬盘、移动硬盘、光盘、U 盘，如图 2-2-2 所示。

图2-2-2　硬盘与U盘

2. 内部储存器

　　内部储存器简称内存，内储存器直接与 CPU 相连接，储存容量较小，但速度快，用来存储当前运行程序的指令和数据，并直接与 CPU 交换信息。内储存器由许多储存单元组成，每个单元能存储一个二进制数或一条由二进制编码表示的指令。内储存器是由随机储存器和只读储存器构成的，如 2-2-3 图所示。

图2-2-3　内存条

2.2.3　主板

主板的英文名称为 Motherboard，也可以译作母板。从"母"字可以看出，主板在计算机各个配件中的重要性。主板不但是整个计算机系统平台的载体，还负担着系统中各种信息的交流。好的主板可以让计算机更稳定地发挥系统性能，反之，系统则会变得不稳定。

主板的平面是一块 PCB 印制电路板，分为 4 层板和 6 层板。为了节约成本，主板多为 4 层板：主信号层、接地层、电源层、次信号层；而 6 层板增加了辅助电源层和中信号层。6 层 PCB 的主板抗电磁干扰能力更强，主板也更加稳定。电路板上面是错落有致的电路布线；另一面则为棱角分明的各个部件:插槽、芯片、电阻、电容等。当主机加电时，电流会在瞬间通过 CPU、南北桥芯片、内存插槽、AGP 插槽、PCI 插槽、IDE 接口以及主板边缘的串口、并口、PS/2 接口等。随后，主板会根据 BIOS（基本输入/输出系统）来识别硬件，并进入操作系统发挥出支撑系统平台工作的功能，主板的构成如图 2-2-4 所示。

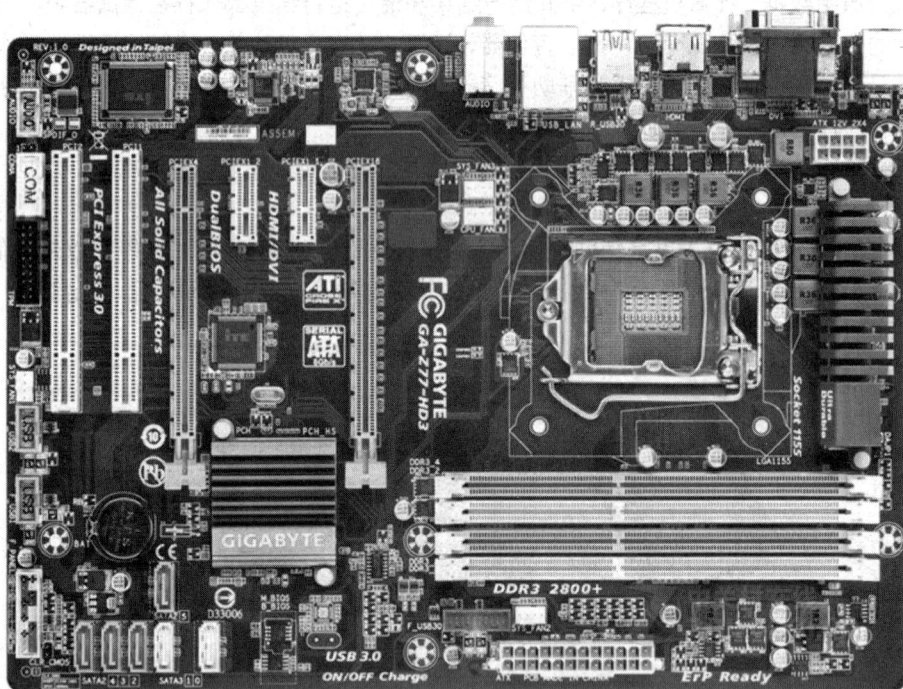

图2-2-4　技嘉GA-Z77-HD3主板

2.2.4　输入设备

输入设备是指向计算机输入数据和信息的设备。是计算机与用户或其他设备通信的桥梁。输入设备是用户和计算机系统之间进行信息交换的主要装置之一。键盘、鼠标、摄像头、扫描仪、光笔、手写输入板、游戏杆、语音输入装置等都属于输入设备。输入设备（Input Device）是人或外部与计算机进行交互的一种装置，用于把原始数据和处理这些数的程序输入到计算机中。计算机能够接收各种各样的数据，既可以是数值型的数据，也可以是各种非数值型的数据，如图形、图像、声音等都可以通过不同类型的输入设备输入到计算机中，进行存储、处理和输出，常用的输入设备如图 2-2-5 所示。

图2-2-5　常用的输入设备

2.2.5　输出设备

输出设备（Output Device）是计算机的终端设备，用于接收计算机数据的输出显示、打印、声音、控制外围设备操作等。也是把各种计算结果数据或信息以数字、字符、图像、声音等形式表示出来。常见的有显示器、打印机、绘图仪、影像输出系统、语音输出系统、磁记录设备等，常用的输出设备如图 2-2-6 所示。

图2-2-6　常用的输出设备

2.3　计算机运算基础

2.3.1　计算机中的数制

人类用文字、图表、数字表达和记录世界上各种各样的信息，便于人们进行处理和交流。现在可以把这些信息都输入计算机中，由计算机来保存和处理。目前计算机内部都是使用二进制来表示数据的，理解并掌握二进制的相关知识对于理解计算机进行数据处理的过程是必要的。

1. 计算机中数据的单位

在计算机内部，数据都是以二进制的形式存储和运算的，计算机数据的表示常用到以下几个概念。

位：二进制数据中的一位（bit）简写为 b，音译为比特，是计算机存储数据的最小单位。一个二进制位只能表示 0 或 1 两种状态，要表示更多的信息，就要把多位组合成一个整体，一般以 8 位二进制组成一个基本单位。

字节：字节是计算机数据处理的最基本单位，并主要以字节为单位解释信息。字节（Byte）

简记为 B，规定一字节为 8 位，即 1B = 8bit。每字节由 8 个二进制位组成。在一般情况下，一个 ASCII 码占用一字节，一个汉字国际码占用两字节。

2．二进制

二进制并不符合人们的习惯，但计算机内部却采用二进制表示信息，其主要原因有 4 个方面。

① 电路简单：在计算机中，若采用十进制，则要求处理 10 种电路状态，相对于两种状态的电路来说，是很复杂的。而用二进制表示，则逻辑电路的通、断只有两个状态，如开关的接通与断开、电平的高与低等。这两种状态正好用二进制的 0 和 1 来表示。

② 工作可靠：在计算机中，用两个状态代表两个数据，数字传输和处理方便、简单，不容易出错，因而电路更加可靠。

③ 简化运算：在计算机中，二进制运算法则很简单。例如，加减的速度快，求积规则有 3 个，求和规则也只有 3 个。

④ 逻辑性强：二进制只有两个数码，正好代表逻辑代数中的"真"与"假"，而计算机工作原理是建立在逻辑运算基础上的，逻辑代数是逻辑运算的理论依据。用二进制计算具有很强的逻辑性。

3．计算机中的常用数制

数制是计数的方法。现在采用的计数方法是进位计数制，这种计数方法是按进位的方式计数。例如，大家所熟悉的十进制，在计数时就是满 10 便向高位进一，即向高位进位。

但在计算机内部，数据、信息都是以二进制形式编码表示的，因此要学习计算机相关知识，必须熟悉计算机中数据的表示方式，并掌握二、十、十六进制数之间的相互转换。

（1）十进制（Decimal Notation）

十进制有如下特点。

① 有 10 个不同的计数符号：0，1，2，……，9，所以基数为 10。

② 进位规则是"逢十进一"。

权：在各种进制数中，各位数字所表示的值不仅与该数字有关，而且与它所在位置有关。例如，十进制数 33，十位上的 3 表示 3 个 10，个位上的 3 表示 3 个 1。为了区别不同位置的数字表示的数值大小，引进了"权"的概念。

在各进位制中，每个数位上的"1"所表示的数值大小，称为这个数位上的权。

例如，在十进制中，从整数最低位开始，依次向左的第 1，第 2，第 3，……，位上的权分别是 1，10，100，……，也可以表示为 10^0，10^1，10^2，……，从小数最高位开始，依次向右的第 1，第 2，第 3，……，位上的权分别是 0.1，0.01，0.001，……，也可以表示为 10^{-1}，10^{-2}，10^{-3}，……，在十进制中，各数位的权是基数 10 的整数次幂。

在其他进位制中，各数位的权是基数的整数次幂。

每个数位的数字所表示的值是这个数字与它相应的权的乘积。

写出数的按权展开式：

对于任意一个十进制数，都可表示成按权展开的多项式。一个 n 位整数和 m 位小数的十进制数 D，均可按权展开为：

$$D=D_{n-1} \cdot 10^{n-1} + D_{n-2} \cdot 10^{n-2} + \cdots + D_1 \cdot 10^1 + D_0 \cdot 10^0 + D_{-1} \cdot 10^{-1} + \cdots + D_{-m} \cdot 10^{-m}$$

例如：

$$(1804)_{10} = 1 \times 10^3 + 8 \times 10^2 + 0 \times 10^1 + 4 \times 10^0$$

$$(48.25)_{10} = 4 \times 10^1 + 8 \times 10^0 + 2 \times 10^{-1} + 5 \times 10^{-2}$$

在（1804）$_{10}$ = $1 \times 10^3 + 8 \times 10^2 + 0 \times 10^1 + 4 \times 10^0$ 中，10^3，10^2，10^1，10^0 就是各位上的权。

（2）二进制（Binary Notation）

电子计算机内部采用二进制编码表示各类信息。

二进制的特点如下。

① 只用 2 个不同的计数符号：0 和 1，所以基数为 2。

② 进位规则是"逢二进一"。

按"逢二进一"的进位规则，与十进制对应的二进制数如表 2-3-1 所示。

表 2-3-1　二进制数与十进制数的对应关系

十进制数	0	1	2	3	4	5	6	7	8	9
二进制数	0000	0001	0010	0011	0100	0101	0110	0111	1000	1001

对于任意一个二进制数，都可表示成按权展开的多项式。一个 n 位整数和 m 位小数的二进制数 B，均可按权展开为：

$$B = B_{n-1} \cdot 2^{n-1} + B_{n-2} \cdot 2^{n-2} + \cdots + B_1 \cdot 2^1 + B_0 \cdot 2^0 + B_{-1} \cdot 2^{-1} + \cdots + B_{-m} \cdot 2^{-m}$$

例如，把（11001.101）$_2$ 写成展开式，它表示的十进制数为：

$$(11001.101)_2 = 1 \times 2^4 + 1 \times 2^3 + 0 \times 2^2 + 0 \times 2^1 + 1 \times 2^0 + 1 \times 2^{-1} + 0 \times 2^{-2} + 1 \times 2^{-3} = (25.625)_{10}$$

（3）八进制（Octal Notation）

八进制的特点如下。

① 用 8 个不同的计数符号：0、1、2、3、4、5、6、7，所以基数为 8。

② 进位规则是"逢八进一"。

对于任意一个八进制数，都可表示成按权展开的多项式。对于任意一个 n 位整数和 m 位小数的八进制数 0，均可按权展开为：

$$0 = 0_{n-1} \cdot 8^{n-1} + \cdots + 0_1 \cdot 8^1 + 0_0 \cdot 8^0 + 0_{-1} \cdot 8^{-1} + \cdots + 0_{-m} \cdot 8^{-m}$$

例如，（5346）$_8$ 相当于十进制数

$$(5346)_8 = 5 \times 8^3 + 3 \times 8^2 + 4 \times 8^1 + 6 \times 8^0 = (2790)_{10}$$

（4）十六进制（Hexadecimal Notation）

十六进制的特点如下。

① 有 16 个不同的计数符号：0、1、2、3、4、5、6、7、8、9、A、B、C、D、E、F，所以基数是 16。

② "逢十六进一（加法运算）"，"借一当十六（减法运算）"。

对于任意一个十六进制数，都可表示成按权展开的多项式。一个 n 位整数和 m 位小数的十六进制数 H，均可按权展开为：

$$H = H_{n-1} \cdot 16^{n-1} + \cdots + H_1 \cdot 16^1 + H_0 \cdot 16^0 + H_{-1} \cdot 16^{-1} + \cdots + H_{-m} \cdot 16^{-m}$$

在 16 个数码中，A、B、C、D、E 和 F 这 6 个数码分别代表十进制的 10、11、12、13、14 和 15，这是国际上通用的表示法。

例如，十六进制数（4C4D）$_{16}$ 代表的十进制数为：

$$(4C4D)_{16} = 4 \times 16^3 + C \times 16^2 + 4 \times 16^1 + D \times 16^0 = (19533)_{10}$$

二进制与其他数制之间的对应关系如表 2-3-2 所示。

表 2-3-2　二进制与其他进制之间的对应关系

十进制	二进制	八进制	十六进制
0	0000	0	0
1	0001	1	1
2	0010	2	2
3	0011	3	3
4	0100	4	4
5	0101	5	5
6	0110	6	6
7	0111	7	7
8	1000	10	8
9	1001	11	9
10	1010	12	A
11	1011	13	B
12	1100	14	C
13	1101	15	D
14	1110	16	E
15	1111	17	F

4．常用数制之间的转换

不同数制之间进行转换应遵循转换原则。

（1）二、八、十六进制数转换为十进制数

二进制数转换成十进制数：将二进制数转换成十进制数，只要将二进制数用计数制通用形式表示出来，计算出结果，便得到相应的十进制数。

例如，$(1101100.111)_2 = 1 \times \times 2^6 + 1 \times 2^5 + 1 \times 2^3 + 1 \times 2^2 + 1 \times 2^{-1} + 1 \times 2^{-2} + 1 \times 2^{-3}$

$$= 64 + 32 + 8 + 4 + 0.5 + 0.25 + 0.125$$

$$= (108.875)_{10}$$

八进制数转换为十进制数的原则为：以 8 为基数按权展开并相加。

例如，把（652.34）$_8$ 转换成十进制。

解：$(652.34)_8 = 6 \times 8^2 + 5 \times 8^1 + 2 \times 8^0 + 3 \times 8^{-1} + 4 \times 8^{-2}$

$$= 384 + 40 + 2 + 0.375 + 0.0625$$

$$= (426.375)_{10}$$

十六进制数转换为十进制数的原则为：以 16 为基数按权展开并相加。

例如，将$(19BC.8)_{16}$转换成十进制数。

解：$(19BC8)_{16} = 1 \times 16^3 + 9 \times 16^2 + 11 \times 16^1 + 12 \times 16^0 + 8 \times 16^{-1}$

$$= 4096 + 2304 + 176 + 12 + 0.5$$

$$= (6588.5)_{10}$$

（2）十进制转换为二进制数

整数部分的转换：整数部分的转换采用除 2 取余法。其转换原则是：将该十进制数除以 2，得到一个商和余数（K^0），再将商除以 2，又得到一个新商和余数（K^1），如此反复，得到的商是 0 时得到余数（K^{n-1}），然后将所得到的各位余数，以最后余数为最高位，最初余数为最低位依次排列，即 $K^{n-1}K^{n-2}\cdots K^1K^0$，这就是该十进制数对应的二进制数。这种方法又称为"倒序法"。

例如，将$(126)_{10}$转换成二进制数。

2|126 ……… 余 0（K^0）

2|63 ……… 余 1（K^1）

2|31 ……… 余 1（K^2）

2|15 ……… 余 1（K^3）

2|7 ……… 余 1（K^4）

2|3 ……… 余 1（K^5）

2|1 ……… 余 1（K^6）

0

结果为：$(126)_{10} =(1111110)_2$

小数部分的转换：小数部分的转换采用乘 2 取整法。其转换原则是：将十进制数的小数乘以2，取乘积中的整数部分作为相应二进制数小数点后最高位 K^{-1}，反复乘以 2，逐次得到 K^{-2}，K^{-3}，$\cdots$，K^{-m}，直到乘积的小数部分为 0 或 1 的位数达到精确度要求为止。然后把每次乘积的整数部分由上而下依次排列起来（K^{-1}，K^{-2}，$\cdots$，K^{-m}），就是所求的二进制数。这种方法又称为"顺序法"。

例如，将十进制数$(0.534)_{10}$转换成相应的二进制数。

$$
\begin{array}{r}
0.534 \\
\times\ 2 \\
\hline
1.068 \\
\times\ 2 \\
\hline
0.136 \\
\times\ 2 \\
\hline
0.272 \\
\times\ 2 \\
\hline
0.544 \\
\times\ 2 \\
\hline
1.088
\end{array}
$$

1（K^{-1}）
0（K^{-2}）
0（K^{-3}）
0（K^{-4}）
1（K^{-5}）

结果为：$(0.534)_{10} = (00.1000110001)_2$

例如，将$(50.25)_{10}$转换成二进制数。

分析：对于这种既有整数又有小数的十进制数，将其整数和小数分别转换成二进制数，然后再把两者连接起来即可。

因为$(50)_{10} = (110010110010)_2$，$(0.25)_{10} = (0.0101)_2$

所以$(50.25)_{10} = (110010110010.0101)_2$

（3）八进制与二进制数之间的转换

八进制转换为二进制数的转换原则是"一位拆三位"，即将一位八进制数对应于三位二进制数，然后按顺序连接即可。

例如，将$(64.54)_8$转换为二进制数。

6	4	.	5	4
↓	↓		↓	↓
110	100	.	101	100

结果为：(64.54)₈ =(110100.101100)₂

二进制数转换成八进制数的原则可概括为"三位并一位"，即从小数点开始向左右两边以每 3 位为一组，不足 3 位时补 0，然后每组改成等值的一位八进制数即可。

例如，将(110111.11011)₂转换成八进制数。

110	111	.	110	110
↓	↓		↓	↓
6	7	.	6	6

结果为：(110111.11011)₂ =(67.66)₈

（4）二进制数与十六进制数的相互转换

二进制数转换成十六进制数的转换原则是"四位并一位"，即以小数点为界，整数部分从右向左每 4 位为一组，若最后一组不足 4 位，则在最高位前面添 0 补足 4 位，然后从左边第一组起，将每组中的二进制数按权数相加得到对应的十六进制数，并依次写出即可；小数部分从左向右每 4 位为一组，最后一组不足 4 位时，尾部用 0 补足 4 位，然后按顺序写出每组二进制数对应的十六进制数。

例如，将(1111101100.0001101)₂转换成十六进制数。

0011	1110	1100	.	0001	1010
↓	↓	↓		↓	↓
3	E	C	.	1	A

结果为：(1110100.0001101)₂ = (3EC.1A)₁₆

十六进制数转换成二进制数的转换原则是"一位拆四位"，即把一位十六进制数写成对应的 4 位二进制数，然后按顺序连接即可。

例如，将(C41.BA7)₁₆转换为二进制数。

C	4	1	.	B	A	7
↓	↓	↓		↓	↓	↓
1100	0100	0001	.	1011	1010	0111

结果为：(C41.BA7)₁₆ = (110001000001.101110100111)₂

在程序设计中，为了区分不同进制，常在数字后加一个英文字母作为后缀以示区别。

① 十进制数，在数字后面加字母 D 或不加字母也可以，如 6659D 或 6659。

② 二进制数，在数字后面加字母 B，如 1101101B。

③ 八进制数，在数字后面加字母 O，如 12750。

④ 十六进制数，在数字后面加字母 H，如 CFE7BH。

2.3.2 计算机中的字符编码

计算机中的数据是广义的，除了数值数据外，还有文字、数字、标点符号、各种功能控制符等符号数据（数字符号只表示符号本身，不表示数值的大小）。下面简要介绍字符数据和汉字的编码方式。

ASCII 码

字符数据编码有多种方式，ASCII 码是国际上采用最普遍的字符数据编码方式。

（1）定义

ASCII 码是美国标准信息交换代码（American Standard Codes for Information Interchange）的英文缩写。

ASCII 码虽然是美国的国家标准，但已被国际标准化组织 ISO 认定为国际标准，因而该标准在世界范围内通用。

（2）基本 ASCII 码字符集

基本 ASCII 码字符集如表 2-3-3 所示。

表 2-3-3　基本 ASCII 字符集

ASCII 值	控制字符及含义		ASCII 值	字符	ASCII 值	字符	ASCII 值	字符
0	NUL	空	32	空格	64	@	96	`
1	SOH	标题开始	33	!	65	A	97	a
2	STX	正文开始	34	"	66	B	98	b
3	ETX	正文结束	35	#	67	C	99	c
4	EOT	传输结束	36	$	68	D	100	d
5	ENQ	询问	37	%	69	E	101	e
6	ACK	响应	38	&	70	F	102	f
7	BEL	响铃	39	'	71	G	103	g
8	BS	退格	40	(	72	H	104	h
9	HT	横向制表	41	)	73	I	105	i
10	LF	换行	42	*	74	J	106	j
11	VT	纵向制表	43	+	75	K	107	k
12	FF	换页	44	,	76	L	108	l
13	CR	回车	45	-	77	M	109	m
14	SO	移出	46	.	78	N	110	n
15	SI	移入	47	/	79	O	111	o
16	DLE	数据链转义	48	0	80	P	112	p
17	DC1	设备控制 1	49	1	81	Q	113	q
18	DC2	设备控制 2	50	2	82	R	114	r
19	DC3	设备控制 3	51	3	83	S	115	s
20	DC4	设备控制 4	52	4	84	T	116	t
21	NAK	否认	53	5	85	U	117	u
22	SYN	同步空转	54	6	86	V	118	v
23	ETB	组传输结束	55	7	87	W	119	w
24	CAN	作废	56	8	88	X	120	x
25	EM	媒体结束	57	9	89	Y	121	y
26	SUM	取代	58	:	90	Z	122	z
27	ESC	转义	59	;	91	[	123	{
28	FS	文卷分隔	60	<	92	\	124		
29	GS	群分隔	61	=	93	]	125	}
30	RS	记录分隔	62	>	94	^	126	~
31	US	单元分隔	63	?	95	_	127	DEL

（3）基本 ASCII 码的构成

在这个编码方案中，ASCII 码由 8 个二进制位构成，基本 ASCII 码的最高位规定为 0。

例如，大写字母 A，位于第 5 列第 2 行，故查得 A 在计算机内部的编码$(A)_{ASCII} = 01000001$；大写字母 B，位于第 5 列第 3 行，故$(B)_{ASCII} = 01000010$。

一个字符的 ASCII 码可以用二进制形式表示，也可以用十六进制表示，例如，$(A)_{ASCII} = (01000001)_2 = (41)_{16}$；$(B)_{ASCII} = (01000010)_2 = (42)_{16}$；$(N)_{ASCII} = (01001110)_2 = (4E)_{16}$。

（4）基本 ASCII 码可表示 128 种字符

8 个二进制位，第 1 位为 0，余下的 7 位可以排列成 128 种编码方式（即 $2^7 = 128$）来表示 128 个不同的字符，因而能定义 128 个不同的符号。

（5）基本 ASCII 码的分类

128 个字符分为两大类。

● 显示码：有 94 个编码，对应计算机键盘能输入的 94 个字符，包括 26 个英文字母的大小写，0~9 共 10 个数字符号，32 个运算符号和标点符号+、−、*、/、 >、 <、 >=、 <=等，这 94 个字符能被显示和打印。

● 控制码：有 34 个编码，不对应任何一个可以显示或打印的实际字符，只用于控制计算机设备或某些软件的运行。例如，CR 表示回车、BS 表示退一格、DEL 表示删除等。

（6）ASCII 码的产生

计算机中运行的 ASCII 码，由输入设备（键盘、鼠标）产生。

计算机的输入设备——键盘，都设计有译码电路，每个被敲击的字符键，将由译码电路产生相应的 ASCII 码，再送入计算机。例如，当敲击大写字母【D】键时，译码电路产生相应的 ASCII 码 01000100；敲击【Esc】键时，则产生 ASCII 码 00011011。

（7）扩展 ASCII 码

最高位为 1 的 ASCII 码称为扩展 ASCII 码，用于表示希腊字母、不常用的特殊称号，扩展 ASCII 码也有 128 个。

2.4 扩展训练：组装台式计算机

2.4.1 主机箱的安装

1. 组装前的准备工作

① 准备一张足够宽敞的工作台，将市电插座引到工作台上备用，准备好组装工具。

② 把主板、CPU、内存、硬盘、光驱、显卡、电源、机箱、键盘、鼠标等硬件摆放到台面上。

③ 把所有硬件从包装盒中逐一取出，将包装物垫在器件下方，按照安装顺序排列好。注意摆放时应该单摆单放，不要堆叠放置，对于主板要格外小心。查验产品包装清单，附件是否齐全；阅读产品说明书，了解是否有特殊安装要求，这些工作完成后，就可以进行组装了。

2. 安装主板

安装主板时应首先将 CPU、CPU 风扇和内存安装到主板上，然后再整体安放到机箱内。

（1）安装 CPU

将主板从包装袋中取出，抚平包装袋，将主板放到包装袋上。观察主板和 CPU 的防接错结构，找准定位特征点，通常以倒角或圆点标出。将 ZIF 插座的锁定杆抬起到垂直位置，垂直插入 CPU。此时要特别注意使 CPU 针脚与插座的孔对齐，再将 CPU 向下插放到位。按下锁定杆至插座卡销处，如图 2-4-1 所示。

图2-4-1　安装CPU

（2）安装 CPU 风扇

首先在 CPU 的保护壳或核心上涂上一层薄薄的硅脂，它可以使 CPU 与散热器很好地接触，涂的时候，一定要涂均匀，以确保良好的散热。没有在处理器上使用导热介质可能会导致运行不稳定、频繁死机等问题。涂好散热硅胶后，就可以将散热风扇安装到位了，有的风扇安装时有方向性，不可随意安装。将散热风扇对正位置放好，卡紧卡子，然后，将风扇电源接好，这样便完成了 CPU 散热风扇的安装，如图 2-4-2 至图 2-4-4 所示。

图2-4-2　涂抹散热膏　　　　　图2-4-3　安装CPU风扇　　　　　2-4-4　CPU风扇电源

（3）安装内存条

观察内存条接脚上的缺口和内存插槽上的隔断，对准内存与插槽的安装方向，两端均匀用力地向下按，将内存插到底，同时，插槽两端的卡子自动卡住内存，内存安装完成。安装内存时，应该从靠近 CPU 处的内存插槽开始，依次安装，如图 2-4-5 所示。

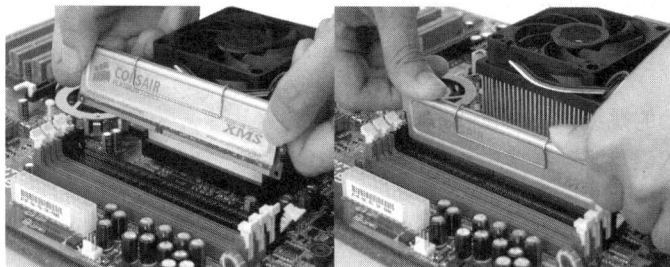

图2-4-5　安装内存条

（4）将主板安放到机箱内

卸掉机箱的侧板，把机箱平放在桌子上，将主板上有背板端口的一方对着机箱背板放下。透过主板上的螺钉孔确定要在机箱底板的什么位置安装铜柱。拿出主板,安装好铜柱或塑料柱,将已经安装好 CPU 及风扇、内存的主板安放到机箱内,固定。注意,如果主板需要使用金属螺丝和塑料柱固定,一定要注意在接口一侧使用螺丝(刚性牢固),在远离接口部位处使用塑料柱 (柔性活动)。安装螺丝时,先将螺丝拧紧,但不要拧得太紧,等螺丝都装上后,再按对角方向逐一拧紧,如图 2-4-6 和图 2-4-7 所示。

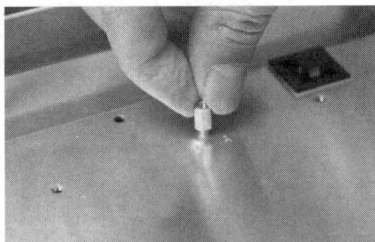

图2-4-6　安装铜柱

3. 安装 AGP 显卡和各种 PCI 卡

（1）安装 AGP 显卡

安装应注意接脚处缺口对准插槽内的隔断,同时还要注意插槽端头的卡销。把显卡垂直插入插槽内至底,拧紧挡片上的固定螺丝即可,如图 2-4-8 所示。

图2-4-7　安装主板

图2-4-8　安装显示卡

（2）安装 PCI 卡

安装 PCI 插卡与上述类似,相比之下还要更简单一些,主板上的 PCI 插槽都是通用的。安装时,应兼顾到其他板卡的安装位置、是否妨碍连接数据线、有利于散热等因素。PCI 卡主要有声卡、网卡、视频卡等。

4. 驱动器的安装

（1）安装光驱

① 从机箱内部向外发力,将其中一块卸下。

② 将光驱从机箱的正面推进去,如图 2-4-9 所示。

③ 调整好光驱位置,用螺丝固定。

（2）安装硬盘

① 根据硬盘上的跳线说明设置跳线。

② 将硬盘放入磁盘驱动器槽中,如图 2-4-10 所示。

③ 用螺丝固定硬盘。

安装硬盘、光驱需要注意的事项如下。

① 选用合适的螺钉,固定硬盘、光驱的螺丝钉比固定板卡的螺丝钉要小一些。

② 安装硬盘和光驱进入驱动器架时的方向不同。安装光驱时应该从机箱前面板外部将光驱塞入驱动器架,安装到位后,光驱面板应与机箱前面板相吻合。

图2-4-9 安装光驱

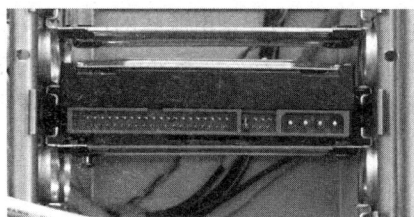

图2-4-10 安装硬盘

③ 在允许的范围内，硬盘和光驱的安装位置要灵活掌握，距离其他板卡、组件等既不要过近，也不要过远，以免影响数据线的连接。

5. 安装电源

安装电源比较简单，把电源放在电源固定架上，使电源后的螺丝孔和机箱上的螺丝孔一一对应，然后拧上螺丝即可，如图 2-4-11 所示。

6. 连接电源线

完成好主板、板卡、硬盘、光驱等的安装工作后，接下来就可以进行各硬件电源线连接。

（1）连接主板电源线

主板上电源接口有 20 孔或 24 孔的主板电源接口和 4 针的风扇电源接口。它们都有防接错结构，认真观察结构，在相应处连接上即可。图 2-4-12 所示为连接主板 24 孔电源插头。

图2-4-11 安装电源

图2-4-12 主板电源插头

（2）硬盘、光驱电源线连接

① IDE 接口类型电源线的连接。硬盘、光驱的电源插头一样，都是带有倒角的四芯电源插头，只要让电源线的光滑两个角与插口相对即可，但是要注意一定要安插到底。否则，很可能会毁坏硬盘，如图 2-4-13 和图 2-4-14 所示。

图2-4-13 电源插头

图2-4-14 连接硬盘电源

② SATA 接口类型电源线的连接。SATA 接口的安装也相当的简单，接口采用防呆式的设计，方向反了根本无法插入。另外需要说明的是，SATA 硬盘的供电接口也与普通的四针梯形供电接口有所不同，如图 2-4-15 和图 2-4-16 所示。

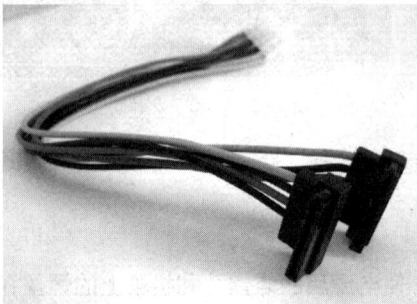

图2-4-15　电源线插头

图2-4-16　电源线硬盘接口

7. 连接数据线

（1）IDE 接口数据线的连接

数据线的连接主要是指连接硬盘、光驱和软驱的数据线。将数据线接头处的凸起对准主板上插槽处的缺口，安插入位即可，如图 2-4-17 和图 2-4-18 所示。

图2-4-17　硬盘数据线连接

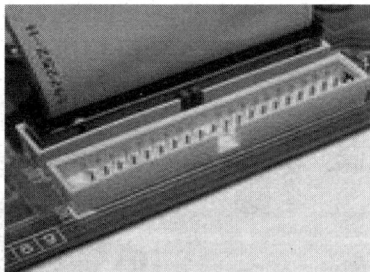

图2-4-18　主板数据线连接

注意

IDE 接口是以前计算机普遍使用的接口类型。

（2）SATA 接口数据线的连接

主要连接的是硬盘和光驱，SATA 接口的数据线连接也相当简单，接口采用防呆式的设计，方向反了根本无法插入，如图 2-4-19 至图 2-4-22 所示。

图2-4-19　SATA数据线

图2-4-20　SATA主板接口

图2-4-21 硬盘数据接口

图2-4-22 光驱数据接口

注意

SATA 接口是现在普遍使用的接口类型。

8. 连接机箱面板信号线

机箱面板连线主要包括：电源开关、复位开关、电源指示灯、硬盘指示灯、前置 USB 端口连线等。

① 连接机箱前面板连线时，按照主板说明书的说明，对照实物，将机箱前面板上引出的各种信号灯线、控制键线一个一个地接插在主板的相应插针上，如图 2-4-23 所示。

② 要注意信号灯线极性不能接反，否则灯就不亮了。特别要注意正确连接前置 USB 连线，因为同组接线中既有数据线又有电源线，如果接错极易出现问题，所以一定要看清说明书再认真连接，如图 2-4-24 所示。

图2-4-23 连接机箱面板灯、键连线

图2-4-24 连接USB连线

2.4.2 常用输入输出设备的安装

机箱内部的组装工作完成后，就可以开始连接外部设备，外部设备连接主要是指键盘、鼠标、显示器、音箱等。在机箱背板处，找到与上述设备接头外形相似、颜色相同的插座，一一对应连接，并将显示器的固定螺丝拧紧，即完成了外部设备连接，如图 2-4-25 所示。

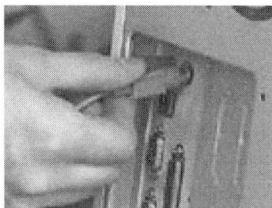

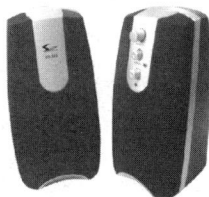

图2-4-25 安装外设连线

2.4.3　加电检测

通电，若自检无误，说明安装正确。关机，整理内部接线，用塑料扎线把机箱内部散乱的线整理绑扎好，并就近固定在机箱上。最后，盖上机盖，结束装配，如图 2-4-26 所示。

图2-4-26　组装好的微机

2.5　应用练习

一、填空题

1. 中央处理器简称 CPU，它是计算机系统的核心，是由（　　）和（　　）组成的。

2. 进行计算机硬件组装操作之前应消除身上所带的（　　）。

3. 计算机系统通常由（　　）和（　　）两大部分组成。

二、选择题

1. 下面的（　　）设备属于输出设备。

A. 键盘　　　　　　　B. 鼠标　　　　　　　C. 扫描仪　　　　　　D. 打印

2. 下列部件中，属于计算机系统记忆部件的是（　　）。

A. CD-ROM　　　　　B. 硬盘　　　　　　　C. 内存　　　　　　　D. 显示器

3. 计算机发生的所有动作都是受（　　）控制的。

A. CPU　　　　　　　B. 主板　　　　　　　C. 内存　　　　　　　D. 鼠标

三、问答题

简述计算机硬件组装的步骤。

3 Chapter

第 3 章
操作系统 Windows 7 的安装与使用

3.1 操作系统的定义

操作系统（Operating System，OS）是管理计算机硬件与软件资源的程序，同时也是计算机系统的内核与基石。操作系统是控制其他程序运行，管理系统资源并为用户提供操作界面的系统软件的集合。操作系统身负诸如管理与配置内存、决定系统资源供需的优先次序、控制输入与输出设备、操作网络与管理文件系统等基本事务。操作系统的型态非常多样，不同机器安装的OS可从简单到复杂，可从手机的嵌入式系统到超级计算机的大型操作系统。

3.2 PC 常用的操作系统

目前微机上常见的操作系统有 Windows、Linux 等。

Windows 操作系统：Windows 中文是窗户的意思，另外还有微软公司推出的视窗计算机操作系统名为 Windows。该操作系统是一款由美国微软公司开发的窗口化操作系统。Windows 采用了 GUI 图形化操作模式，比起从前的指令操作系统——DOS 更为人性化。

Windows 操作系统是目前世界上使用最广泛的操作系统。随着计算机硬件和软件系统的不断升级，微软的 Windows 操作系统也在不断升级，从 16 位、32 位到 64 位操作系统。从最初的 Windows 1.0 和 Windows 3.2 到大家熟知的 Windows 95、Windows 97、Windows 98、Windows 2000、Windows Me、Windows XP、Windows Server、Windows Vista、Windows 7、Windows 8 各种版本的持续更新，微软一直在尽力于 Windows 操作的开发和完善。目前最新的版本是 Windows 8、Windows 8.1（Windows 8 更新包），而微软正在研发 Windows 9。

Linux 操作系统：Linux 是一种自由和开放源码的类 UNIX 操作系统，存在着许多不同的 Linux 版本，但它们都使用了 Linux 内核。Linux 可安装在各种计算机硬件设备中，比如手机、平板电脑、路由器、视频游戏控制台、台式计算机、大型机和超级计算机。Linux 是一个领先的操作系统，世界上运算最快的 10 台超级计算机运行的都是 Linux 操作系统。严格来讲，Linux 这个词本身只表示 Linux 内核，但实际上人们已经习惯了用 Linux 来形容整个基于 Linux 内核，并且使用 GNU 工程各种工具和数据库的操作系统。

3.3 手机常用的操作系统

目前应用在手机上的操作系统主要有 Symbian（中文译为塞班）、Windows Phone（6.5 之前的版本为 Windows Mobile）、Android（中文译为安卓、安致）、iOS（iPhone OS）、Black Berry（中文译为黑莓）、Bada（仅适用于三星）、MeeGo（诺基亚和 Intel 的产物）、Maemo（仅适用于诺基亚）、Palm（后被惠普收购）、MTK（由联发科研发，国内手机主流操作系统）。其中，Windows Phone、Android、iOS 被公认为热门的三大手机操作系统。

3.4　Windows 7 的安装——光盘安装

① 设置 BIOS 从光盘启动计算机，把 Windows 7 系统安装光盘放入光驱，启动计算机后显示图 3-4-1 所示的界面。

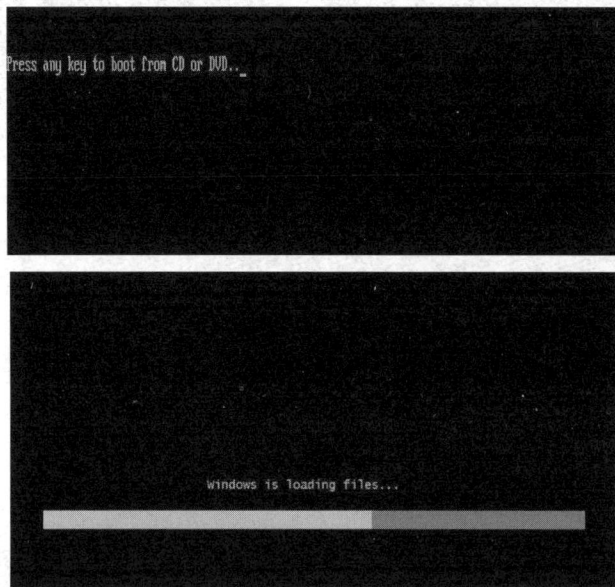

图3-4-1　装载Windows安装文件

② 在 Windows 7 安装语言选择列表中选择【中文（简体）】选项，如图 3-4-2 所示。

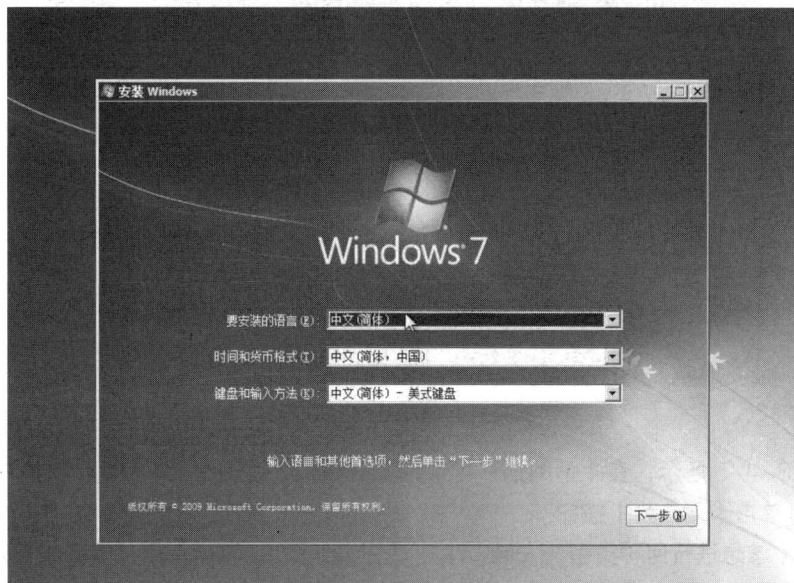

图3-4-2　选择安装语言

③ 在图 3-4-3 所示的安装界面中，单击【现在安装】按钮，开始安装。

图3-4-3　安装Windows程序

④ 安装进行过程中，系统会自动启动安装程序，用户可以在安装界面中看到"安装程序正在启动…"提示信息，如图 3-4-4 所示。

图3-4-4　安装程序正在启动

⑤ 如图 3-4-5 所示，在【请阅读许可条款】对话框中，阅读 Microsoft 软件许可条款，接受许可条款，单击【下一步】按钮。

⑥ 进入【您想进行何种类型的安装？】对话框，如图 3-4-6 所示，选择【自定义】选项。

⑦ 进入【您想将 Windows 安装在何处？】对话框，如图 3-4-7 所示，首先创建磁盘分区，选择安装系统的分区，单击【下一步】按钮。

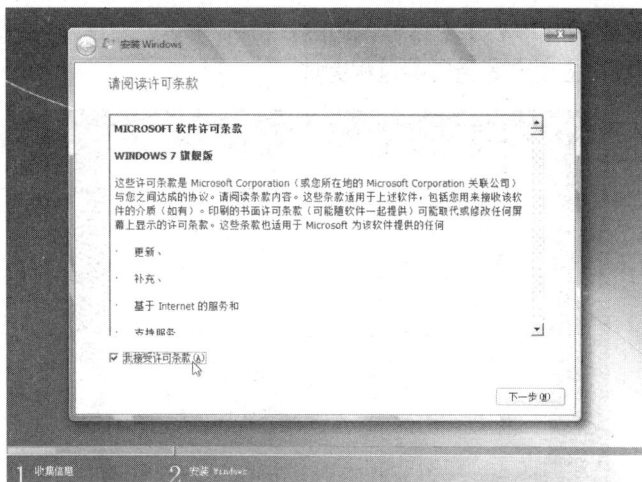

图3-4-5　阅读许可条款

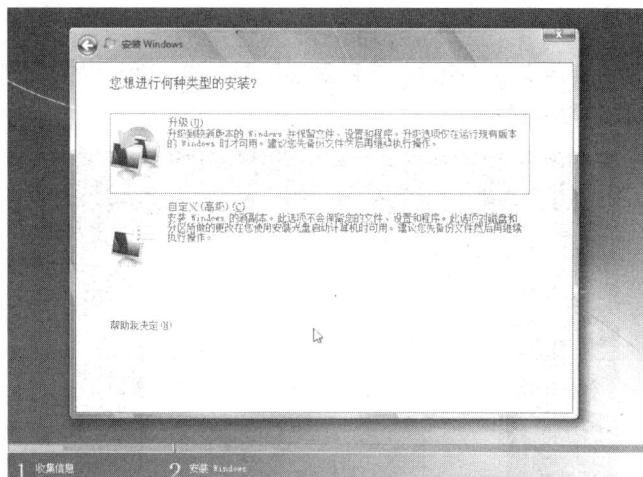

图3-4-6　选择安装类型

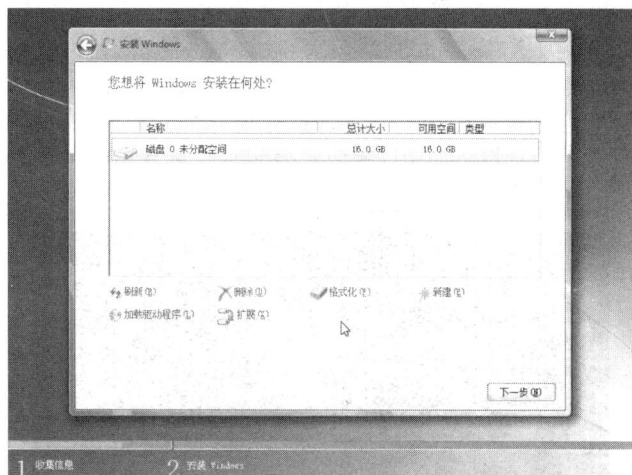

图3-4-7　创建并选择系统安装分区

⑧ 进入【正在安装 Windows】对话框，如图 3-4-8 所示，对话框中显示了 Windows 7 安装中所经历的过程，用户应耐心等待安装过程完成。

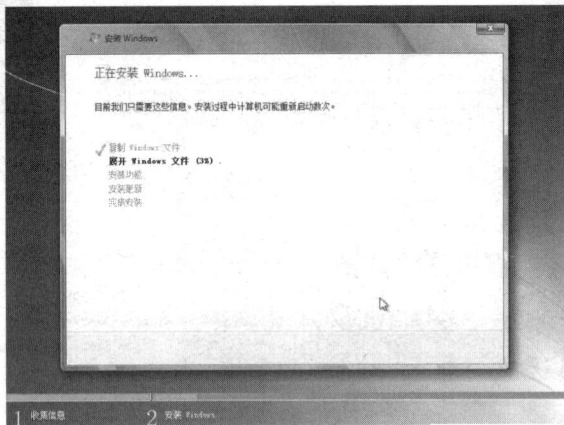

图3-4-8　正在安装Windows

⑨ 系统安装过程中会再次重新启动，启动后显示图 3-4-9 所示的"正在安装 Windows…"对话框，完成最后的文件复制过程。

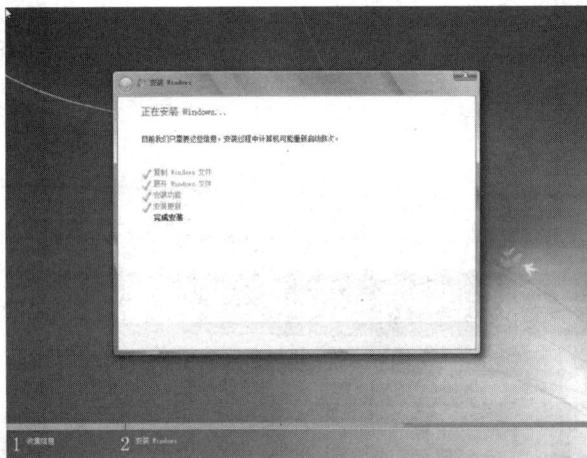

图3-4-9　正在安装Windows

⑩ Windows 安装完成后，再次启动计算机，启动后，显示"安装程序正在为首次使用计算机做准备"，如图 3-4-10 所示。

图3-4-10　安装程序启动界面

⑪ 安装程序准备工作完成后，显示 "设置 Windows" 对话框，如图 3-4-11 所示，在【键入用户名】文本框中输入用户名，在 "键入计算机名称" 文本框中输入计算机名称单击【下一步】按钮。

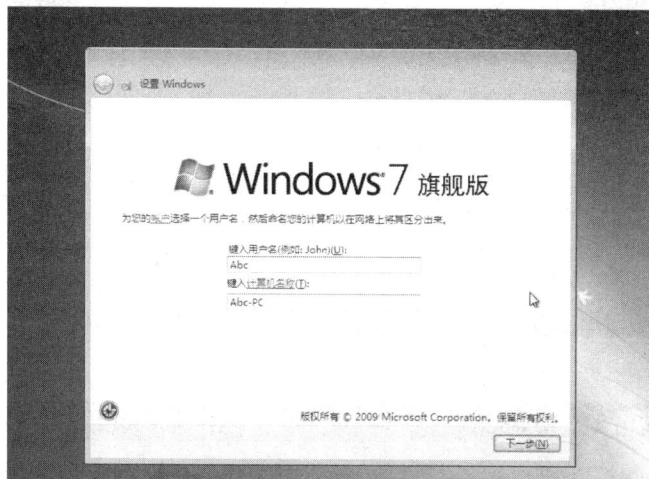

图3-4-11　输入用户名及计算机名称

⑫ 打开【为账户设置密码】对话框，如图 3-4-12 所示，在【键入密码】文本框中输入密码，密码也可以为空，单击【下一步】按钮。

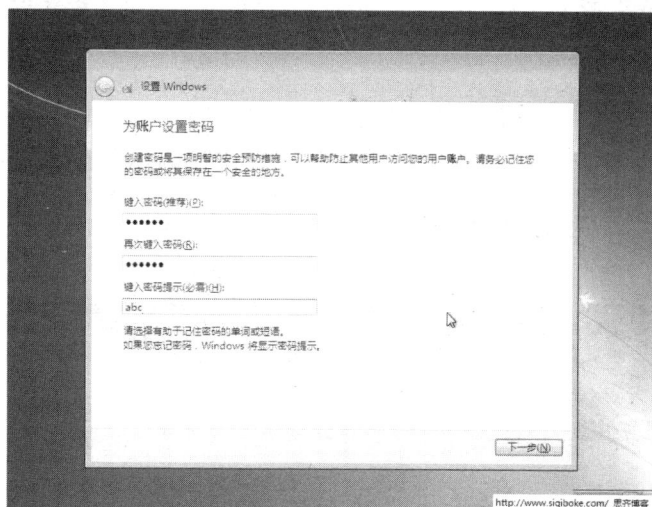

图3-4-12　设置输入密码

⑬ 打开 "键入您的 Windows 产品密钥" 对话框，如图 3-4-13 所示，在 "产品密钥" 文本框中输入产品序列号，单击【下一步】按钮。

⑭ 打开设置 Windows 界面，如图 3-4-14 所示，在【帮助您自动保护计算机以及提高 Windows 的性能】对话框中，选择【使用推荐设置】选项。

⑮ 打开【查看日期和日期设置】对话框，如图 3-4-15 所示，在【时区】下拉列表框中选择正确的时区，并设置系统日期和时间，单击【下一步】按钮。

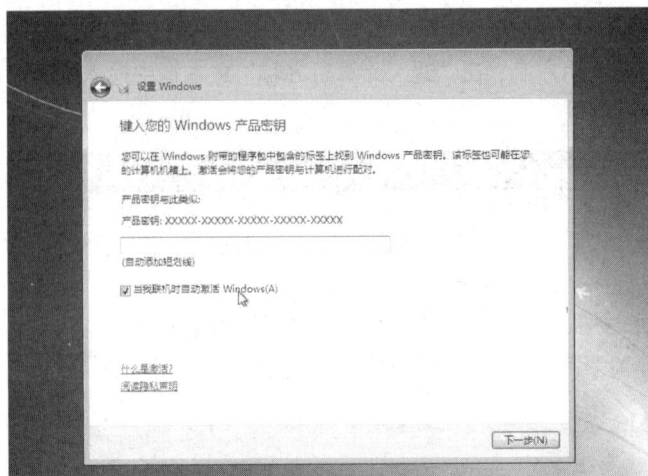

图3-4-13　输入产品密钥

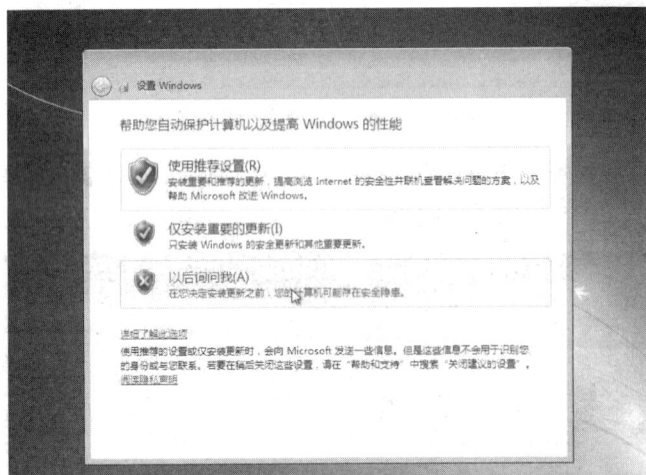

图3-4-14　Windows安全设置

图3-4-15　查看并设置日期和时间

⑯ 打开【请选择计算机当前的位置】对话框，如图 3-4-16 所示，选择【工作网络】选项，如果不确定，则选择【公用网络】选项。

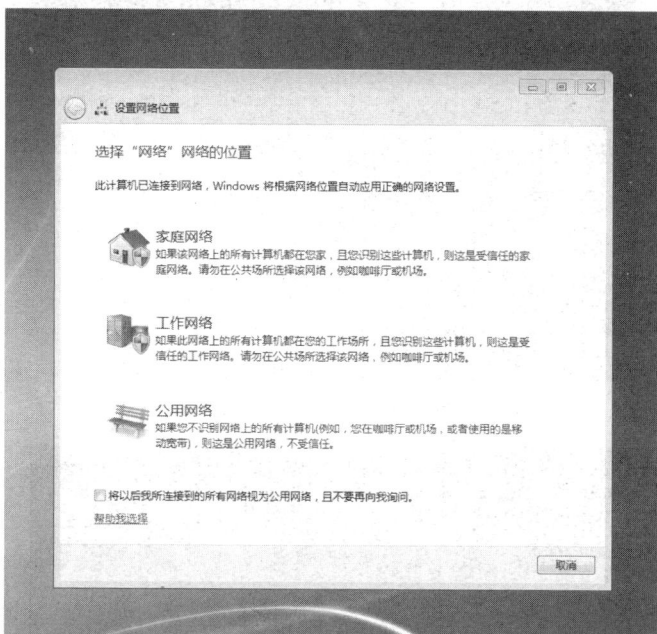

图3-4-16　选择计算机当前位置

⑰ 系统显示"Windows 正在完成您的设置"信息，如图 3-4-17 所示，整个设置过程需要一定的时间，用户应耐心等待。

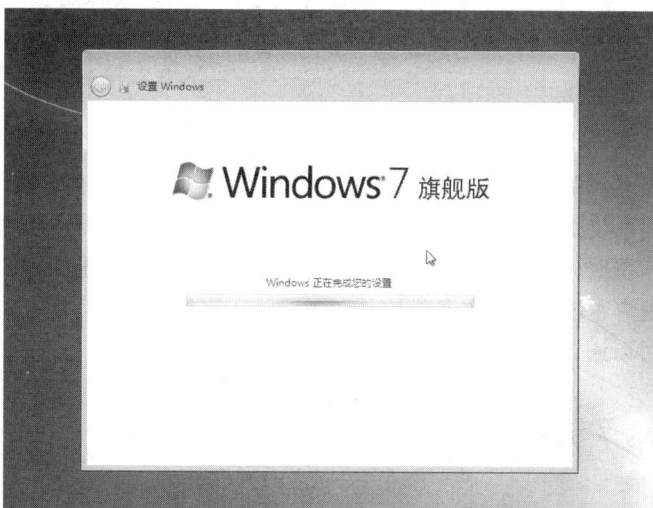

图3-4-17　系统设置过程

⑱ 系统所有设置工作后，将显示"正在准备桌面"信息，如图 3-4-18 所示。

⑲ 所有工作完成后，系统进入 Windows 7 桌面，如图 3-4-19 所示，此时系统已经安装完成，用户还可以通过系统选项设置，完成在系统安装过程中没有设置的一些选项。

图3-4-18　正在准备桌面

图3-4-19　Windows 7系统桌面

完成操作系统及各种驱动程序的安装后，将常用软件（如杀毒软件、媒体播放软件、Office办公软件等）安装到系统所在盘，安装操作系统和常用软件的各种升级补丁并优化系统。整个系统从安装到结束非常费时，以后系统崩溃或者中毒无法使用时，如果重新安装系统将是非常麻烦的一件事情。建议用户通过硬盘分区备份软件——Ghost 软件将系统盘所在的分区做好备份，以后系统被破坏时，可以通过 Ghost 软件方便地恢复系统。

3.5　Windows 7 介绍

3.5.1　Windows 7 的基本操作

1．Windows 7 的启动

启动 Windows 7 时，如果先开主机电源，再开外部设备电源，由于主机和外设的电源插头大多插在同一电源插板上，如果主机电源的稳压性能不好，外设的接入会造成插座上的电源电压

有瞬时微小下降, 将可能造成硬盘损坏。而先开外部设备, 再开主机, 主机工作时, 电源插座不会再有电压下降的波动, 就不会发生硬盘可能损坏的情况。

启动计算机的方法有两种: 加电启动、复位启动。

① 加电启动: 是按计算机主机箱上的【Power】按钮 (电源开关)。当按下电源开关后, 会接通电源引入的通路, 将 220V 电压送到计算机电源电路的输入端。

② 复位启动: 是按主机箱上的 RESET 复位键。这种启动方法用于计算机发生死机, 而键盘又失效时的重新启动。

2. Windows 7 的退出

用户可以通过关机、注销、休眠和切换用户等操作, 来退出 Windows 7 操作系统。

(1) 正常关机

使用完计算机后要退出 Windows 7 并关闭计算机, 正确的关机步骤如下。

① 单击【开始】按钮, 弹出【开始】菜单, 将鼠标移到【关闭】按钮处, 单击【关机】按钮, 如图 3-5-1 所示。

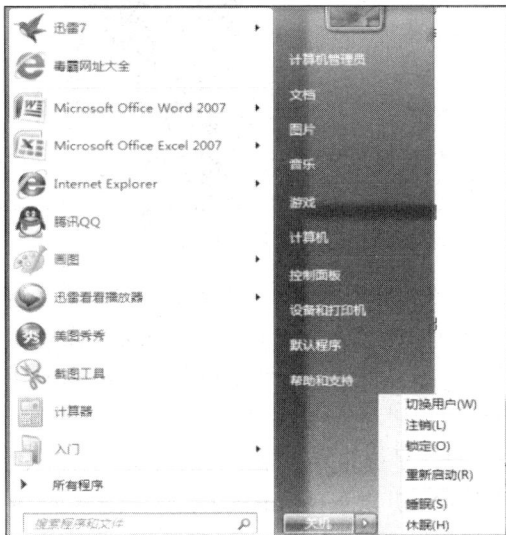

图3-5-1　【开始】菜单中【关闭】按钮

② 系统即可以自动地保存相关的信息。

③ 系统退出以后, 主机的电源会自动的关闭, 指示灯灭, 这样计算机就安全的关闭了, 此时用户显示器电源开关关闭即可。

(2) 非正常关机

当用户在使用计算机的过程中突然出现了 "死机" "花屏" "黑屏" 等情况, 不能通过【开始】菜单关闭计算机了, 此时用户只能持续按住主机机箱上的电源开关按钮几秒, 片刻后主机会关闭, 然后关闭显示器的电源开关就可以了。

(3) 注销

Windows 7 与之前的操作系统一样, 允许多用户共同使用一台计算机上的操作系统, 每个用户都可以拥有自己的工作环境并对其进行相成的设置。当需要退出当前的用户环境时, 可以通过【注销】的方式来实现。【注销】功能和【重新启动】相似, 在进行该动作前要关闭当前运行的程序，保存打开的文档，否则会造成数据的丢失。进行此操作后，系统会自动将个人信息保存到硬盘，并快速地切换到用户登录界面，具体的操作步骤如下。

① 单击【开始】按钮 ，弹出【开始】菜单，单击【关闭选项】按钮中【右箭头】按钮，然后从弹出的【关闭选项】 列表中选择【注销】选项，如图 3-5-2 所示。

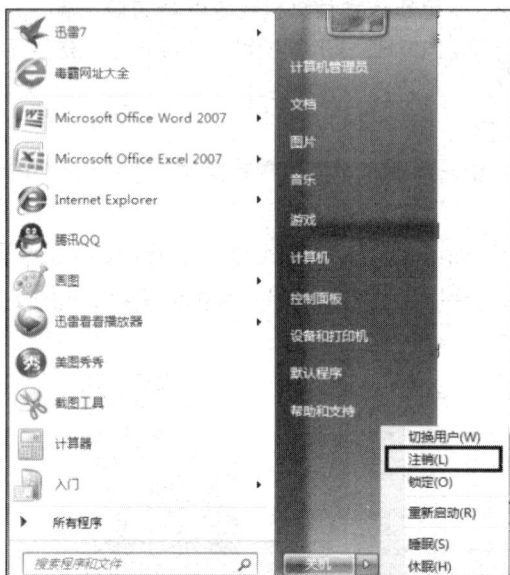

图3-5-2 【开始】菜单中【注销】选项

② 如果当前用户还有程序在运行，则会出现是否强制注销提示窗口。

③ 单击【取消】按钮，系统会取消【注销】 操作，恢复到系统界面。如果单击【强制注消】按钮，系统会强制关闭运行程序，从而快速地切换到用户登录界面。

（4）休眠

休眠是退出 Windows 7 操作系统的另一种方法，选择休眠会保存会话并关闭计算机，打开计算机时会还原会话。此时计算机并没有真正的关闭，而是进入了一种低耗能状态。

计算机进入休眠的具体步骤如下。

① 单击【开始】按钮，弹出【开始】菜单，单击【关闭选项】按钮中的【右箭头】按钮，然后从弹出的【关闭选项】列表中选择【休眠】选项，如图 3-5-2 所示。

② 此时计算机即进入休眠状态。如果用户要将计算机从休眠状态中唤醒，需要重启计算机，按主机上的【Power】按钮，当启动计算机病再次登录以后，会发现已经恢复到休眠前的工作状态，用户可以继续完成休眠前的工作。

（5）切换用户

通过【切换用户】也能快速地退出当前的用户，并回到"用户登录界面"。具体的操作步骤如下。

① 打开【开始】菜单，单击菜单中的【关闭选项】按钮中的【右箭头】按钮，然后从中选出的【关闭选项】列表中选择【切换用户】选项，如图 3-5-2 所示。

② 系统会快速切换到"用户登录界面"，同时会提示当前登录的用户为【已登录】的信息，如图 3-5-3 所示。

图3-5-3　切换用户窗口

③ 此时用户可以选择其他的【用户账户】(如 "我的账号")来登录系统,而不会影响到【已登录】用户的账户设置和运行的程序。

提 示

【注销】和【切换用户】有什么区别?

二者都可以快速地回到 "用户登录界面",但是【注销】要求结束程序的操作,关闭当前用户;而【切换用户】则允许当前用户的操作程序继续进行,不会受到影响。

3.5.2　Windows 7 的桌面、任务栏及开始菜单

用户完成的各种操作都是在桌面上进行的,它包括桌面背景、桌面图标、【开始】按钮和【任务栏】4 部分,如图 3-5-4 所示。

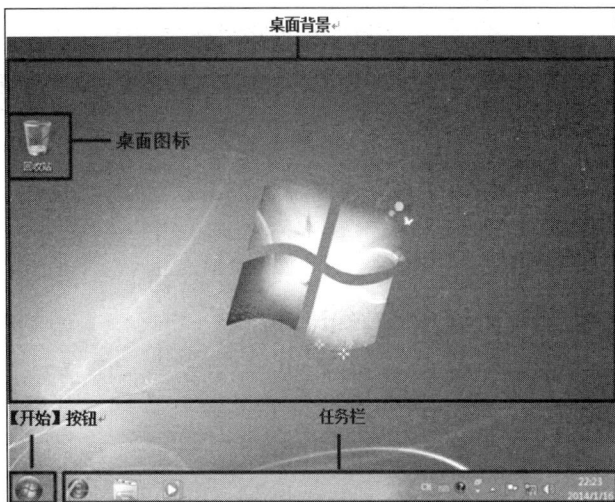

图3-5-4　Windows 7的桌面

1.　桌面背景

桌面背景是指 Windows 桌面的背景图案,又称为桌布或者墙纸,用户可以根据自己的喜好

更改桌面的背景图案。

更改桌面背景的操作步骤如下。

① 在桌面空白处单击鼠标右键，选择【个性化】菜单项，如图 3-5-5 所示。

② 在弹出的对话框下面选择【桌面背景】，如图 3-5-6 所示。

③ 弹出【选择桌面背景】对话框，根据个人的需要可以选择 Windows 7 中自带的桌面背景，还可以选择"图片位置"右侧的【浏览】按钮，找到计算机中已经存储的图片作为桌面背景，然后单击【保存修改】按钮，修改桌面背景即完成，如图 3-5-7 所示。

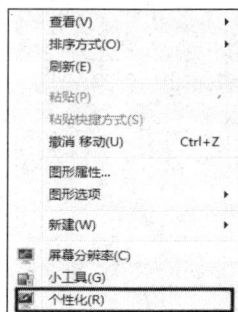

图3-5-5　右键快捷菜单中【个性化】按钮

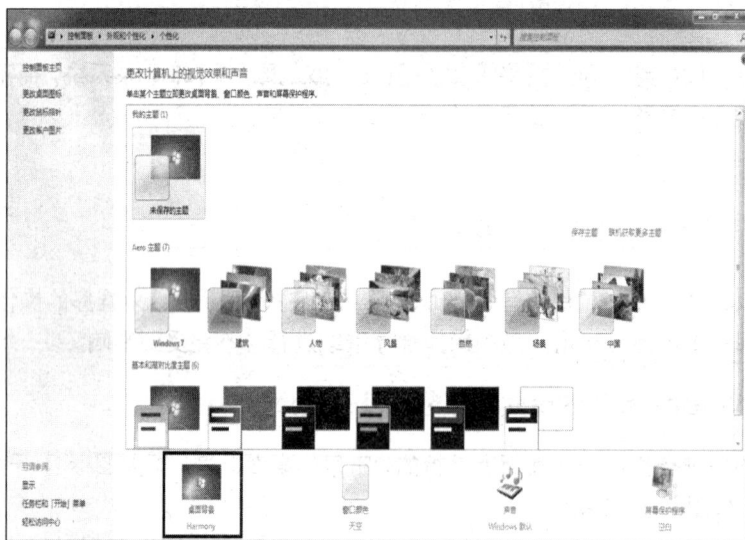

图3-5-6　更改计算机上的视觉和声音窗口

图3-5-7　选择桌面背景窗口

2. 桌面图标

桌面图标是由一个形象的小图片和说明文字组成的，图片是它的标识，文字则表示它的名称或功能，如图 3-5-8 所示。

3.【开始】按钮

单击【任务栏】左侧的【开始】按钮，即可弹出【开始】菜单，如图 3-5-9 所示。

4. 任务栏

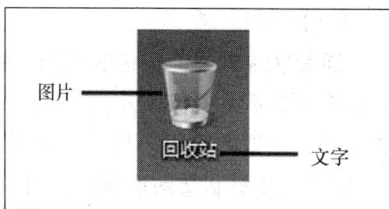

图3-5-8　"回收站"图标

【任务栏】是位于屏幕底部的水平长条。 与桌面不同的是，桌面可以被打开的窗口覆盖，而【任务栏】几乎始终可见，它主要由程序按钮区、通知区域和【显示桌面】按钮 3 部分组成，如图 3-5-10 所示。

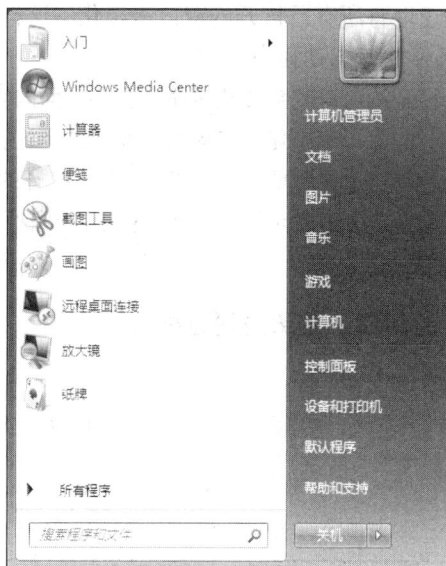

图3-5-9　【开始】菜单

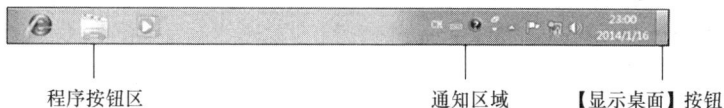

程序按钮区　　　　　　　　　　　　通知区域　　　【显示桌面】按钮

图3-5-10　任务栏

在 Windows 7 中，【任务栏】已经是全新的设计，它拥有了新的外观，除了仍然能在不同的窗口之间进行切换外，Windows 7 的【任务栏】看起来更加方便，功能更加强大和灵活。

（1）程序按钮区

程序按钮区主要放置的是已打开窗口的最小化按钮，单击这些按钮就可以在窗口间切换。在任一个程序按钮上单击鼠标右键，则会弹出 Jump List 列表。用户可以将常用程序"锁定"到【任务栏】上，以方便访问，还可以根据需要通过单击和拖曳操作重新排列任务栏上的图标，如图 3-5-11 所示。

Windows 7【任务栏】还增加了 Aero Peek 新的窗口预览功能，用鼠标指向任务栏图标， 可预览已打开文件或者程序的缩略图，然后单击任一缩略图，即可打开相应的窗口。

（2）通知区域

通知区域位于任务栏的右侧，除了系统时钟、音量、网络和操作中心等一组系统图标之外，还包括一些正在运行的程序图标，或提供访问特定设置的途径。用户看到的图标集取决于已安装的程序或服务，以及计算机制造商设置计算机的方式。将鼠标指针移向特定图标，会看到该图标的名称或某个设置的状态。有时，通知区域中的图标会显示小的弹出窗口（称为通知），向用户通知某些信息。同时，用户也可以根据自己的需要设置通知区域的显示内容。

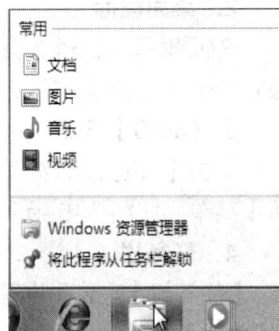

图3-5-11　任务栏上的图标

（3）【显示桌面】按钮

在 Windows 7 系统【任务栏】的最右侧 增加了既方便又常用的【显示桌面】按钮，作用是快速地将所有已打开的窗口最小化，这样查找桌面文件就会变得很方便。在以前的系统中，它被放在快速启动栏中。

鼠标指向该按钮，所有已打开的窗口就会变成透明，显示桌面内容，鼠标移开，窗口则恢复原状，单击该按钮则可将所有打开的窗口最小化。如果希望恢复显示这些已打开的窗口，也不必逐个从【任务栏】中单击， 只要再次单击【显示桌面】按钮，所有已打开的窗口又会恢复为显示的状态。

虽然在 Windows 7 中取消了"快速启动"，但是快速启动功能仍在，用户可以把常用的程序添加到【任务栏】上，以方便使用。

3.5.3　Windows 7 的窗口、菜单及对话框

1. Windows 7 的窗口

Windows 7 的窗口由控制按钮区、搜索栏、地址栏、菜单栏、工具栏、导航窗格、细节窗格和工作区 9 部分组成，如图 3-5-12 所示。

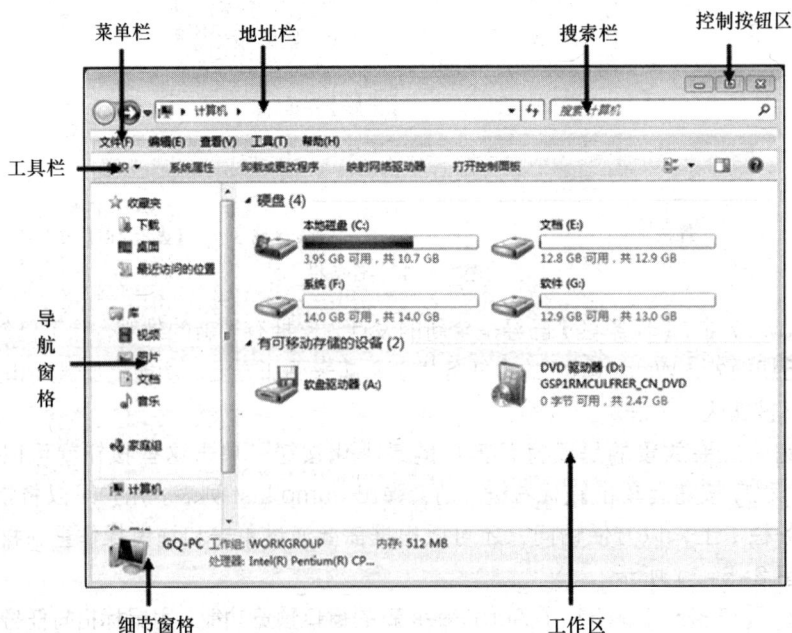

图3-5-12　Windows 7窗口组成

（1）控制按钮区

在控制按钮区有 3 个窗口控制按钮，分别为【最小化】按钮 ▬ 、【最大化】按钮 ▫ 和【关闭】按钮 ✕ 。

（2）地址栏

显示文件和文件夹所在的路径，通过它还可以访问因特网中的资源。

（3）搜索栏

将要查找的目标名称输入到【搜索栏】文本框中，然后单击【Enter】键即可。窗口【搜索栏】的功能和【开始】菜单中【搜索】框的功能相似，只不过在此处只能搜索当前窗口范围内的目标。可以添加搜索筛选器，以便能更精确、更快速地搜索到所需的内容。

（4）菜单栏

一般来说，可将菜单分为快捷菜单和下拉菜单两种。在窗口【菜单栏】中存放的就是下拉菜单，每一项都是命令的集合，用户可以通过选择其中的菜单项进行操作。例如，选择【查看】菜单，打开【查看】下拉菜单，如图 3-5-13 所示。【新建】右键快捷菜单，如图 3-5-14 所示。

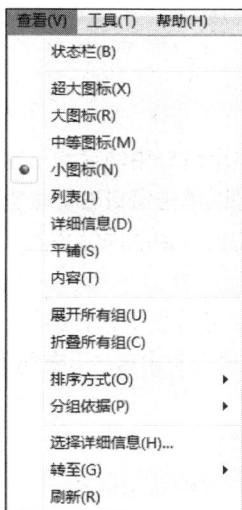

图3-5-13　【查看】下拉菜单

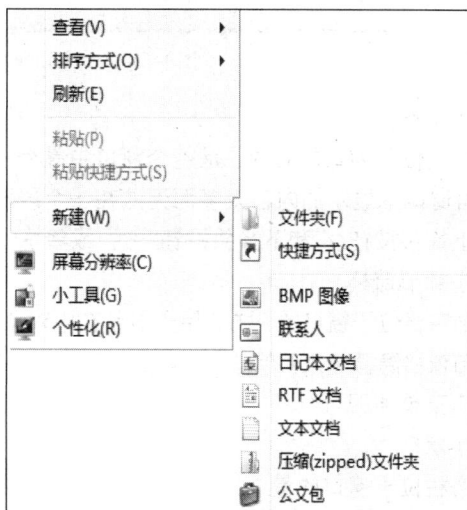

图3-5-14【新建】右键快捷菜单

（5）工具栏

工具栏位于菜单栏的下方，存放着常用的工具命令按钮，让用户能更加方便地使用这些形象的工具，如图 3-5-15 所示。

图3-5-15　Windows 7窗口的工具栏

（6）导航窗格

导航窗格位于工作区的左边区域，与已往的 Windows 系统版本不同的是，在 Windows 7 操作系统中导航区一般包括 ☆ 收藏夹 、 📁 库 、 💻 计算机 和 🌐 网络 4 部分。

单击前面的【箭头】按钮 ◀ 可以打开相应的列表，选择该项既可以打开列表，还可以打开相应的窗口，方便用户随时准确地查找相应的内容，如图 3-5-16 所示。

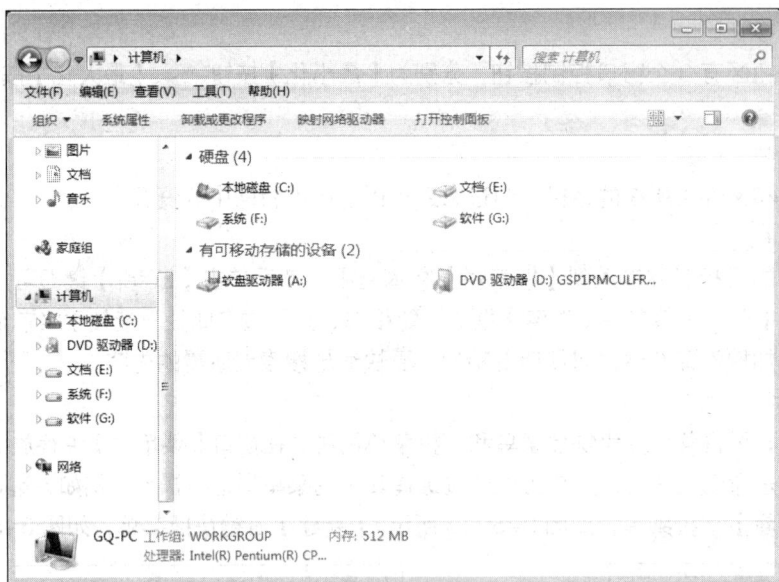

图3-5-16　Windows 7窗口的导航窗格

（7）工作区

工作区位于窗口的右侧，是整个窗口中最大的矩形区域，用于显示窗口中的操作对象和操作结果。当窗口中显示的内容太多而无法在一个屏幕内显示出来时，可以单击窗口右侧垂直滚动条两端的上箭头按钮 ▲ 和下箭头按钮 ▼，或者拖动滚动条，都可以使窗口中的内容垂直滚动。

（8）细节窗格

细节窗格位于窗口的下方，用于显示选中对象的详细信息。当用户不需要显示详细信息时，可以将细节窗格隐藏起来：单击【工具】栏上的 组织▼ 按钮，从弹出的下拉列表中选择【布局】→【细节窗格】菜单项即可。

（9）状态栏

状态栏位于窗口的最下方，显示当前窗口的相关信息和被选中对象的状态信息。

2. Windows 7 的窗口的基本操作

（1）打开窗口

这里以打开【计算机】窗口为例，用户可以通过以下两种方法将其打开。

① 利用桌面图标。双击桌面上【计算机】图标，或者在【计算机】图标上单击鼠标右键，从弹出的快捷菜单中选择【打开】菜单项，都可以快速地打开该窗口，如图 3-5-17 所示。

② 利用开始菜单。单击【开始】按钮，从弹出的【开始】菜单中选择【计算机】菜单项即可，如图 3-5-18 所示。

（2）关闭窗口

当某个窗口不再使用时，需要将其关闭以节省系统资源。下面以关闭【计算机】窗口为例，介绍关闭窗口的方法。

方法一：利用【关闭】按钮

单击【计算机】窗口右上角的【关闭】按钮，可以关闭。

方法二：利用【文件】菜单

图3-5-17　【计算机】图标右键快捷菜单

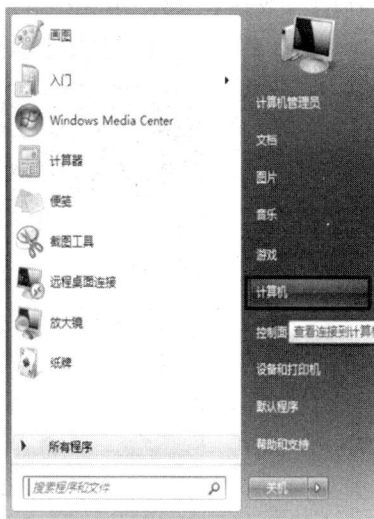

图3-5-18　通过【开始】菜单选择
【计算机】菜单项

在【计算机】窗口的菜单栏上选择【文件】→【关闭】菜单项，可以关闭。

方法三：利用右键快捷菜单

在【计算机】窗口的标题栏上单击鼠标右键，从弹出的快捷菜单中选择【关闭】菜单项，可以关闭。

方法四：利用组合键

选择当前要关闭的窗口，按下【Alt+F4】组合键可以快速将窗口关闭。

（3）调整窗口大小

这里以【计算机】窗口为例，介绍调整窗口大小的3种方法。

方法一：利用控制按钮

窗口控制按钮包括【最小化】按钮 、【最大化】按钮 和【还原】按钮 。可以利用这些控制按钮来调整窗口大小。

方法二：利用标题栏调整

当打开【计算机】窗口时，如果窗口默认不是最大化打开，只需要在窗口标题栏上的任意位置双击鼠标，即可使窗口最大化，再次双击可以还原为原始的大小。

方法三：利用手动调整

当窗口处于非最大化和最小化状态时，鼠标放在窗口的边缘处，此时鼠标指针变成双箭头形状 。用户可以通过手动拖曳的方式来改变窗口的大小。

3. Windows 7 菜单

（1）菜单的分类

Windows 操作系统中的菜单可以分为两类，一是普通菜单，即下拉菜单，二是右键快捷菜单。

（2）菜单的使用

Windows 7 操作系统的菜单中包含了很多命令，用户可以通过这些命令来完成各种操作。这里以【回收站】为例，介绍一下右键快捷菜单的使用。

① 在桌面上的【回收站】图标上单击鼠标右键，即可弹出快捷菜单，如图 3-5-19 所示。

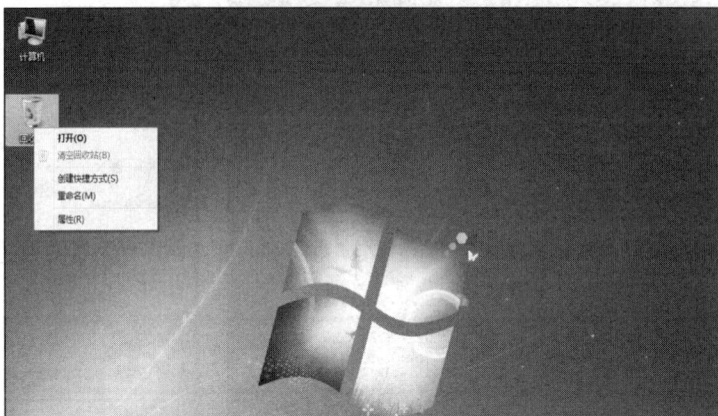

图3-5-19　右键【回收站】弹出快捷菜单

② 可以看到菜单列出了相关的菜单项，用户可以根据需要选择中的某项进行操作。

4. Windows 7 对话框

（1）对话框的组成

可以将对话框看作是特殊的窗口，与普通的 Windows 窗口有相似之处，但是它比一般的窗口更加简洁直观。对话框的大小是不可以改变的，并且用户只有在完成了对话框要求的操作后才能进行下一步的操作。

下面是一个【保存为】对话框，用户只有输入要保存的文件名后，才能单击【保存】按钮，否则无法进行下一步的操作，如图 3-5-20 所示。

图3-5-20　【保存为】对话框

尽管 Windows 7 对话框的形态与其他操作系统有些不同，但是所包括的元素是相似的。一般来说，对话框都是由标题栏、选项卡、组合框、文本框、列表框、下拉列表文本框、微调框、命令按钮、单选框和复选框等几部分组成的。

① 标题栏

标题栏位于对话框的最上方，系统默认是深蓝色的，它的左侧是该对话框的名称，右侧是对话框的【关闭】按钮。

② 选项卡

标题栏的下方就是选项卡，每个对话框都有多个选项卡，用户可以通过在不同选项卡之间的切换来查看和设置相应的信息。

③ 组合框

在选项卡中通常会有不同的组合框，用户可以在这些组合框中完成需要的操作。

④ 文本框

在某些对话框中会要求输入一些内容，以作为下一步操作的必要条件，这个空白区域就称为文本框，用户可以输入新的文本信息，也可对原有信息进行修改或者删除操作。

⑤ 列表框

在 Windows 7 操作系统中，有些已经事先设置了相应的选项供用户选择，所以用户在进行一些设置操作时，可以在这样的列表框中选择相应的列表项进行操作，一次只允许选择一项。当列表框中的内容很多不能完全显示时，用户可以拖动右侧的垂直滚动条查看全部信息。

⑥ 下拉列表文本框

下拉列表文本框具有下拉列表和文本框的双重功能，用户既可以输入信息，也可以从弹出的下拉列表中选择自己需要的选项。

⑦ 微调框

微调框是由文本框和调整按钮结合组成的，用户既可以从中输入数值，也可以通过调整按钮来设置需要的数值，如图 3-5-21 所示。

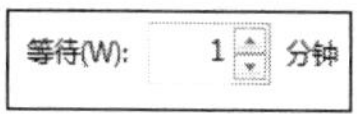

等待(W):　　1　分钟

图3-5-21　微调框图

⑧ 命令按钮

命令按钮是对话框中带有文字的突出的矩形区域，常见的命令按钮有　确定　按钮、　取消　按钮等。

⑨ 单选框

单选钮就是经常在组合框中出现的一个小圆圈◯，通常在一个组合框中会有多个单选钮◉。

⑩ 复选框

复选框就是在对话框中经常出现的小正方形☐。与单选钮不同的是，在一个组合框中用户可以同时选中多个复选框，各个复选框的功能是叠加的。当某个复选框被选中时。在其对应的小正方形中会有一个 √ 标示。

（2）对话框的操作

对话框的基本操作主要包括对话框的移动和关闭，以及对话框中各种选项卡之间的切换。

① 对话框的移动

方法一：手动

将鼠标指针移动到对话框的标题栏上，此时指针变成"⇖"形状，按住鼠标左键拖动到合适位置即可。

方法二：利用右键快捷菜单

将鼠标指针移动到对话框的标题栏上，单击鼠标右键，从弹出的快捷菜单中选择【移动】菜单项。此时鼠标指针变成✥形状，移动鼠标指针将对话框移动到合适的位置后释放即可。

② 关闭对话框

方法一：利用【关闭】按钮

单击对话框标题栏右侧的【关闭】按钮 ❌ ，可以关闭。

方法二：利用右键快捷菜单

将鼠标指针移动到对话框标题栏上，单击鼠标右键，从弹出的快捷菜单中选择【关闭】菜单项即可。

方法三：利用【控制】图标

单击对话框标题左侧的【控制】图标"截图"，然后从弹出的快捷菜单中选择【关闭】菜单项，即可关闭对话框，如图 3-5-22 所示。

图3-5-22　通过【控制】图标选择【关闭】菜单项

方法四：利用组合键

可以通过按【Alt+F4】组合键关闭对话框。

③ 选项卡的切换

通常情况下，一个对话框由几个选项卡组成，用户可以通过鼠标和键盘进行各选项卡之间的切换。

方法一：利用鼠标切换

通过鼠标来进行切换很简单，只需用鼠标直接单击要切换的选项卡即可。

方法二：利用键盘切换

用户可以按【Ctrl+Tab】组合键从左到右切换各个选项卡，按【Ctrl+Shift+Tab】组合键可以从反向切换。

3.6　Windows 7 的主要功能

3.6.1　文件和文件夹的管理与操作

文件就是用户赋予了名字并存储在磁盘上的信息集合，它可以是用户创建的文档，也可以是可执行的应用程序或一张图片、一段声音等。文件夹是系统组织和管理文件的一种形式，是为方便用户查找、维护和存储而设置的，用户可以将文件分门别类地存储在不同的文件夹中。在文件夹中可存储所有类型的文件和下一级文件夹、磁盘驱动器及打印队列等内容。

1. 新建文件夹

用户可以创建新的文件夹来存储具有相同类型或相近形式的文件，要创建新文件夹，可执行下列操作步骤。

① 双击桌面【计算机】图标，打开【计算机】窗口。

② 双击要新建文件夹的磁盘，打开该磁盘。

③ 选择【文件】菜单→【新建】→【文件夹】命令或者右击鼠标，在弹出的快捷菜单中选择【新建】→【文件夹】命令即可新建一个文件夹。

④ 在新建的文件夹名称框中输入文件夹的名称，按【Enter】键或单击其他位置即可。

2. 移动和复制文件或文件夹

在实际应用中，有时用户需要将某个文件或文件夹移动或复制到其他位置以方便使用，这时就需要用到移动或复制命令。移动文件或文件夹就是将文件或文件夹放到其他位置，执行移动命令后，原位置的文件或文件夹消失并出现在目标位置；复制文件或文件夹就是将文件或文件夹复制一份，放到其他位置，执行复制命令后，原位置和目标位置均有该文件或文件夹。移动和复制文件或文件夹的操作步骤如下。

① 选择要进行移动或复制的文件或文件夹。

② 选择【编辑】菜单→【剪切】或【复制】命令；或者右击鼠标，在弹出的快捷菜单中选择【剪切】或【复制】命令。

③ 选择【编辑】菜单→【粘贴】命令；或者右击鼠标，在弹出的快捷菜单中选择【粘贴】命令即可。

提示

多文件的选定。

若要一次移动或复制多个相邻的文件或文件夹，可按住【Shift】键选择多个相邻的文件或文件夹；若要一次移动或复制多个不相邻的文件或文件夹，可按住【Ctrl】键选择多个不相邻的文件或文件夹；若非选文件或文件夹较少，先选中非选文件或文件夹，然后选择【编辑】菜单→【反向选择】命令即可；若要选择所有的文件或文件夹，可选择【编辑】菜单→【全部选定】命令或按【Ctrl+A】组合键。

3. 重命名文件或文件夹

重命名文件或文件夹就是给文件或文件夹重新设置一个名称，使其可以更符合用户的要求。重命名文件或文件夹的具体操作步骤如下。

① 选择要重命名的文件或文件夹。

② 选择【文件】菜单→【重命名】命令；或者右击鼠标，在弹出的快捷菜单中选择【重命名】命令。

③ 这时文件或文件夹的名称将处于编辑状态，用户可输入新的名称进行重命名操作。

　　也可在文件或文件夹名称处直接单击两次（两次单击间隔时间应稍长一些，以免变为双击操作），使名称处于编辑状态，输入新的名称进行重命名操作。

4. 删除文件或文件夹

　　当不再需要某些文件或文件夹时用户可将其删除以便于对文件或文件夹进行管理。删除后的文件或文件夹将被放到"回收站"中，用户可以选择将其彻底删除或还原到原来的位置。

　　删除文件或文件夹的操作如下。

　　① 选定要删除的文件或文件夹。若要选定多个相邻的文件或文件夹，可按住【Shift】键进行选择；若要选定多个不相邻的文件或文件夹，可按住【Ctrl】键进行选择。

　　② 选择【文件】菜单→【删除】命令；或者右击鼠标，在弹出的快捷菜单中选择"删除"命令。

　　③ 弹出【确认文件夹删除】或【确认文件删除】对话框，如图3-6-1所示。

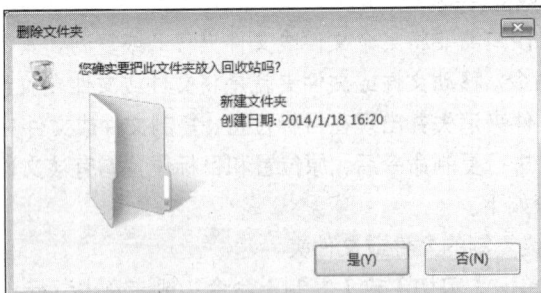

图3-6-1 【删除文件夹】对话框

　　④ 若确认要删除该文件或文件夹，可单击【是】按钮；若不删除该文件或文件夹，可单击【否】按钮。

5. 删除或还原"回收站"中的文件或文件夹

　　【回收站】为用户提供了一个安全的删除文件或文件夹的解决方案，用户从硬盘中删除文件或文件夹时，Windows 7会将其自动放入【回收站】中，直到用户删除或还原其中的文件。

　　删除或还原【回收站】中文件或文件夹的操作步骤如下。

　　① 双击桌面上的【回收站】图标。

　　② 打开【回收站】窗口。

　　③ 若要删除【回收站】中所有的文件和文件夹。可选择工具栏中的【清空回收站】命令；若要还原所有的文件和文件夹，可选择工具栏中的【还原所有项目】命令；若要还原某个文件或文件夹，可在回收站中选中该文件或文件夹，右击鼠标，弹出快捷菜单，选择【还原】命令；若要还原多个文件或文件夹，可按住【Ctrl】键，选定文件或文件夹然后将其恢复，如图3-6-2所示。

　　删除【回收站】中的文件或文件夹，意味着将该文件或文件夹彻底删除，无法再还原；若还原【回收站】中的文件，则该文件夹将在原来的位置重现，并在此文件夹中还原文件；当回收站满后，Windows 7将自动清除【回收站】中的部分文件以存放最近删除的文件和文件夹。

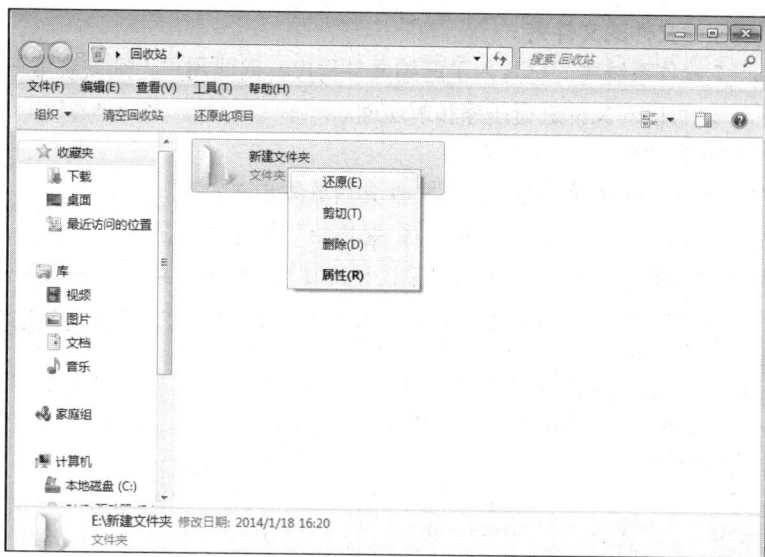

图3-6-2 还原"新建文件夹"

6. 更改文件或文件夹属性

文件或文件夹包含 3 种属性：只读、隐藏和存档。若将文件或文件夹设置为"只读"属性，则该文件或文件夹不允许更改和删除；若将文件或文件夹设置为"隐藏"属性，则该文件或文件夹在常规显示中将不被看到；若将文件或文件夹设置为"存档"属性，则表示该文件或文件夹已存档，有些程序用此选项来确定哪些文件需做备份。

更改文件或文件夹属性的操作步骤如下。

① 选中要更改属性的文件或文件夹，右击鼠标并选择"属性"命令。

② 在弹出的属性对话框中选择【常规】选项卡，如图 3-6-3 所示。

③ 在该选项卡的【属性】选项组中选中需要的属性复选框。

④ 单击【高级】按钮，在该对话框中可选中【仅将更改应用于该文件夹】或【将更改应用于该文件夹、子文件夹和文件】单选按钮。

⑤ 在【常规】选项卡中，单击【确定】按钮即可应用该属性。

7. 搜索文件和文件夹

有时用户需要查看某个文件或文件夹的内容，却忘记了该文件或文件夹存储的具体位置或具体名称，这时 Windows 7 提供的搜索文件或文件夹功能就可以帮用户查找该文件或文件夹。

搜索文件或文件夹的具体操作如下。

① 单击【计算机】按钮，在弹出的对话框里的搜索栏中输入需要搜索的内容文件或文件夹的名称或者关键字。

② 输入完以后单击 🔍 按钮，自动按磁盘顺序进行搜索。

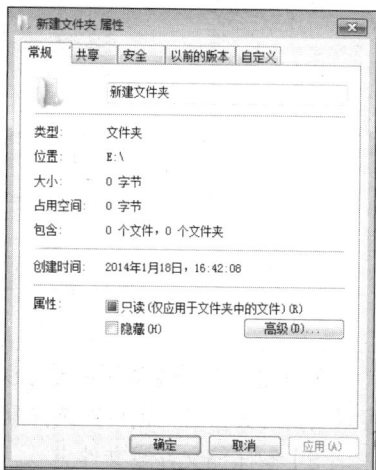

图3-6-3 【新建文件夹】属性对话框中的【常规】选项卡

8. 压缩和解压缩文件或文件夹

在 Windows 7 操作系统中同样置入了压缩文件程序，因此用户无须安装第三方的压缩软件（如 WinRAR 等），就可以对文件进行压缩和解压缩。

（1）压缩文件和文件夹

利用系统自带的压缩软件程序创建压缩文件夹的具体步骤如下。

① 选择要压缩的文件或文件夹，这里选择"office"文件夹，在该文件夹上单击鼠标右键，从弹出的快捷菜单中选择【发送到】→【压缩（zipped）文件夹】菜单项，如图 3-6-4 所示。

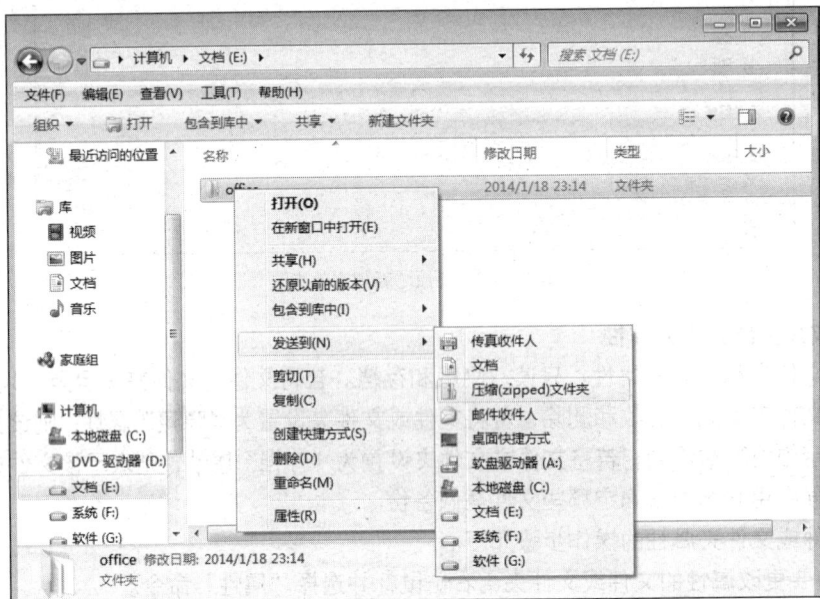

图3-6-4　右键快捷菜单中【压缩（zipped）文件夹】菜单项

② 弹出【正在压缩】对话框，绿色进度条显示压缩的进度，如图 3-6-5 所示。

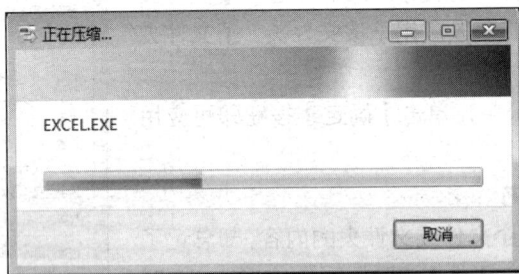

图3-6-5　【正在压缩】对话框

③ 【正在压缩】对话框自动关闭后，可以看到窗口中已经出现了对应文件夹的压缩文件夹，可以重新对其命名，也可以选择默认的名称，如图 3-6-6 所示。

（2）解压缩文件或文件夹

解压缩文件或文件夹就是从压缩文件夹中提取文件或文件夹，具体的操作步骤如下。

① 在压缩文件夹上单击鼠标右键，从弹出的快捷菜单中选择【全部提取】菜单项，如图 3-6-7 所示。

图3-6-6　以压缩的office文件夹

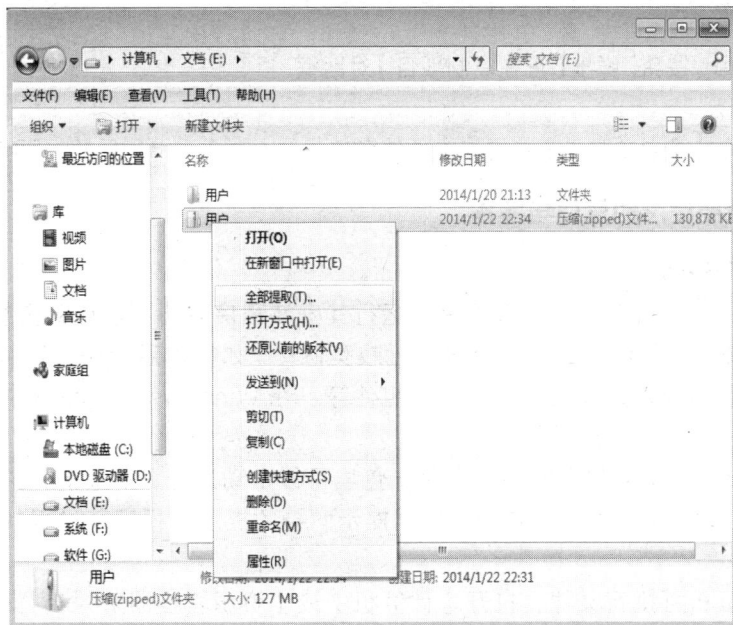

图3-6-7　右键快捷菜单中选择【全部提取】菜单项

② 弹出【提取压缩（Zipped）文件夹】对话框，如图 3-6-8 所示。

③ 在【文件将被提取到这个文件夹】文本框中输入文件的存储路径，或者单击文本框右侧的　浏览(R)...　按钮，从弹出的【选择一个目标】对话框中选择要存储的路径，这里选择【计算机】→【系统（F:）】选项，如图 3-6-9 所示。

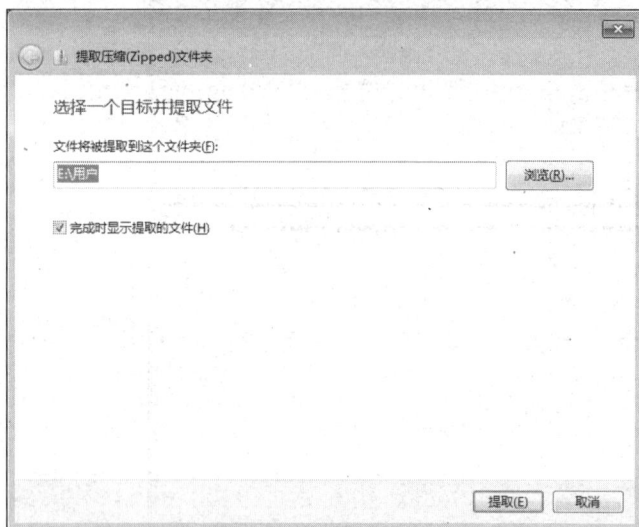

图3-6-8　选择一个目标并提取文件

图3-6-9　【选择一个目标】对话框

④ 选择完毕单击 [　确定　] 按钮，返回【提取压缩（Zipped）文件夹】对话框，如果选中【完成时显示提取文件】复选框，则在提取完文件后可以查看所提取的内容。

⑤ 单击 [　提取(E)　] 按钮，弹出【正在复制项目】对话框，如图 3-6-10 所示。

⑥ 文件提取完会自动弹出存储提取文件的窗口。

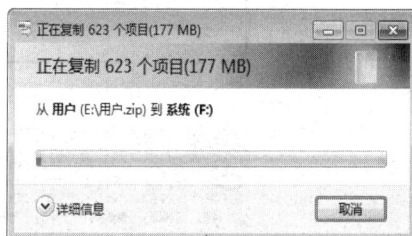

图3-6-10　正在复制项目

3.6.2　应用程序的管理与操作

1．安装应用程序

应用程序一般都有自己的安装程序，运行其安装程序后，可以自动安装该应用程序。一般来说，大部分应用程序的安装过程都比较类似，比如提示用户输入软件序列号、接收或更改程序安装路径，选择是否加入某些组件等。在 Windows 7 专业版中，用户可以利用以下几种方式来安装应用软件。

方法一：自动安装：如果购买的安装光盘里可以自动运行，则直接将该安装光盘放入光驱中，即可自动启动安装程序向导，根据提示向导的提示执行安装过程就可以完成软件的安装。

方法二：运行可执行文件：打开【计算机】或【资源管理器】，找到安装盘或安装软件所在驱动器中的 Setup.exe 或 Install.exe 可执行文件。双击该文件图标直接启动安装程序，再根据安装向导的提示完成软件的安装。

2．卸载应用程序

可以使用【添加/删除程序】完成卸载。

① 在【控制面板】中单击【程序】中【程序和功能】中【卸载程序】，弹出管理界面，如图 3-6-11 所示。

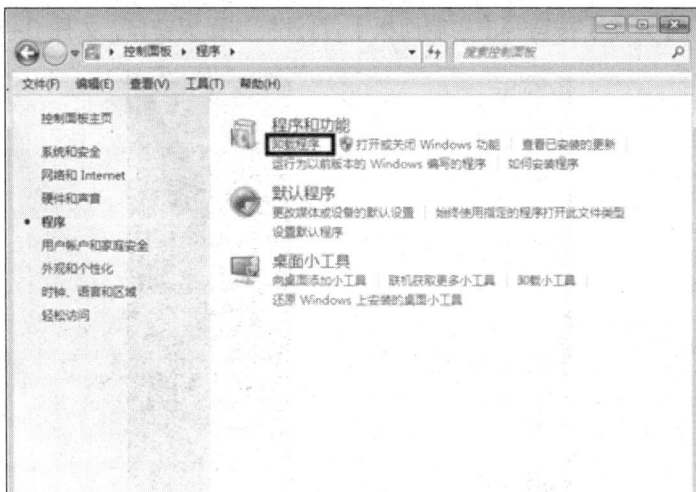

图3-6-11　【控制面板】中【卸载程序】

② 当前窗口右侧就是目前已安装应用程序的列表，用鼠标单击右键需要卸载的应用
程序项，右侧即显示【卸载/更改】按钮和【删除】按钮，如图 3-6-12 所示。

图3-6-12　已安装应用程序的列表

③ 单击【删除】按钮，则系统弹出确认对话框，单击【确定】按钮，系统将开始自
动卸载该程序组。

3.7　Windows 7 系统设置——控制面板

控制面板是用于进行系统设置和设备管理的一个工具集，其中包含许多独立的工具或称为程
序选项。控制面板可以用于管理用户账户，设置时钟、语言和区域、设置输入法等。

控制面板的启动方法如下。

方法一：单击【开始】按钮→【控制面板】，打开控制面板窗口，如图 3-7-1 所示。

图3-7-1　【开始】按钮中选择【控制面板】

方法二：在【Windows 7 资源管理器】窗口中单击【打开控制面板】，即可打开，如图 3-7-2 所示。

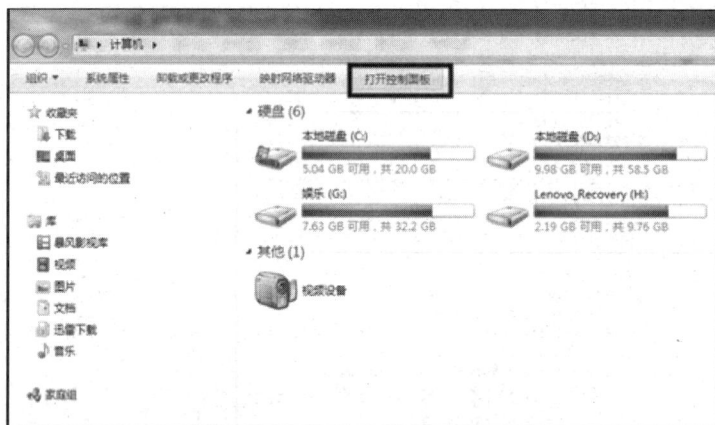

图3-7-2　在【Windows 7资源管理器】窗口中单击【打开控制面板】

3.7.1　时钟、语言和区域设置

1．时钟设置

计算机时钟用于记录创建或修改计算机中文件的时间。可以更改时钟的时间和时区。

（1）更改时间

① 打开【控制面板】窗口，选择【时钟、语言和区域】中【日期和时间】中的【设置时间和日期】选项，如图 3-7-3 所示。

② 弹出【日期和时间】对话框，在【日期和时间】选项卡中单击 更改日期和时间(D)... 按钮，如图 3-7-4 所示。

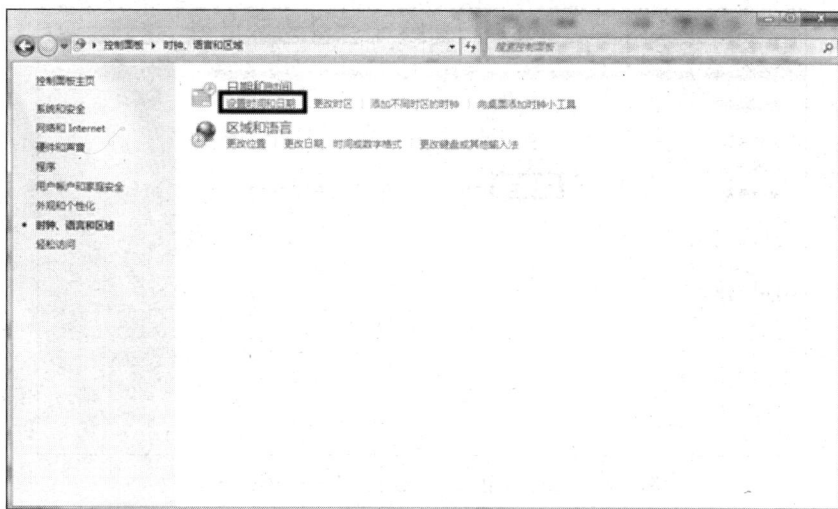

图3-7-3　在【控制面板】窗口中选择【设置时间和日期】

③ 根据需要设置时间和日期，设置完单击【确定】按钮即可。

（2）更改时区

① 打开【控制面板】窗口，选择【时钟、语言和区域】中【日期和时间】中的【设置时间和日期】选项。

② 弹出【日期和时间】对话框，在【日期和时间】选项卡中单击 更改时区(Z)... 按钮。

③ 根据需要在下拉菜单中选择时区，单击【确定】按钮即可，如图 3-7-5 所示。

图3-7-4　【日期和时间设置】对话框

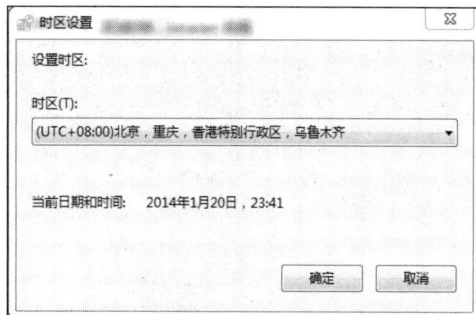

图3-7-5　【时区设置】对话框

2. 语言和区域设置

在 Windows 7 中，语言和区域选项是一个非常重要的组件，它增强了 Windows 系统在多种语言环境中的应用能力。

（1）更改位置

① 打开【控制面板】窗口，选择【时钟、语言和区域】中【语言和区域】的【更改位置】选项，如图 3-7-6 所示。

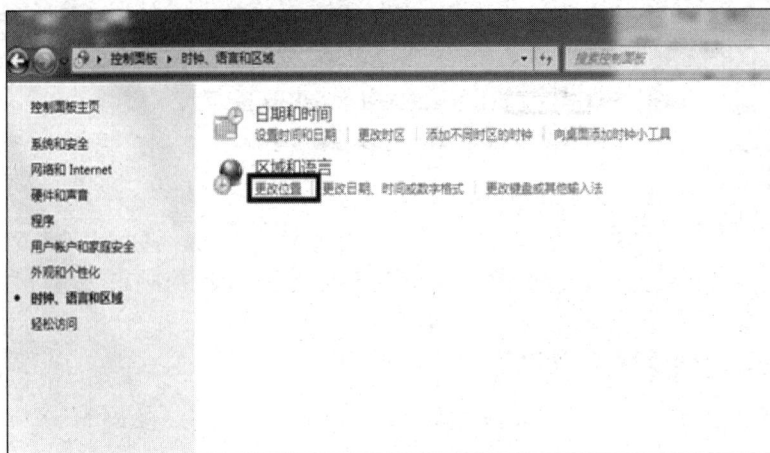

图3-7-6　选择【语言和区域】的【更改位置】选项

②弹出【区域和语言】对话框，选择【位置】选项卡，根据需要选择下拉菜单中的当前位置，如图 3-7-7 所示。

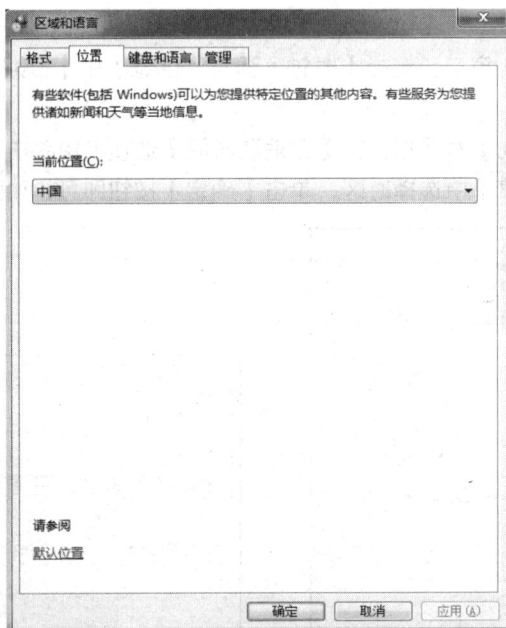

图3-7-7　【区域和语言】中【位置】选项卡

③设置完单击【确定】按钮。

（2）更改货币符号、时间和日期符号、数字显示的方式

①打开【控制面板】窗口，选择【时钟、语言和区域】中【语言和区域】的【更改日期、时间或数字格式】选项。

②弹出【区域和语言】对话框中的【格式】选项卡，如图 3-7-8 所示，可以设置【日期和时间】格式，也可以选择　其他设置(D)...　按钮，弹出【自定义格式】对话框，根据需要设置数字、货币、时间、日期等格式，如图 3-7-9 所示。

图3-7-8 【格式】选项卡

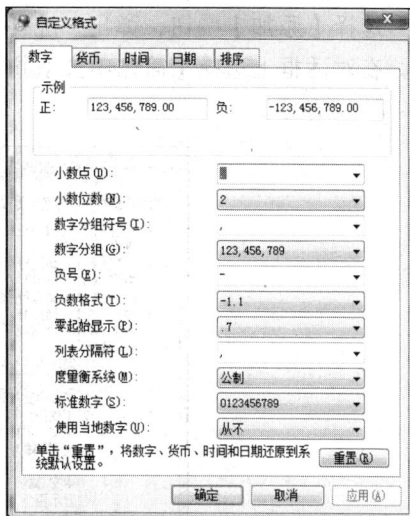

图3-7-9 【自定义】选项卡

3.7.2 输入法的设置

（1）切换输入法

① 瞄准任务栏上的小键盘 左键单击，在弹出的菜单中选择一种输入法。

② 然后小键盘图标就会发生改变，同时还会出现一个输入法的工具条。

③ 使用键盘切换，同时按【Ctrl】键和【空格】键，是中文和英文切换，同时按【Ctrl】键和【Shift】键是各个输入法切换。

（2）添加输入法

① 在小键盘上右键单击，选择"设置"，如图 3-7-10 所示。然后弹出一个【文字服务和输入语言】对话框，如图 3-7-11 所示。

图3-7-10 在小键盘上右键选择【设置】

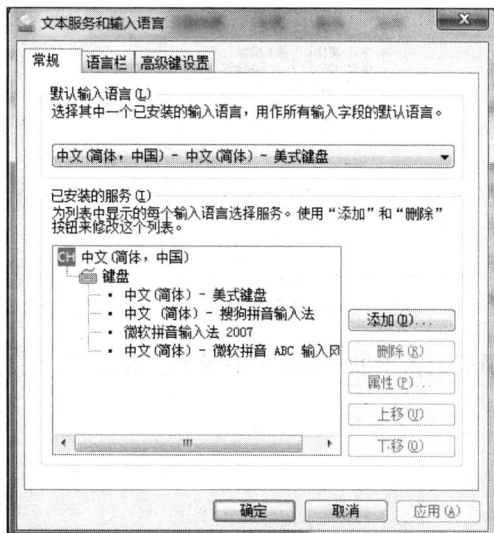

图3-7-11 打开【文字服务和输入语言】对话框

② 选择【添加】按钮，弹出一个【添加输入语言】对话框。

③ 在对话框上选择【简体中文双拼】后单击【确定】按钮，双拼输入法就添加好了，如图 3-7-12 所示。

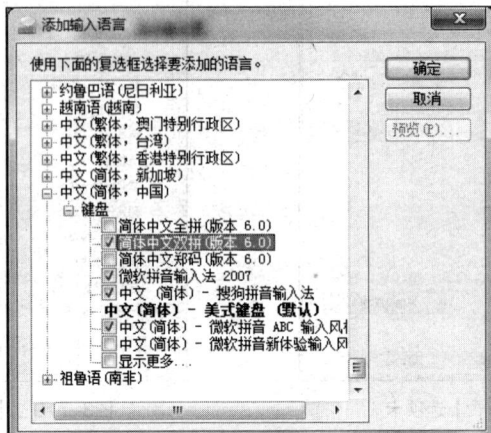

图3-7-12　添加双拼输入法

（3）删除输入法

在【文本服务和输入语言】对话框中选择一个输入法，比如简体中文双拼输入法，然后单击右侧的【删除】按钮，就可以删除它，单击【确定】按钮，关闭面板，如图3-7-13所示。

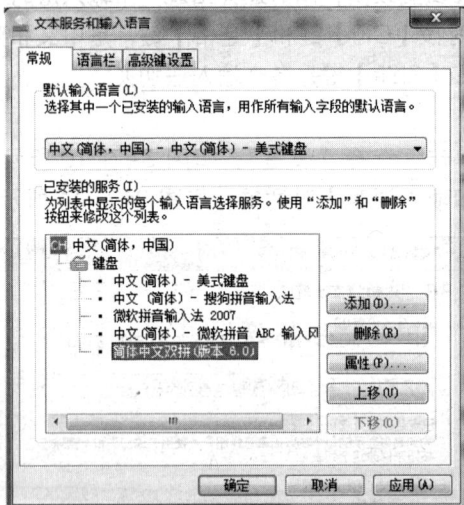

图3-7-13　删除简体中文双拼对话框

搜狗拼音输入法是搜狐公司推出的一款汉字拼音输入法软件，是目前国内主流的拼音输入法之一。

4 Chapter

Windows 7+Office 2010

第 4 章

计算机网络基础

4.1　认识网络

21 世纪是一个以网络为核心的信息时代。要实现信息化就必须依靠完美的网络，因为网络可以非常迅速地传递信息。因此网络现在已经成为信息社会的命脉和发展知识经济的重要基础。网络对社会生活的很多方面以及对社会经济的发展已经产生了不可估量的影响。

所谓的计算机网络就是利用通信线路将具有独立功能的计算机连接起来而形成的计算机集合，计算机之间可以借助于通信线路传递信息，共享软件、硬件和数据等资源。

4.1.1　计算机网络的分类

计算机网络的分类方法有多种，按照其覆盖的地理范围进行分类是最常用的一种。由于网络覆盖的地理范围不同，所采用的传输技术也就不同，进而形成的网络技术特点与网络服务功能也不同。

按照其覆盖的地理范围，计算机网络可以为广域网（Wide Area Network，WAN）、城域网（Metropolitan Area Network，MAN）、局域网（Local Area Network，LAN）和个人区域网 PAN（Personal Area Network）。

1．广域网（WAN）

广域网也称为外网、公网。是连接不同地区的局域网或城域网的计算机通信的远程网。通常跨接很大的物理范围，所覆盖的范围从几十公里到几千公里，它能连接多个地区、城市和国家，或横跨几个州并能提供远距离通信，形成国际性的远程网络。广域网并不等同于互联网。

2．城域网（MAN）

城域网的作用范围一般是一个城市，可跨越几个街区甚至整个城市，其作用距离为 5～50 km。城域网可以为一个或几个单位所拥有，但也可以是一种公用设施，用于将多个局域网进行互连。目前很多城域网采用的是以太网技术，因此有时也常并入局域网的范围进行讨论。

3．局域网（LAN）

局域网是在一个局部的地理范围内（如一个学校、工厂和机关内），将各种计算机、外部设备和数据库等互相连接起来组成的计算机通信网，简称 LAN。它可以通过数据通信网或专用数据电路，与远方的局域网、数据库或处理中心相连接，构成一个大范围的信息处理系统。局域网技术的应用十分广泛，是计算机网络中最活跃的领域之一。

4．个人区域网 PAN（Personal Area Network）

个人区域网就是在个人工作地方把属于个人使用的电子设备（如便携式计算机等）用无线技术连接起来的网络，因此也常称为无线个人区域网 WPAN（Wireless PAN），其范围大约在 10m。

4.1.2　计算机网络的标准与协议

1．网络协议

计算机网络实体之间进行通信时所采用的一种通信语言，它是一组有关信息传输顺序、信号格式和信息内容等的约定或者规则。网络协议包含三要素：语义、语法和时序。

语义：指构成协议的协议元素含义，不同类型的协议元素规定了通信双方所要表达的不同内容，而协议元素是指控制信息或命令及应答。

语法：指数据或控制信息的数据结构形式或格式。

时序：也称规则，即事件的执行顺序。

2. ISO/OSI 参考模型

随着网络应用的广泛和深入，各种机构越来越认识到网络技术在提高生产效率、节约成本方面的重要性。于是人们开始接入互联网，扩大网络规模。由于很多网络使用不同的硬件，结果造成大部分网络不能兼容，而且很难在不同的网络之间进行通信。

为了解决这些问题，人们迫切盼望网络标准的出台。为此，国际化标准组织（ISO）1979年提出了开放式系统互联参考模型（OSI/ISO RM International Standards Organization/Open Systems Interconnection Reference Model）。

OSI 参考模型共七层，由低到高分别是：物理层、链路层、网络层、传输层、会话层、表示层和应用层，如图 4-1-1 所示。

在 OSI 参考模型中，每一层的真正功能是为其上一层提供服务。

（1）物理层

为数据链路层提供物理链接，在其上串行传送比特流，即所传送数据的单位是比特。此外，该层中还具有确定连接设备的电器特性和物理特征性能等功能。

（2）链路层

负责在网络节点间的线路上通过检测、流量控制和重发等手段、无差错地传送以帧为单位的数据。为做到这一点，在每一帧中必须同时带有同步、地址、差错控制及流量控制等控制信息。

（3）网络层

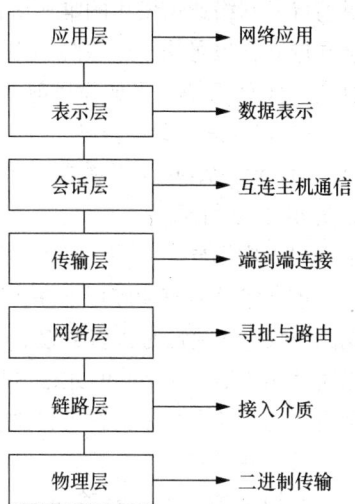

图4-1-1　OSI/ISO互联参考模型

为了将数据分组从源（源端系统）送到目的地（目标端系统），网络层的任务（目标端系统）就是选择合适的路由和交换节点，使源的传输层传下来的分组信息能够正确无误地按照地址找到目的地，并交付给相应的传输层，即完成网络的寻址功能。

（4）传输层

传输层是高低层之间衔接的接口层。数据传输的单位是报文，当报文较长时将它分割成若干分组，然后交给网络层进行传输。传输层是计算机网络协议分层中的最关键一层，该层以上各层将不再管理信息传输问题。

（5）会话层

该层对传输的报文提供同步管理服务。在两个不同系统的相互通信的应用进程之间建立、组织和协调交互。例如，确定是双工还是半双工工作。

（6）表示层

该层的主要任务是把所传送的数据的抽象语法变换成为传送语法，即把不同计算机内部的不同表示形式转换成网络通信中的标准表示形式。此外，对传送的数据加密（或解密）、正文压缩（或还原）也是表示层的任务。

（7）应用层

该层直接面向用户，是 OSI 中最高层。它的主要任务是为用户提供应用的接口，即提供不同计算机间的文件传送、访问与管理，电子邮件的内容处理，不同计算机通过网络交互访问的虚拟终端功能等。

3. TCP/IP 体系结构

ISO/OSI 参考模型的提出在计算机网络发展史上具有里程碑的意义。但是，OSI 参考模型也有其定义过分繁杂、实现困难等缺点。与此同时，TCP/IP 协议的提出和广泛使用，特别是 Internet 用户爆炸式的增长，使 TCP/IP 网络的体系结构日益显示出其重要性。

TCP/IP 协议（Transfer Control Protocol/Internet Protocol）叫作传输控制/网际协议，又叫作网络通信协议，这个协议是 Internet 国际互联网络的基础。TCP/IP 是一个通信协议集的缩写，这是一个完整的协议簇，由若干个协议构成一个网络协议体系。TCP/IP 协议使用范围极广，是目前异种网络通信使用的唯一协议体系。它适用于连接多种机型，从 PC 到巨型机。它不仅可用于局域网，也可用于广域网。许多厂商的计算机操作系统和网络操作产品都采用或含有 TCP/IP 协议。TCP/IP 协议已成为目前事实上的国际标准和工业标准。

与 ISO/ISO 参考模型不同，TCP/IP 体系结构将网络划分为应用层（Application）、传输层（Transport Layer）、互联层（Internet Layer）和网络接口层（Network Interface Layer）四层，如图 4-1-2 所示。

（1）应用层

该层包括所有和应用程序协同工作，利用基础网络交换应用程序专用的数据的协议。应用层是大多数普通与网络相关的程序为了通过网络与其他程序通信所使用的层。这个层的处理过程是应用特有的；数据从网络相关的程序以这种应用内部使用的格式进行传送，然后被编码成标准协议的格式。

（2）传输层

传输层的协议，能够解决诸如端到端可靠性（"数据是否已经到达目的地？"）和保证数据按照正确的顺序到达这样的问题。在 TCP/IP 协议组中，传输协议也包括所给数据应该送给哪个应用程序。

（3）互联层

它是 TCP/IP 体协议结构的第二层，这实现的功能相当于 OSI 参考模型网络层的无连接网络服务。互联层负责将源主机的报文分组发送到目的主机，源主机与目的主机可以在一个网上，也可以在不同网上。

（4）网络接口层

网络接口层实际上并不是因特网协议组中的一部分，但是它是数据包从一个设备的网络层传输到另外一个设备的网络层的方法。这个过程能够在网卡的软件驱动程序中控制，也可以在韧体或者专用芯片中控制。这将完成如添加报头准备发送、通过实体媒介实际发送这样一些数据链路功能。另一端，链路层将完成数据帧接收、去除报头并且将接收到的包传到网络层。

图4-1-2　TCP/IP 分层体系结构

4. OSI 与 TCP/IP 的比较

TCP/IP 分层体体系结构将与 ISO/OSI 参考模型有一定的对应关系。图 4-1-3 给出了这种对应关系。其中，TCP/IP 体系结构的应用层与 OSI 参考模型的应用层、表示层及会话层相对应；TCP/IP 的传输层与 OSI 的传输层相对应；TCP/IP 的互联层与 OSI 的网络层相对应；TCP/IP 的网络接口层与 OSI 的链路层及物理层相对应。

4.1.3　计算机网络设备

计算机网络的连接少不了各种硬件设备，如网卡、集线器、交换机、路由器、防火墙和服务器等。

（1）调制解调器（Modem）

其实是 Modulator（调制器）与 Demodulator（解调器）的简称，中文称为调制解调器（港台称之为数据机）。根据 Modem 的谐音，亲昵地称之为"猫"。所谓调制，就是把数字信号转换成电话线上传输的模拟信号；解调，即把模拟信号转换成数字信号。合称调制解调器。

调制解调器的作用是模拟信号和数字信号的"翻译员"。电子信号分两种，一种是"模拟信号"，一种是"数字信号"。我们使用的电话线路传输的是模拟信号，而 PC 之间传输的是数字信号。所以当你想通过电话线把自己的计算机连入 Internet 时，就必须使用调制解调器来"翻译"两种不同的信号。连入 Internet 后，当 PC 向 Internet 发送信息时，由于电话线传输的是模拟信号，所以必须要用调制解调器来把数字信号"翻译"成模拟信号，才能传送到 Internet 上，这

应用层	应用层
表示层	
会话层	
传输层	传输层
网络层	互联层
链路层	网络接口层
物理层	

图4-1-3　TCP/IP体系结构与OSI
参考模型的对应关系

个过程叫作"调制"。当 PC 从 Internet 获取信息时，由于通过电话线从 Internet 传来的信息都是模拟信号，所以 PC 想要看懂它们，还必须借助调制解调器这个"翻译"，这个过程叫作"解调"。总的来说就称为"调制解调"。

（2）集线器

集线器就是我们常见的"Hub"，它是最早的计算机网络集线设备，现在基本上已淘汰出市场了。在集线器出现之前，网络通常是采用环状连接的，所采用的传输介质也主要是同轴电缆。但这种网络效率低，维护困难，不易扩展。集线器的出现改变了这一切，使得所有节点都可以集中连接在集线器的端口上，呈星状放射状。

集线器为各工作站点提供一个公共接入点，各站点所发送的信号先经公共接入点——集线器，再通过目的工作站所连集线器端口向各站点发送，所经过的路径就短了很多。网络传输效率比环状网络有了较大提高。

集线器的最大不足之处就是共享传输介质，也就是说它所有的端口都共享一条传输介质的带宽，如果用户数量太多，网络传输效率就会明显下降。另一严重不足之处就是它不能屏蔽网络风暴。因集线器发送数据时采用的是广播方式，当用户多时经常会出现网络风暴，影响传输性能。

（3）交换机

交换机（Switch）是集线器的换代产品。外观与集线器基本类似，也是提供了几个、甚至几十个用于连接各网络设备的端口。交换机的作用与前面介绍的集线器类似，也是用于集中连接网络中的各个节点设备。但交换机解决了集线器的一些主要问题，如它不再属于共享带宽，而是各端口独享带宽，网络的传输效率会有所提高；在防止网络风暴方面，虽然交换机也有可能采取广播方式传送数据，但是交换机有 MAC 地址学习功能，广播发送只是在不知道目的站点 MAC 地址之前采用，所以广播风暴的影响远比集线器小。另外，交换机可以利用它的 VLAN 功能，对广

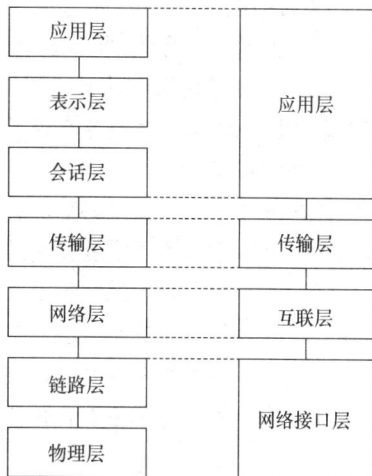

播域进行划分，尽可能地减少网络风暴对整个网络所带来的负面影响。目前交换机的应用非常广泛，其技术发展也是最快、最成熟的。目前千兆（1 Gbit/s）位交换机也已在一些企业中延伸到了桌面；万兆（10Gbit/s）位交换机早已在一些大型企业或电信企业网络中得到了应用。

（4）路由器

路由器的英文名为"Router"，也是一种我们经常听说或见到的计算机网络设备。不过由于它工作在 OSI 参考模型的第三层，用于网络之间的数据转发，所以在一般的局域网中很少见到。在外观上路由器与集线器或交换机相比，主要区别在于它没有那么多同类的接口，而是提供了许多不同类的接口。

路由器并不是局域网必需的，如果局域网规模不够大，不存在多个子网，或者不用连接外部计算机网络，则通常不需要使用路由器。

随着计算机网络应用的普及和企事业网络规模的不断扩大，网络之间的通信应用也成为企事业单位之间通信往来的基础应用，所以路由器的应用也在近几年中得到了极大的发展。如主要面向中小企业和家庭用户的宽带路由器现在应用非常广泛；目前高端千兆位企业核心路由器开始得到大量使用；模块化和智能化路由器受到企业用户的认可和欢迎。

（5）防火墙

防火墙的英文名为"Fire Wall"，它是一种网络安全防护设备。与路由器一样，在一般的局域网中见不到，因为它是用于防护外部网络对内部网络的入侵而开发设计的，通常工作在两个或多个网络之间，所以俗称"边界防火墙"。

防火墙的设计理念为"防外不防内"，就是它处于两个或多个网络之间，它只信任用户自己要保护的网络（俗称"内部网络"），而对其他网络（俗称"外部网络"）不信任。也就是说它对来自内部网络的数据不做检测，直接可以发送出去；而对来自外部网络的数据则必须依据所设置的检测规则进行严格检测，防止外来数据中带有不安全信息。现在的防火墙技术已非常先进，不仅可以任意设置对来自外部网络数据的检测，同时还可对内部网络服务器计算机的特定端口进行设置，允许或者不允许特定端口与其他计算机进行通信。

（6）服务器

服务器（Server）是计算机网络中最重要的设备，因为它担负着整个网络服务的提供和管理任务。

服务器有许多种不同的分类方法，最常见的是按性能档次划分，分为：入门级服务器、工作组级服务器、部门级服务器和企业级服务器这四种。

在结构上，目前还有一种体积非常小的刀片式服务器，它在一个刀片式机箱中可以安装许多刀片服务器，形成一个服务器集群，大大提高了服务器性能。

服务器与普通 PC 之间的区别不仅体现在硬件配置及外观上，更重要地体现在它的各方面性能上，具体地讲就是服务器所必须具备的四性：Scalability（可扩展性）、Usability（可用性）、Manageability（可管理性）和 Availability（可利用性），简称为"SUMA"。

4.1.4　IP 地址

随着计算机技术的逐步普及和因特网技术的迅猛发展，学习因特网、利用因特网已不再是那些腰缠万贯的大款和戴着深度眼睛的专业技术人员的专利，它已作为二十一世纪人类的一种新的生活方式而逐步深入到寻常百姓家。谈到因特网，IP 地址就不能不提，因为无论是从学习还是使用因特网的角度来看，IP 地址都是一个十分重要的概念，Internet 的许多服务和特点都是通过 IP 地址体现出来的。

1. IP 地址的概念

我们知道因特网是全世界范围内的计算机连为一体而构成的通信网络的总称。连在某个网络上的两台计算机之间在相互通信时，在它们所传送的数据包里都会含有某些附加信息，这些附加信息就是发送数据的计算机的地址和接收数据的计算机的地址。像这样，人们为了通信的方便给每一台计算机都事先分配一个类似我们日常生活中的电话号码一样的标识地址，该标识地址就是我们今天所要介绍的 IP 地址。根据 TCP/IP 规定，该地址由 32 位的二进制数表示，用于屏蔽各种物理网络的地址差异。IP 协议规定的地址叫作 IP 地址，IP 地址由 IP 地址管理机构进行统一管理和分配，保证互联网上运行的设备（如主机、路由器等）不会产生地址冲突。例如，某台连在因特网上的计算机的 IP 地址为：11010010010010011000110000000010。

很明显，这些数字对于人来说不太好记忆。人们为了方便记忆，就将组成计算机的 IP 地址的 32 位二进制分成四段，每段 8 位，中间用小数点隔开，然后将每 8 位二进制转换成十进制数，这样上述计算机的 IP 地址就变成了：210.73.140.2。

2. IP 地址的分类

我们说过因特网是把全世界的无数个网络连接起来的一个庞大的网间网，每个网络中的计算机通过其自身的 IP 地址而被唯一标识的，据此我们也可以设想，在 Internet 上这个庞大的网间网中，每个网络也有自己的标识符。这与我们日常生活中的电话号码很相像，例如有一个电话号码为 0515163，这个号码中的前四位表示该电话是属于哪个地区的，后面的数字表示该地区的某个电话号码。与上面的例子类似，我们把计算机的 IP 地址也分成两部分，分别为网络标识和主机标识。同一个物理网络上的所有主机都用同一个网络标识，网络上的一个主机（包括网络上工作站、服务器和路由器等）都有一个主机标识，与其对应 IP 地址的 4 个字节划分为 2 个部分，一部分用以标明具体的网络段，即网络标识；另一部分用以标明具体的节点，即主机标识，也就是说某个网络中的特定的计算机号码。

由于网络中包含的计算机有可能不一样多，有的网络可能含有较多的计算机，也有的网络包含较少的计算机，于是人们按照网络规模的大小，把 32 位地址信息设成三种定位的划分方式，这三种划分方法分别对应于 A、B、C、D 和 E 五类，它们分别使用 IP 地址的前几个比特加以区分，如图 4-1-4 所示。

（1）A 类 IP 地址

一个 A 类 IP 地址是指，在 IP 地址的四段号码中，第一段号码为网络号码，剩下的三段号码为本地计算机的号码。如果用二进制表示 IP 地址的话，A 类 IP 地址就由 1 字节的网络地址和 3 字节主机地址组成，网络地址的最高位必须是"0"。A 类 IP 地址中网络的标识长度为 7 位，主机标识的长度为 24 位，A 类网络地址数量较少，可以用于主机数达 1600 多万台的大型网络。

（2）B 类 IP 地址

一个 B 类 IP 地址是指，在 IP 地址的四段号码中，前两段号码为网络号码，剩下的两段号码为本地计算机的号码。如果用二进制表示 IP 地址，B 类 IP 地址就由 2 字节的网络地址和 2 字节主机地址组成，网络地址的最高位必须是"10"。B 类 IP 地址中网络的标识长度为 14 位，主机标识的长度为 16 位，B 类网络地址适用于中等规模的网络，每个网络所能容纳的计算机数为 6 万多台。

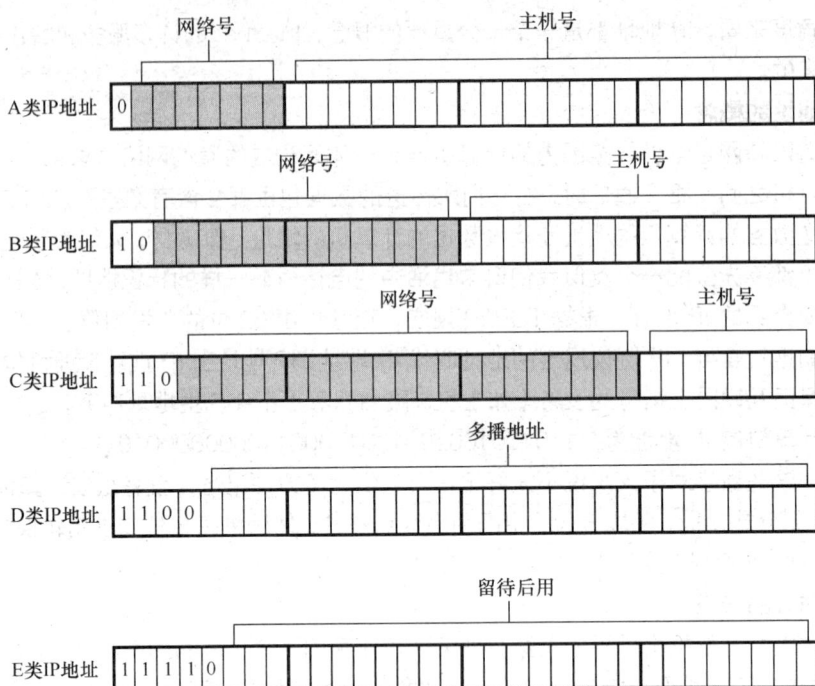

图4-1-4 五类IP地址

（3）C类IP地址

一个 C 类 IP 地址是指，在 IP 地址的四段号码中，前三段号码为网络号码，剩下的一段号码为本地计算机的号码。如果用二进制表示 IP 地址，C 类 IP 地址就由 3 字节的网络地址和 1 字节主机地址组成，网络地址的最高位必须是"110"。C 类 IP 地址中网络的标识长度为 21 位，主机标识的长度为 8 位，C 类网络地址数量较多，适用于小规模的局域网络，每个网络最多只能包含254 台计算机。

除了上面三种类型的 IP 地址外，还有几种特殊类型的 IP 地址，TCP/IP 协议规定，凡 IP 地址中的第一个字节以"1110"开始的地址都叫多点广播地址。因此，任何第一个字节大于 223小于 240 的 IP 地址是多点广播地址；IP 地址中的每一个字节都为 0 的地址（"0.0.0.0"）对应于当前主机；IP 地址中的每一个字节都为 1 的 IP 地址（"255.255.255.255"）是当前子网的广播地址；IP 地址中凡是以"11110"的地址都留着将来作为特殊用途使用；IP 地址中不能以十进制"127"作为开头，该类地址中数字 127.1.1.1 用于回路测试，同时网络 ID 的第一个 6 位组也不能全置为"0"，全"0"表示本地网络。

IP 地址的分类是经过精心设计的，它能适应不同的网络规模，具有一定的灵活性。表 4-1-1简要地总结了 A、B、C 三类 IP 地址可以容纳的网络数和主机数。

表 4-1-1 A、B、C 三类 IP 地址可以容纳的网络数和主机数

类别	第一字节范围	网络地址长度	最大的主机数目	适用的网络规模
A	1~126	1 个字节	16777214	大型网络
B	128~192	2 个字节	65534	中型网络
C	192~223	3 个字节	254	小型网络

3. IP 的寻址规则

（1）网络寻址规则

① 网络地址必须唯一。

② 网络标识不能以数字 127 开头。在 A 类地址中，数字 127 保留给内部回送地址。

③ 网络标识的第一个字节不能为 255。数字 255 作为广播地址。

④ 网络标识的第一个字节不能为 "0"，"0" 表示该地址是本地主机，不能传送。

（2）主机寻址规则

① 主机标识在同一网络内必须是唯一的。

② 主机标识的各个位不能都为 "1"，如果所有位都为 "1"，则该机地址是广播地址，而非主机的地址。

③ 主机标识的各个位不能都为 "0"，如果各个位都为 "0"，则表示 "只有这个网络"，而这个网络上没有任何主机。

4.1.5　子网掩码

1. 子网掩码的概念

子网掩码是一个 32 位地址，用于屏蔽 IP 地址的一部分以区别网络标识和主机标识，并说明该 IP 地址是在局域网上，还是在远程网上。

2. 确定子网掩码数

用于子网掩码的位数决定于可能的子网数目和每个子网的主机数目。在定义子网掩码前，必须弄清楚本来使用的子网数和主机数目。

定义子网掩码的步骤如下。

① 确定哪些组地址归我们使用。比如我们申请到的网络号为 "210.73.a.b"，该网络地址为 c 类 IP 地址，网络标识为 "210.73"，主机标识为 "a.b"。

② 根据我们现在所需的子网数以及将来可能扩充到的子网数，用宿主机的一些位来定义子网掩码。比如我们现在需要 12 个子网，将来可能需要 16 个。用第三个字节的前四位确定子网掩码。前四位都置为 "1"，即第三个字节为 "11110000"，这个数我们暂且称作新的二进制子网掩码。

③ 把对应初始网络的各个位都置为 "1"，即前两个字节都置为 "1"，第四个字节都置为 "0"，则子网掩码的间断二进制形式为："11111111.11111111.11110000.00000000"。

④ 把这个数转化为间断十进制形式为："255.255.240.0"。

这个数为该网络的子网掩码。

3. IP 掩码的标注

（1）无子网的标注法

对无子网的 IP 地址，可写成主机号为 0 的掩码。如 IP 地址 210.73.140.5，掩码为 255.255.255.0，也可以缺省掩码，只写 IP 地址。

（2）有子网的标注法

有子网时，一定要二者配对出现。以 C 类地址为例。

① IP 地址中的前 3 个字节表示网络号，后一个字节既表明子网号，又说明主机号，还说明两个 IP 地址是否属于一个网段。如果属于同一网络区间，这两个地址间的信息交换就不通过路由器。如果不属同一网络区间，也就是子网号不同，两个地址的信息交换就要通过路由器进行。

例如：对于 IP 地址为 210.73.140.5 的主机来说，其主机标识为 00000101，对于 IP 地址为 210.73.140.16 的主机来说它的主机标识为 00010000，以上两个主机标识的前面三位全是 000，说明这两个 IP 地址在同一个网络区域中。

② 掩码的功用是说明有子网和有几个子网，但子网数只能表示为一个范围，不能确切讲具体几个子网，掩码不说明具体子网号，有子网的掩码格式（对 C 类地址）主机标识前几位为子网号，后面不写主机，全写 0。

4.1.6 域名系统

1. 什么是域名

IP 地址为 Internet 提供了统一的编址方式，直接使用 IP 地址就可以访问 Internet 中的主机。一般来说，用户很难记住 IP 地址。例如，用点分十进制表示某个主机的 IP 地址为 218.198.10.246，大家很难记住这样的一串数字。从但是如果告诉你平顶山工业职业技术学院 WWW 服务器地址表示为 www.pzxy.edu.cn，那么就容易理解、方便记忆了。因此就提出了域名概念。

DNS 是域名系统（Domain Name System）的缩写，指在 Internet 中使用的分配名字和地址的机制。

2. 域名系统的结构

域名采用分层次方法命名，每一层都有一个子域名。域名由一串用小数点分隔的子域名组成。域名的一般格式为：主机名.组织结构名.网络名.最高层域名。

为了方便管理及确保网络上每台主机的域名绝对不会重复，因此整个 DNS 结构被设计为 4 层，分别是根域、顶级域、第二层域和主机。

（1）根域

是 DNS 的最上层，当下层的任何一台 DNS 服务器无法解析某个 DNS 名称时，便可以向根域的 DNS 寻求协助。理论上，只要所查找的主机按规定进行了注册，那么无论它位于何处，从根域的 DNS 服务器往下查找，一定可以解析它的 IP 地址。

（2）顶级域

域名系统将整个 Internet 划分为多个顶级域，并为每个顶级域规定了通用的顶级域名，如表 4-1-2 所示。

表 4-1-2 Internet 顶级域名分配

顶级域名	分配给	顶级域名	分配给
com	商业组织	edu	教育机构
gov	政府部门	org	上述以外的组织
mil	军事部门	int	国际组织
net	主要网络支持中心	国家代码	各个国家

（3）第二层域

它是整个 DNS 系统中最重要的部分，在这些域名之下的都可以开放给所有人申请，名称则由申请者自己定义。

（4）主机

隶属于第二层域的主机，这一层是由各个域的管理员自行建立，不需要通过管理域名的机构。

3. 域名系统的组成

（1）解析器

域名系统中，解析器为客户方，它与应用程序连接，负责查询域名服务器、解释从域名服务器返回的应答以及把信息传送给应用程序等。

（2）域名服务器

它用于保存域名信息，一部分域名信息组成一个区，域名服务器负责存储和管理一个或若干个区。为了提高系统的可能性，每个区的域名信息至少由两台域名服务器来保存。

4. 域名系统的工作过程

假如一个应用程序需要访问名字为 www.pzxy.edu.cn 的主机，其较完整的解析过程如图 4-1-5 所示。

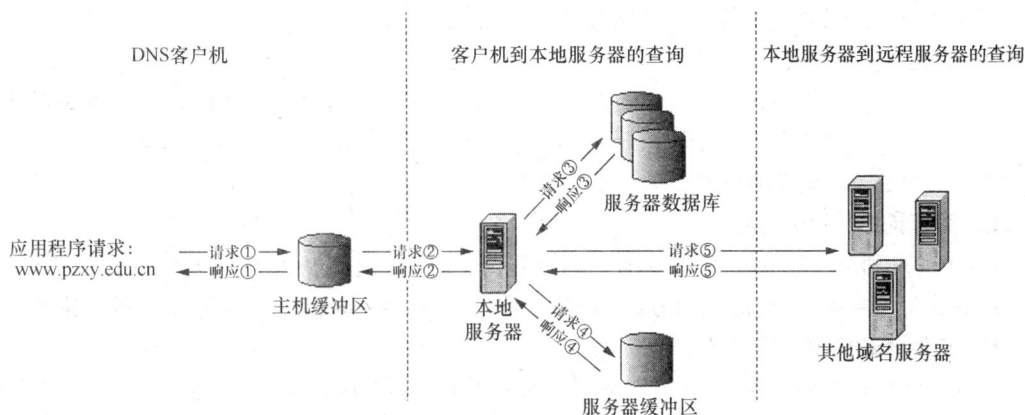

图4-1-5　域名解析的完整过程

① 域名解析器首先查询本地主机的缓冲区，查看以前是否解析过主机名 www.pzxy.edu.cn。如果在此找到 www.pzxy.edu.cn 的 IP 地址，解析器立即用该 IP 地址响应应用程序。如果主机缓冲区中没有 www.pzxy.edu.cn 与其 IP 地址的映射关系，解析器将向本地域名服务器发出请求。

② 本地域名服务器首先检查 www.pzxy.edu.cn 与其 IP 地址的映射关系是否存储在它的数据库中，如果是，本地服务器将该映射关系传送给请求者，并告诉请求者这是一个"权威性"的应答；如果不是，本地服务器将查询它的高速缓冲区，检查是否在自己的高速缓冲区中存储有该映射关系。如在高速缓冲区发现映射关系，本地服务器将使用该映射关系进行应答，并通知请求者这是一个"非权威性"的应答。当然，如果在本地服务器的高速缓冲区也没有发现 www.pzxy.edu.cn 与其 IP 地址的映射关系，那么，只好请其他域名服务器帮忙了。

③ 在其他域名服务器接收到本地服务器的请求后，继续进行域名的查找与解析工作，当发现 www.pzxy.edu.cn 与其 IP 地址的对应关系时，就将该映射关系送交给提出请求的本地服务器。进而，本地服务器再使用从其他服务器得到的映射关系响应客户端。

4.1.7　常用的 Internet 服务

1. 浏览全球信息网 WWW（World Wide Web）

全球信息网（WWW），是目前 Internet 上最热门、最具规模的服务项目。它拥有非常友善的图形界面，简单的操作方法，以及图文并茂的显示方式，使 Internet 用户能迅速方便地连接到各个网址下，浏览从文本、图形到声音，甚至动画不同形式的信息。

2．电子邮件（E-mail）

电子邮件是指借助计算机网络的连接彼此传递信息的通信方式。Internet 上的使用者，便可通过遍及世界各地的 Internet 网，迅速地将电子邮件送达到您指定的电子信箱，可以是您的亲朋、公司客户、业务伙伴或欲联系的大专院校等，只要他们的计算机已联入 Internet 网。一封电子邮件到达美国只需几秒钟，与人工邮件比起来，即迅速又准确，而费用只相当于人工邮件的几千之一。

3．网络电话（Internet Phone）

基于 Internet 的信息传递，将声音转化为数字信号，传送到对方后再还原为声音信号的通信手段，而费用上实现"花市内电话费，打国际长途。"虽然这项技术尚存在传输速度方面的问题，但其低廉的费用足已使国际各大电话公司感到一定威胁。

4．远程登录协议（Telnet）

用户利用电话拨接以模拟终端方式进入远方计算机。此时用户可以用自己的计算机直接操纵远方计算机，用户端计算机相当于远方计算机的一个显示输入端，既可把远方计算机上的开放资源下载，又可将本地信息复制到远方计算机。

5．网络论坛（Uesnet）

Usenet 是利用计算机网络，提供使用者专题讨论服务。目前 Usenet 中至少有 5 千多个讨论专题，称为讨论群组（News Groups），其中包罗了世界上参与者最多、素质量高的讨论区 。

6．文件传输协议（FTP）

FTP 让用户连接到远程计算机上，查看并可下载上面的丰富资源，包括各种文档、技术报告、学术论文，以及各种公用、共享、免费软件。用 FTP 最大的问题是，必须预先知道所需文件在哪个 FTP 文件服务器上。

4.2　网络中的常用操作

4.2.1　使用 IE9 浏览器

Internet Explorer 9 浏览器的使用方便快捷，下在主要介绍基本界面和主要的使用方法。

1．Internet Explorer 9 浏览器的基本界面

确认已经通过局域网或者拨号网络连接到 Internet 上，并启动 Internet　Explorer 9.0，输入网址即可访问网页，如图 4-2-1 所示。

2．Internet Explorer 9 浏览器的基本操作

（1）IE 9.0 提供的菜单栏

共有六个：文件、编辑、查看、收藏夹、工具和帮助。

（2）智能地址栏

在 IE 9.0 中，地址栏和搜索栏合二为一，这让用户的操作更加方便。如果知道地址，只需输入主要字母（比如 ZOL）即可；如果不知道地址，输入一个关键词即可，中文甚至拼音皆可。我们注意到，这个地址栏融入了搜索引擎的智能联想功能，比如百度对中文、拼音的理解都被 IE 9.0 完美吸收，如图 4-2-2 所示。

图4-2-1　Internet　Explorer 9.0基本界面

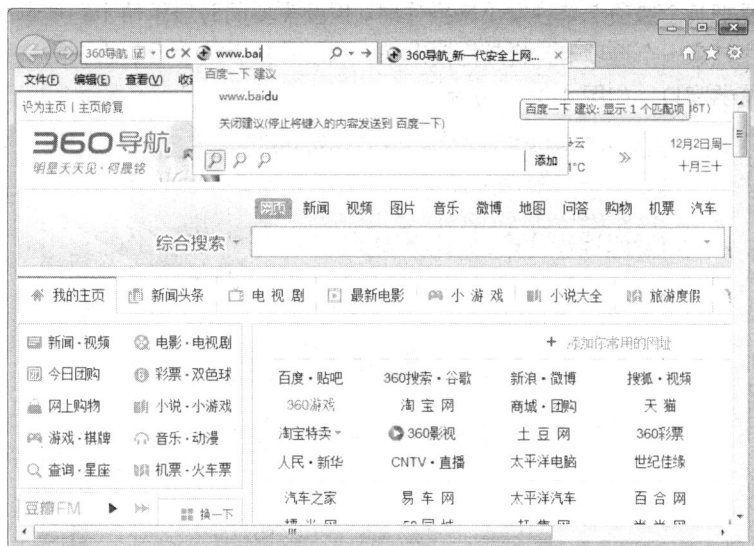

图4-2-2　智能地址栏

　　另外，在 IE 9.0 浏览器的下拉菜单中，还能见到历史记录和收藏夹的身影，这有助于用户更快找到目标网站。另外，IE 9.0 还支持多种搜索引擎的快速切换，只需单击下拉菜单底部的搜索引擎图标即可，十分方便。

　　（3）快速访问入口

　　在 IE 9.0 中，当我们新建一个选项卡时，会看到 IE 9.0 自动将用户近期最常去的 10 个网站罗列出来，并且进行排序。图标下方的横条越长，表示去的次数越多，而颜色则是由网站图标的主色调来决定的，帮助用户更快找到目标网站，如图 4-2-3 所示。

　　当然，如果用户不需要这个功能，也可将其隐藏。而且当我们在任意一个图标上单击右键时，还可删除该图标，或是将其添加到【开始】菜单。

图4-2-3　快速访问

（4）独立标签页

当我们需要把某个选项卡单独拿出来操作时，以及需要同时显示两个选项卡的内容时，只需用鼠标左键点住任意一个选项卡，将其拖拽出来，然后一松手就会看到它变成了另一个新的、完整的 IE 9.0 浏览器窗口，如图 4-2-4 所示。

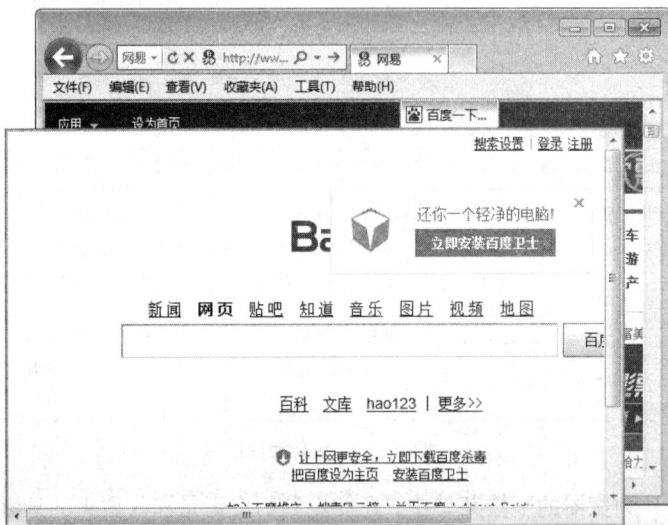

图4-2-4　独立标签页

4.2.2　使用搜索引擎

人们使用 Internet 就是为了方便寻找需要的信息，但 Internet 上的信息是大量的，人们为了寻找需要的信息，必须借助一定的搜索工具进行搜索。

目前主流的搜索引擎主要是百度和谷歌，其次就是搜搜、搜狗以及雅虎等，这些都是比较综合的搜索引擎。其他还有根据不同的分类又有很多比较专业的搜索引擎，主要是针对于自己所在的行业，仅仅对于大众用户来说了解的并不多。

根据搜索引擎的不同分类主要有：新闻类搜索引擎，例如：新浪的新闻搜索，百度的新闻搜索，谷歌的资讯搜索，新华网新闻搜索等。这些都是针对新闻的搜索。软件类搜索引擎也有很多。比较突出的就是迅雷狗狗搜索、太平洋软件搜索、华军软件园等。根据搜索引擎的分类还有很多，音乐、电影、图片、文档、视频、博客、购物、旅游、地图、生活等。

当前广泛使用的搜索引擎是：

谷歌（http://www.google.com.hk）；

百度（http://www.baidu.com）。

由于各搜索引擎收集的站点专业分类方法和搜索速度都不同，有时仅使用一、二个搜索引擎还是难于找到所需的信息。因此现在有一种智能元搜索引擎，能够同时对若干个搜索引擎进行搜索。

例如：

Mamma（http://www.mamma.com）；

MetaCrawler（http://www.metacrawler.com）。

在因特网上搜索信息需要经验的积累，要多实践才能掌握从因特网获取信息的技巧。

4.2.3 收发电子邮件

传统的邮件一般是通过邮局传递，收信人要等几天才能收到信件。电子邮件和传统的邮件有很大不同，电子邮件的写信、发信、收信都在计算机上完成，从发信到收信的时间以秒来计算，而且电子邮件几乎是免费的。同时，在世界上只要有可以上网的地方，都可以收到别人发送的邮件，而不像平常的邮件，必须回到收信的地址才能拿到信件。

用户需要有一个电子邮箱（包括一个账号和登录密码），才能收发电子邮件。用户使用正确的账号与密码登录邮件服务器后，可以查看电子邮箱的信件内容，或完成其他的处理。其他人要将电子邮件发送到用户的电子邮箱，只需要知道电子邮箱的地址。

电子邮箱一般在用户申请 Internet 账号时由 ISP 提供。此外，一些网站为普通用户提供有免费电子邮箱，常见的免费电子邮箱有网易 163mail、网易 126mail、新浪邮箱、搜狐邮箱、QQ 邮箱等。一些网站为用户提供具有增强功能和个性化服务的收费邮箱，如网易 VIP 邮箱、新浪 VIP 邮箱等。

1. 在线电子邮件服务

下面以 163 邮箱为例，说明免费邮箱的申请过程和使用方法。

（1）注册邮箱账号

① 在网页的地址栏输入 http://mail.163.com，打开网易邮箱页，单击【注册】，进入邮箱申请界面，如图 4-2-5 所示。

② 按注册向导提示正确填写用户名（必须为英文字母或数字）、密码、确认密码等内容，单击【立即注册】，如图 4-2-6 所示。

图4-2-5 邮箱申请界面

系统出现申请成功提示，这时就拥有了自己的电子邮箱账号。邮箱注册成功后所得到的邮箱地址为：用户名@163.com。

图4-2-6　注册界面

（2）发送邮件

① 在首页正确填写用户名和密码，单击【登录】进入邮件系统，如图 4-2-7 所示。

图4-2-7　邮箱登录

② 在电子邮箱中，单击左侧菜单中的"写信"，在写邮件的页面中填写相应内容：收件人、主题、内容。最后单击【发送】即可，如图 4-2-8 所示。

③ 接收阅读邮件

在电子邮箱中，单击左侧菜单中的【收信】按钮，然后单击左侧菜单中的"收件箱"即可进入收件箱页面出现邮件列表单击所要查看的邮件的主题即可浏览接收到的邮件，如图 4-2-9 所示。

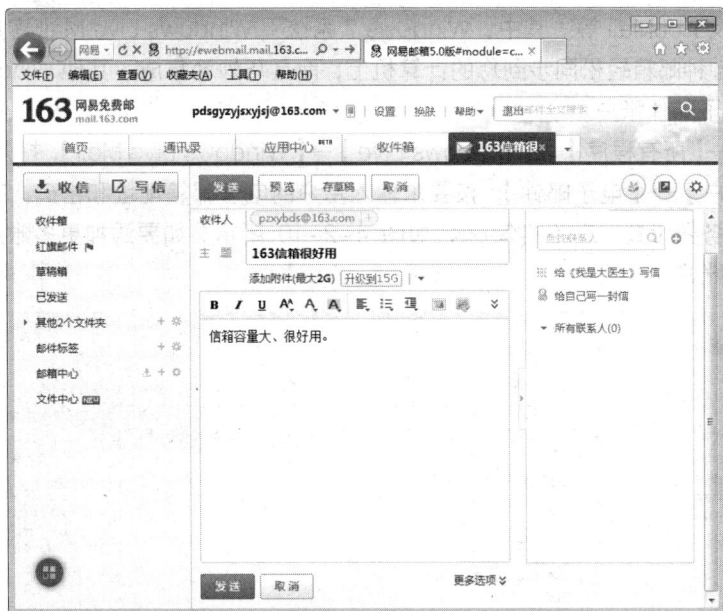

图4-2-8　写信发送界面

图4-2-9　阅读邮件

2. 客户端电子邮件程序

　　客户端电子邮件程序是一种安装在用户计算机上，用于管理电子邮件的软件。与在线方式相比，使用客户端软件功能更先进全面，使用方便快捷。一个实用的客户端电子邮件应该具备多邮箱账户管理、邮件管理、收信和读信、写信和发信、回复与转发、抄送暗送与重发邮件、通讯录或地址簿以及远程信息管理等功能。

　　目前使用最广泛的电子邮件客户软件有 Outlook Express、Windows Line Mail、Foxmail、

Dream-Mail 以及 KooMail 等。其中，Windows 7 系统下 Windows Live Mail 客户端可以将包括 Hotmail 在内的各种邮箱轻松同步到您的计算机上，而且巧妙地集成了其他 Windows Live 服务。

（1）添加电子邮件账户。

①【开始】→【所有程序】→【Windows Live】→【Windows Live Mail】，打开 Windows Live Mail。单击【账户】→【电子邮件】，按要求输入用户的电子邮箱地址和密码，在"手动配置电子邮件用户的服务器设置"前不打勾 ☑，如图 4-2-10 所示。如要添加更多账户，请单击"添加其他电子邮件账户"。

图4-2-10　添加电子邮件账户

② 单击【下一步】，提示电子邮件账户已添加，如图 4-2-11 所示。

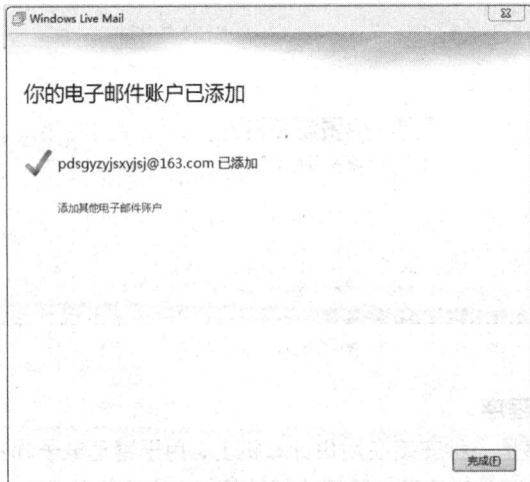

图4-2-11　添加完成

（2）发送电子邮件。

① 在 Mail 收件箱中，单击【开始】，然后单击【电子邮件】。打开【新邮件】窗口，在【收

件人】处填写"收件人的电子邮箱地址",在"主题"处填写发送邮件的主题,在下面的空白区域填写信件的内容,写完信后还可以对信件的内容进行排版,还可以添加"附件"等,如图 4-2-12 所示。

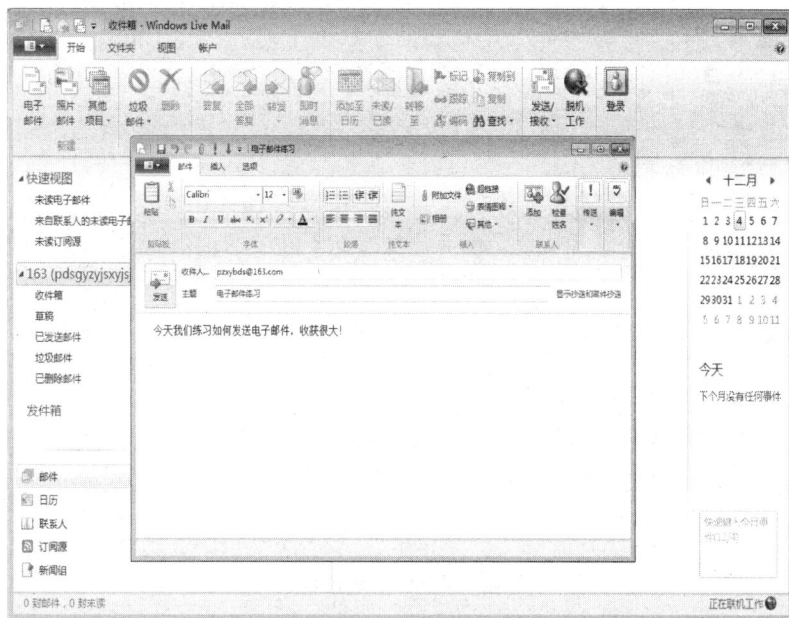

图4-2-12 写邮件

② 完成以上所需的内容后,单击"收件人"左边的【发送】,返回到"Mail"信箱的主界面,代表发送完成,如图 4-2-13 所示。

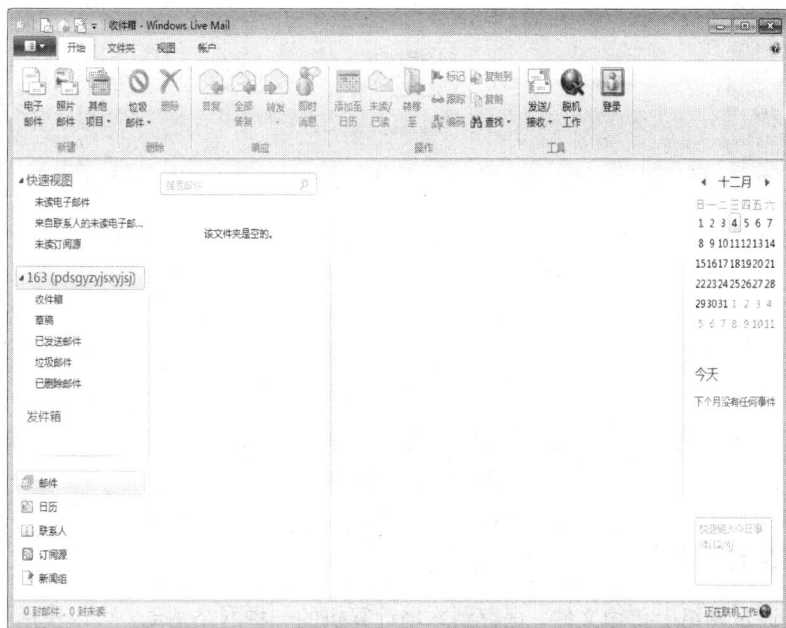

图4-2-13 发送邮件

（3）接收邮件

① 单击【接收/发送】，弹出下拉菜单，分别是【默认账户】【所有电子邮件账户】和【更新所有】，如果只有一个账户，只选择第一项"默认账户"，如图 4-2-14 所示。

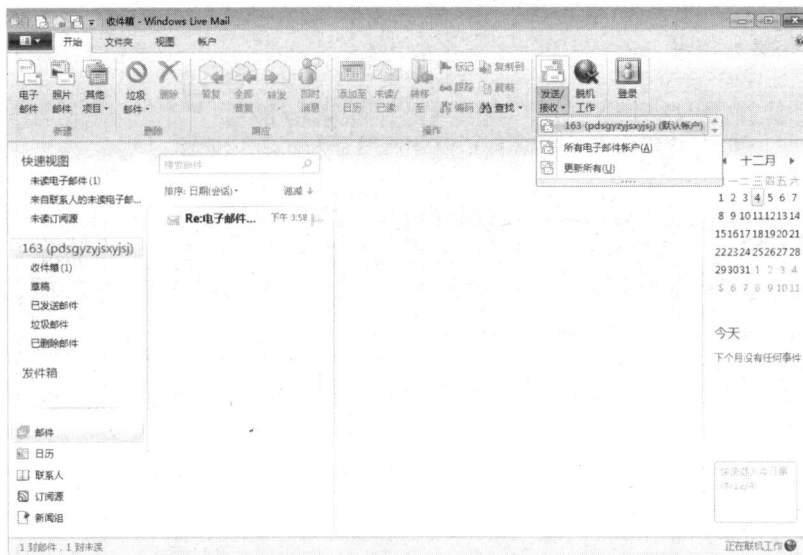

图4-2-14　接收邮件

② 单击【收件箱】中的邮件，可以查看收到的邮件内容，如图 4-2-15 所示。

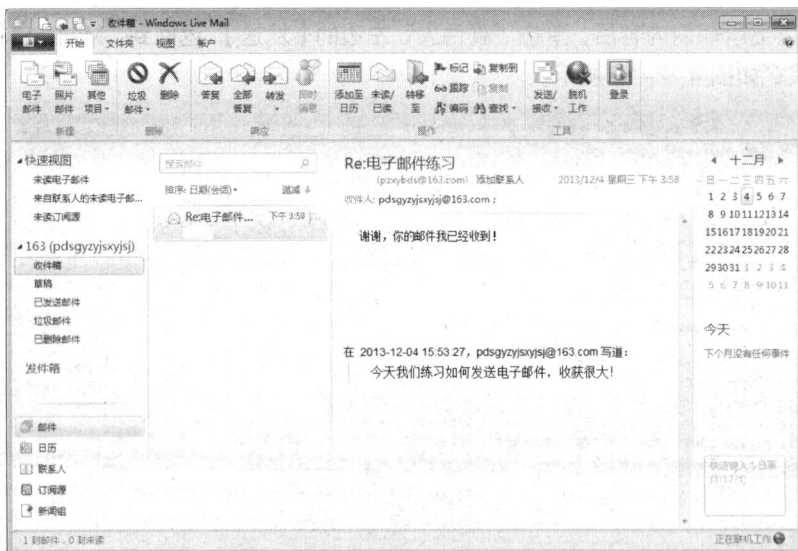

图4-2-15　查看邮件

4.2.4　文件下载

下载就是通过网络上传输文件，保存到本地计算机的一种网络活动。可以使用下载软件能更快速、方便地将所需要的文件下载到自己的计算机上。

常用的下载软件有迅雷（Thunder）、Flashget（网际快车）、Net Arts（网络蚂蚁）、BitComent（比特彗星）、eMule（电驴）和 KuGoo（酷狗）等。其中，迅雷是一款免费的下载软件，它采用全新的多资源超线程技术，是目前网络上最快的下载软件，比其他的下载软件要快 5~7 倍。迅雷是一款点对点的采用 P2SP 技术的下载工具，能够降低 80% 的下载死链比例。支持多节点断点续传，支持不同的下载速率，同时迅雷还会智能分析哪个结点上传的速度最快来提高用户的下载的速度，支持多点同时传送，支持 HTTP、FTP 标准协议。

下面以迅雷为例，来介绍如何从网上下载文件。

1. 复制下载地址，添加到迅雷新建任务里

① 右击单击下载地址，在弹出的菜单里选择"复制快捷方式"（IE 是这个菜单项，可能其他的浏览器不是这个叫称呼），这一步是把下载地址复制到系统剪贴板，如图 4-2-16 所示。

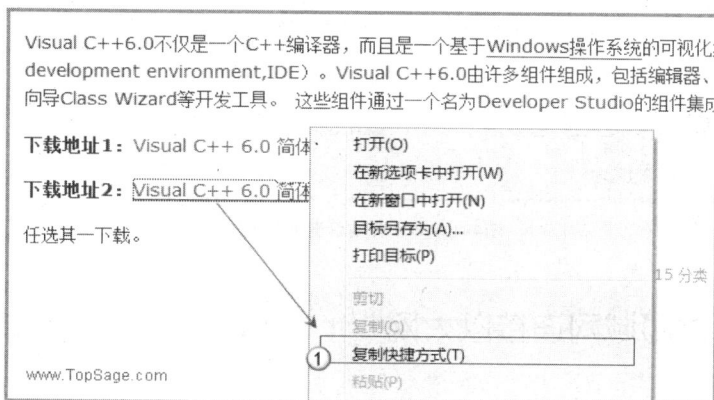

图4-2-16　复制下载地址

② 在迅雷主界面中，单击【新建】，在弹出的【建立新的下载任务】对话框中，把刚刚复制的下载地址粘贴到【下载链接】处。再单击右下角的【立即下载】就开始下载了，如图 4-2-17 所示。

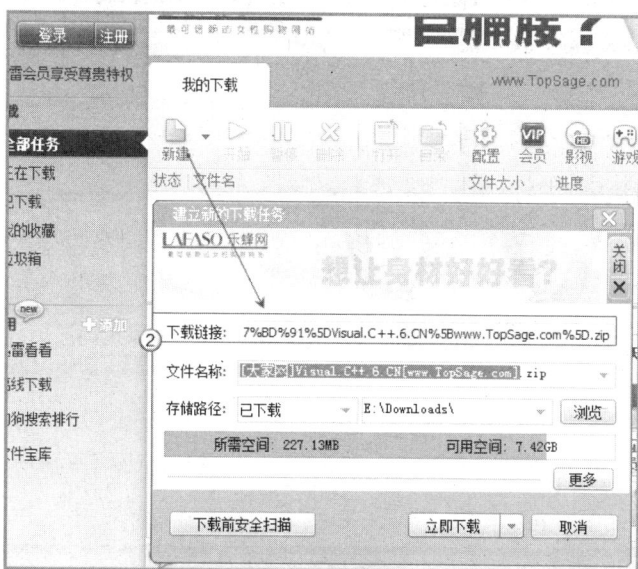

图4-2-17　把下载地址粘贴到迅雷任务

2. 直接右键单击下载链接

这种方法比较直接，而且大多数情况下载，这种方法是最常用且最好用的，如图 4-2-18 所示，直接右键单击下载链接，在弹出的菜单中选择【使用迅雷下载】，就可以开始下载了。

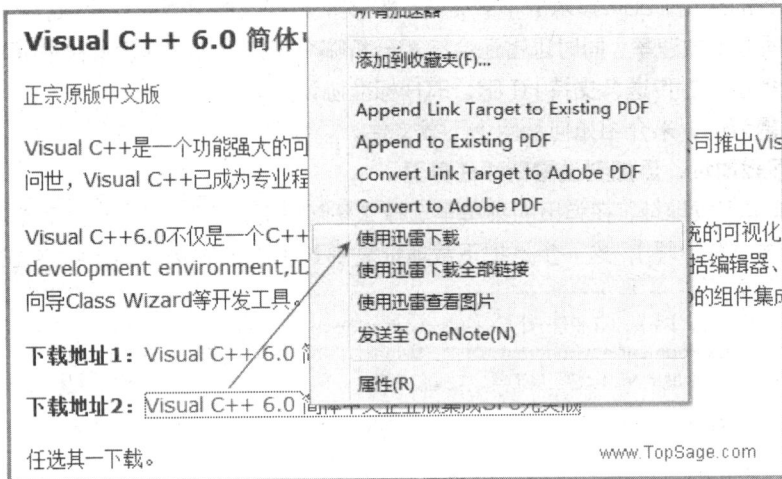

图4-2-18　右键单击下载地址

4.3　如何通过局域网连接以太网

4.3.1　设置网络连接

① 打开控制面板，单击【网络和 Internet】下的【连接到 Internet】，如图 4-3-1 所示。

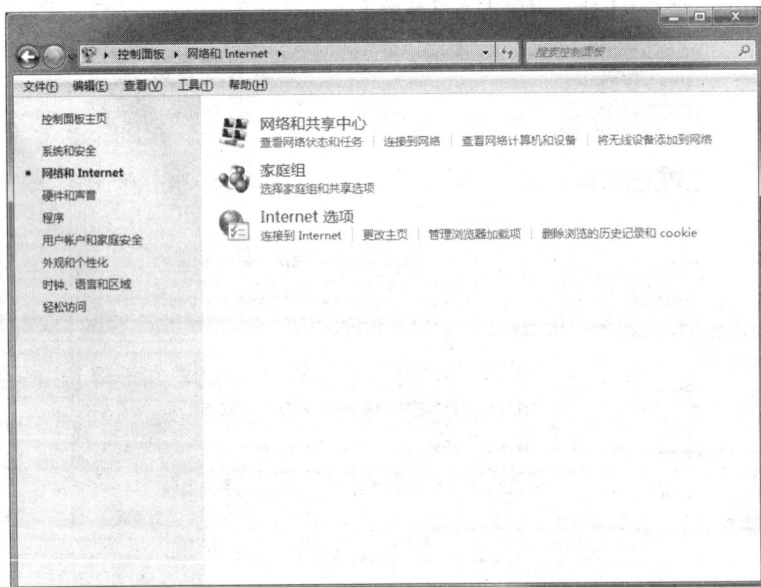

图4-3-1　网络和Internet

② 单击【网络状态与任务】下的【本地连接】，打开【本地连接】窗口，如图 4-3-2 所示。
③ 单击【属性】，接着单击【Internet 版本 4（TCP/IPv4）】，打开图 4-3-3 所示窗口。

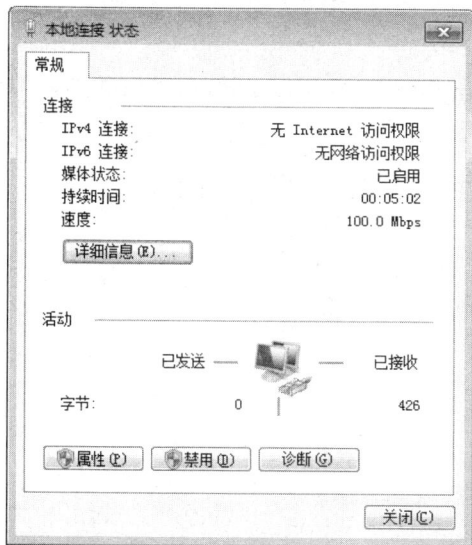

图4-3-2　本地连接

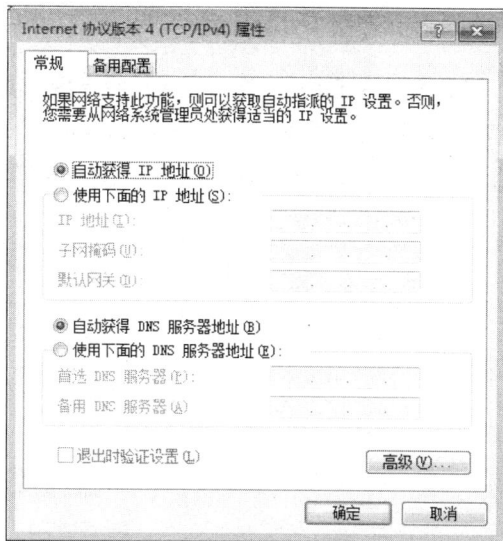

图4-3-3　Internet版本4（TCP/IPv4）

④ 如果使用的是静态 IP 地址，则需要输入 IP 地址、子网掩码、默认网关以及 DNS 服务器（输入的 IP 地址信息是网络服务商或单位提供的），如图 4-3-4 所示。

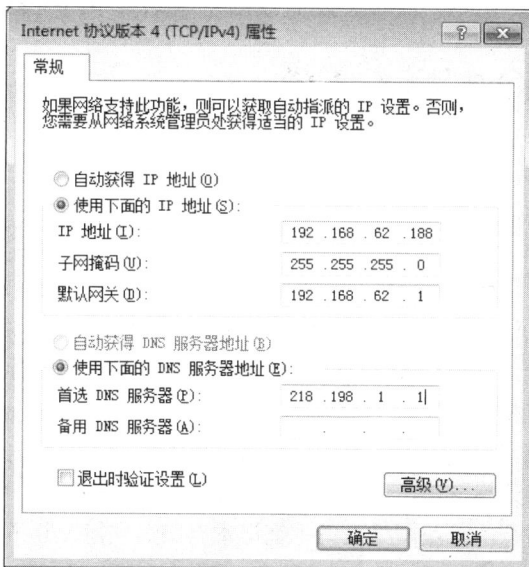

图4-3-4　输入IP地址

4.3.2　查看本机网络信息

对于已经连接好的计算机可以查看本机的网络信息。打开控制面板，单击【网络和 Internet】下的【连接到 Internet】，再单击【查看网络状态和任务】，打开后单击【本地连接】，如图 4-3-2

所示。单击【属性】之后接着单击【Internet 版本 4（TCP/IPv4）】，如图 4-3-3 所示，细心的用户会发现，查看本机网络信息的方法与设置网络连接的操作类似。

4.3.3　连接 Internet

设置完网络连接后，查看是否已经连接上 Internet，如果计算机与 Internet 没有红"×"号，代表已经连接上以太网，如图 4-3-5 所示。

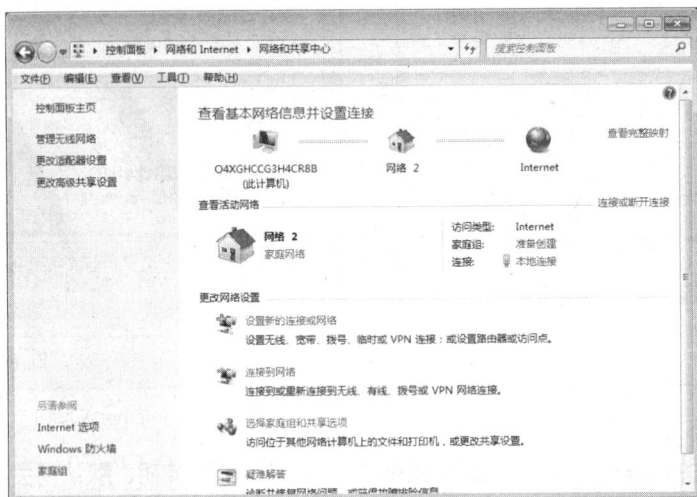

图4-3-5　网络和共享中心

4.4　3G 时代与 4G 生活

4.4.1　WLAN

无线局域网（Wireless LAN，WLAN）是不使用任何导线或传输电缆连接的局域网，而使用无线电波作为数据传送的媒介，传送距离一般只有几十米。无线局域网的主干网路通常使用有线电缆，无线局域网用户通过一个或多个无线接取器接入无线局域网。无线局域网现在已经广泛地应用在家庭、商务区、大学、机场及其他公共区域。无线局域网最通用的标准是 IEEE 定义的 802.11 系列标准。

组建家庭无线局域网常用的设备是无线路由器，无线路由器是带有无线覆盖功能的路由器，它主要应用于用户上网和无线覆盖。无线路由器可以看作一个转发器，将家中墙上接出的宽带网络信号通过天线转发给附近的无线网络设备（笔记本电脑、支持 Wi-Fi 的手机等）。市场上流行的无线路由器一般都支持专线 xDSL/Cable、动态 xDSL，PPTP 四种接入方式，它还具有其他一些网络管理的功能，如 DHCP 服务、NAT 防火墙、MAC 地址过滤等功能。其品牌有思科、TP-LINK、H3C、华为等。

下面就以 TP-LINK 为例来讲如何组建家庭无线局域网。

1. 硬件连接

① 从路由器的 LAN 口接一根网线到计算机，如图 4-4-1 所示。

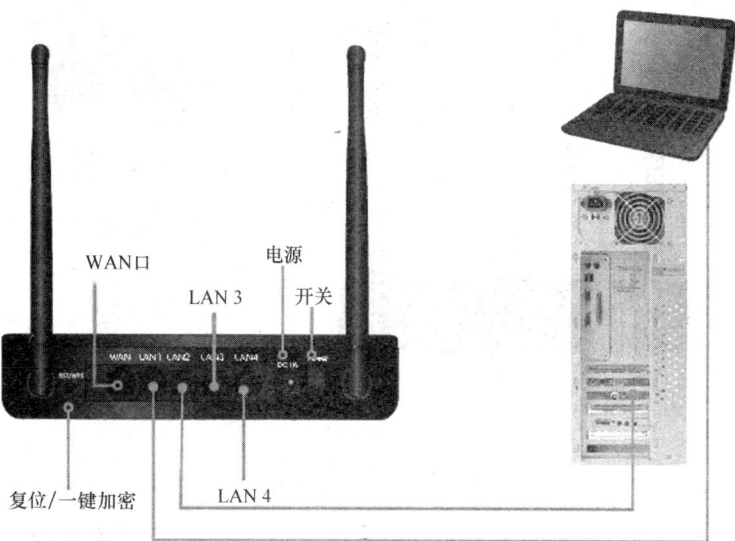

图4-4-1　连接LAN口网线

② 使用附带的电源适配器给路由器通电，如图 4-4-2 所示。

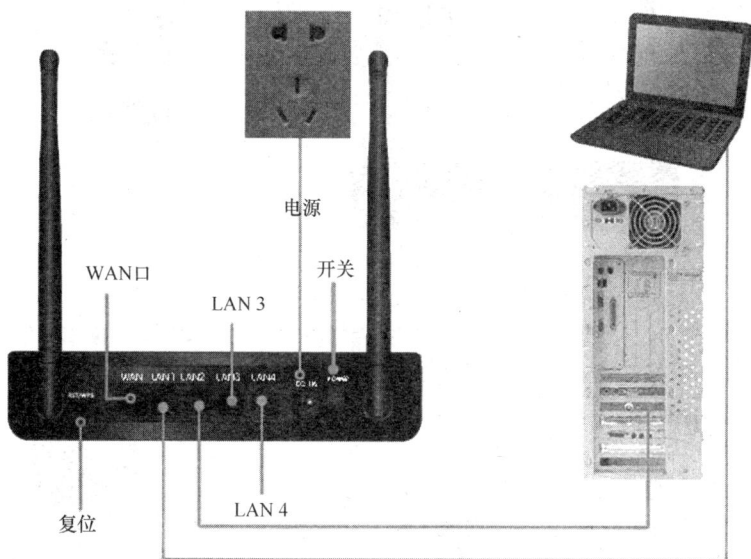

图4-4-2　连接电源

③ 如果用的是 PPPoE（ADSL 拨号）的方式上网，即网络运营商给用户一个账号和密码。那就选以下这种接入方法，从 ADSL 接一根网线出来，接到路由器的 WAN 口，如图 4-4-3 所示。

④ 如果用的是 DHCP（自动获取 IP）的方式上网，即只需要接上网线，不需要做其他动作就可以上网，直接把网线接到路由器的 WAN 口上就可以，如图 4-4-4 所示。

⑤ 如果用的是 Static（固定 IP）的方式上网，即网络运营商给用户提供 IP 地址、子网掩码、默认网关、DNS 地址等，那也是一样的网线接到路由器的 WAN 口，如图 4-4-5 所示。

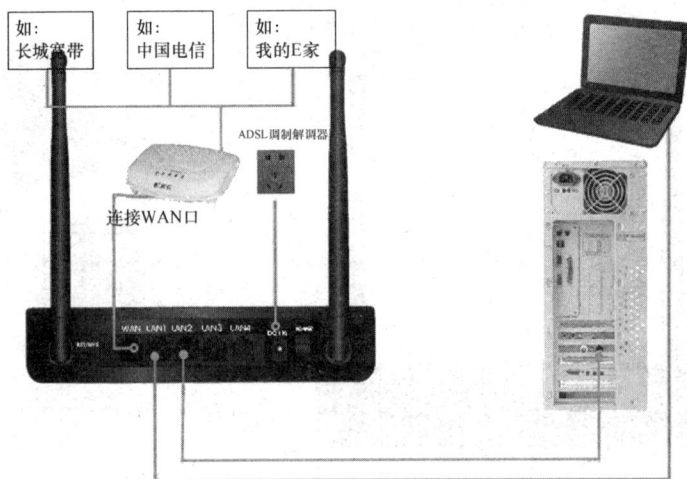

图4-4-3　连接ADSL网线

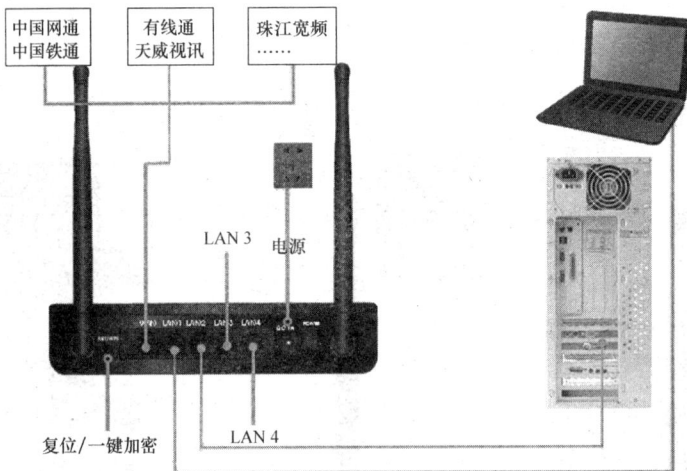

图4-4-4　连接WAN口

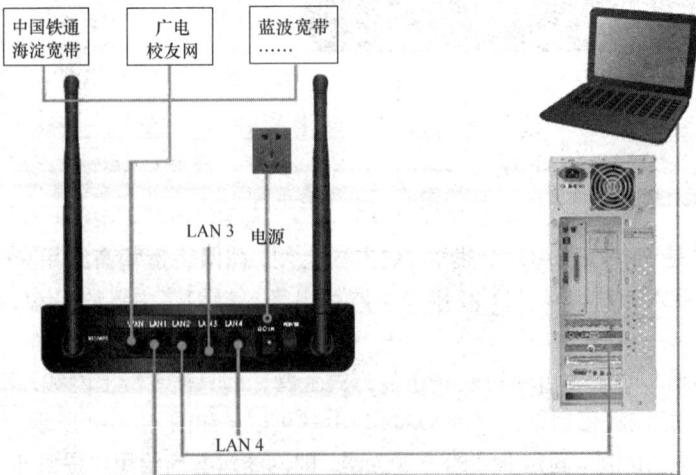

图4-4-5　固定IP连接方式

⑥ 都连接好以后，请查看一下灯的状态，如图 4-4-6 所示。

指示灯名称		说明
POWER	常亮	表示电源供电正常
WLAN	闪烁	表示无线信号正常
WAN	闪烁	表示正常传送或接收数据
LAN	常亮	表示局域网（LAN）正常连机
(1/2/3/4)	闪烁	表示正在传送或接收数据

图4-4-6　查看灯的状态

2. 设置您的计算机

① 单击【开始】→【控制面板】→【网络和 Internet】→【网络和共享中心】，打开【网络和共享中心】，如图 4-4-7 所示。

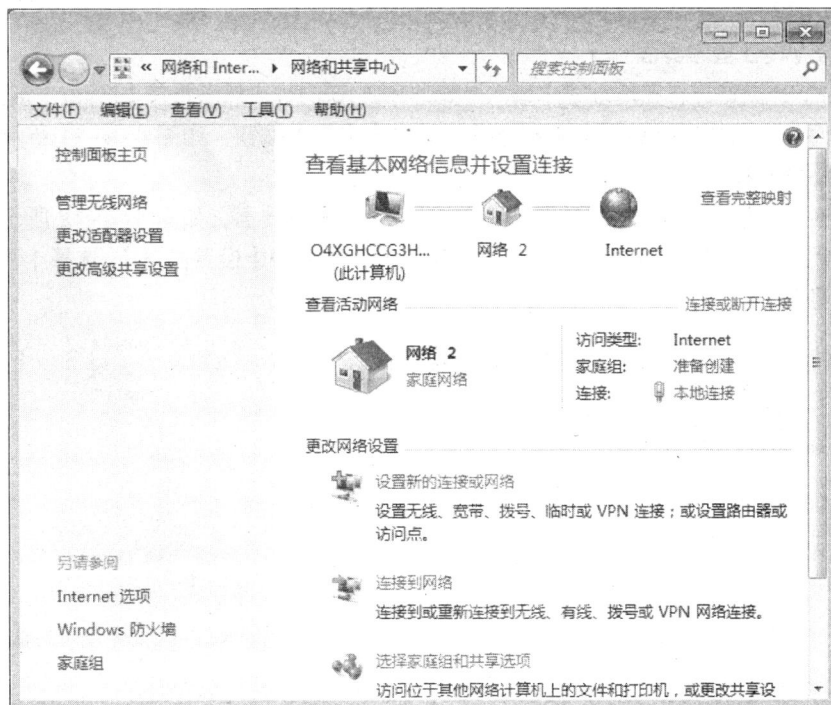

图4-4-7　网络和共享中心

② 单击本地连接，如图 4-4-8 所示，单击【属性】选项，将弹出新的对话框，在随后出现的对话框中，选择【Internet 协议版本 4（TCP/IPv4）】，左键双击，如图 4-4-9 所示。

③ 弹出【Internet 协议版本 4（TCP/IPv4）】属性对话框，输入 IP 地址、子网掩码、网关等，如图 4-4-10 所示。

图4-4-8　本地连接

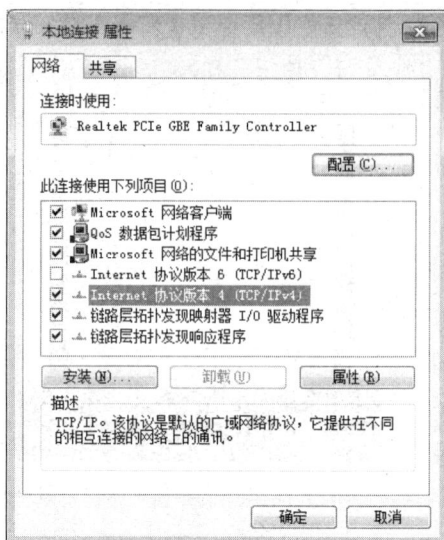

图4-4-9　属性对话框

④ 输入完后，单击【确定】按钮，将退回到上一对话框，单击【确定】按钮，完成 IP 设置。

3. 登录 Web 管理界面

打开新的 IE 浏览器，在地址栏中输入 http://192.168.1.1，然后再按【Enter】键。随后弹出一个新的对话框，输入默认的用户名和密码。单击【确定】按钮，如图 4-4-11 所示。

4. 设置路由器

① 单击【确定】按钮后，将登录到路由器的 Web 配置界面，如图 4-4-12 所示。

② 将看到一个设置向导对话框，如果没有弹出，请单击【设置向导】。选择【下一步】，如图 4-4-13 所示。

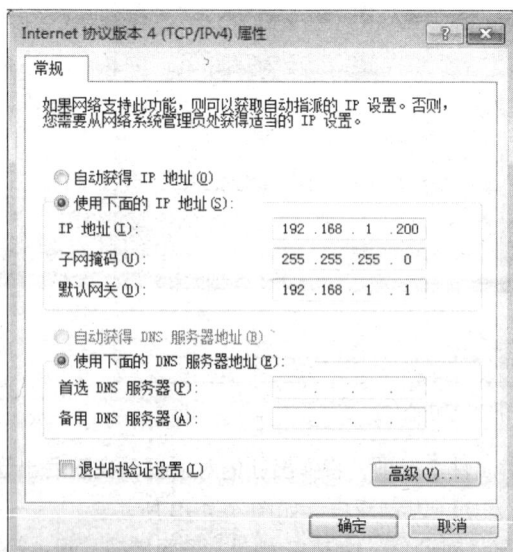

图4-4-10　输入IP地址

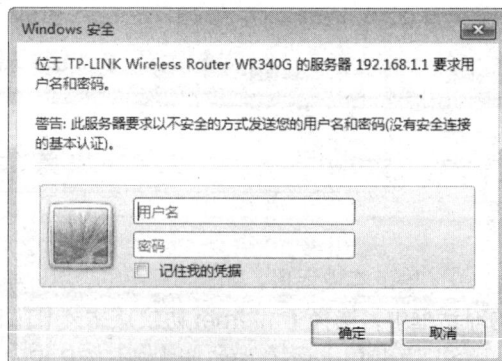

图4-4-11　登录

图4-4-12　Web配置界面

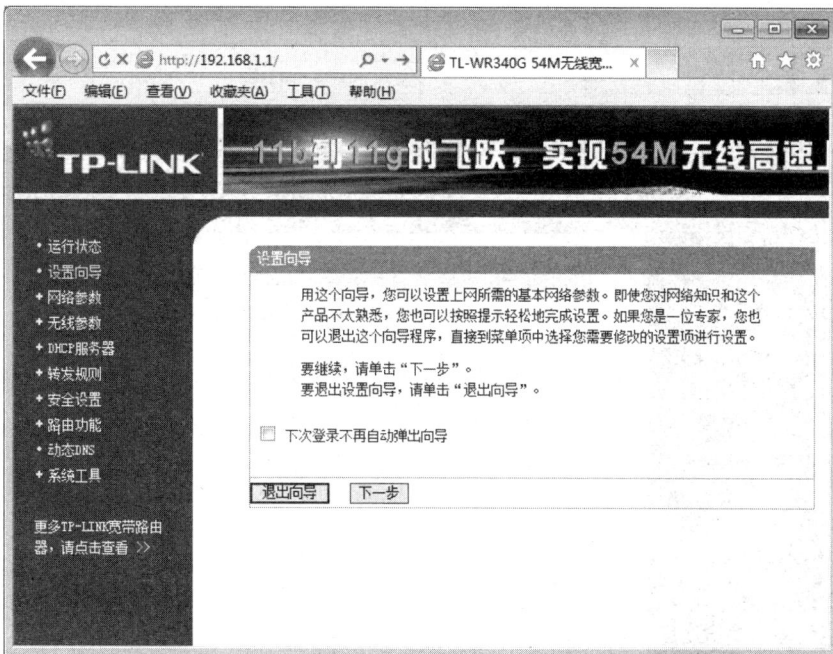

图4-4-13　设置向导

③ 根据实际情况选择上网的类型，如图 4-4-14 所示。

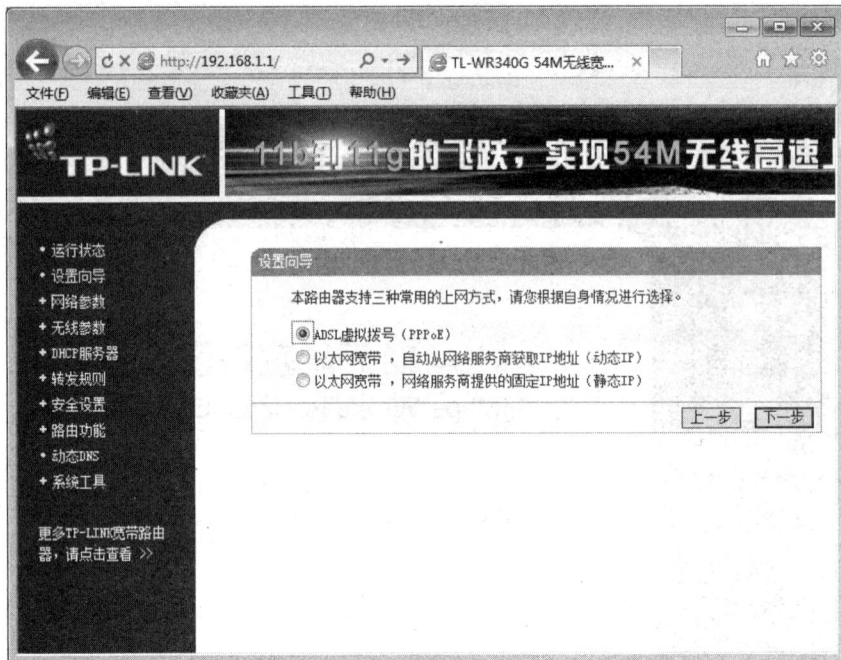

图4-4-14　选择上网方式

④ 单击【下一步】，输入网络服务商提供的上网账号及口令，如图 4-4-15 所示。

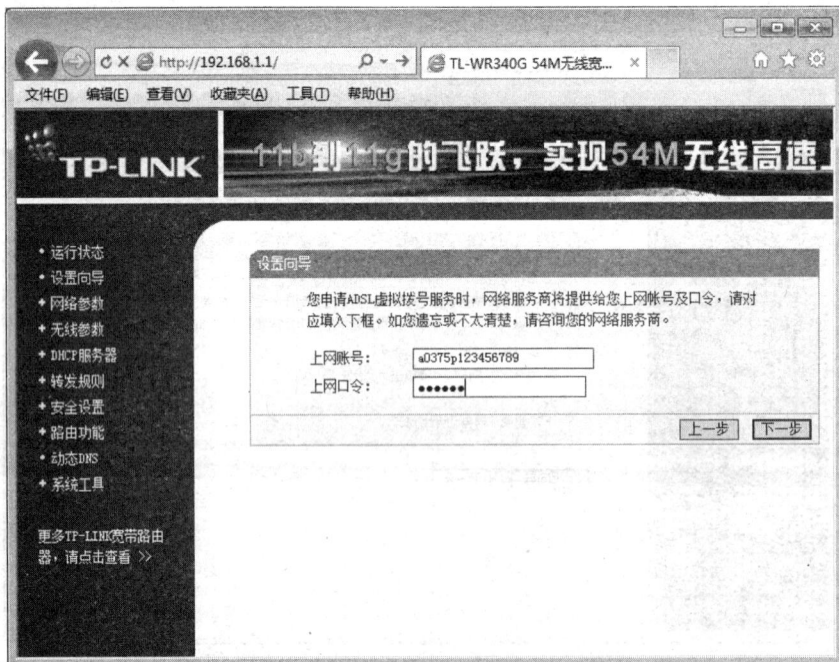

图4-4-15　输入上网账号和口令

⑤ 单击【下一步】，设置路由器无线网络参数，如图 4-4-16 所示。

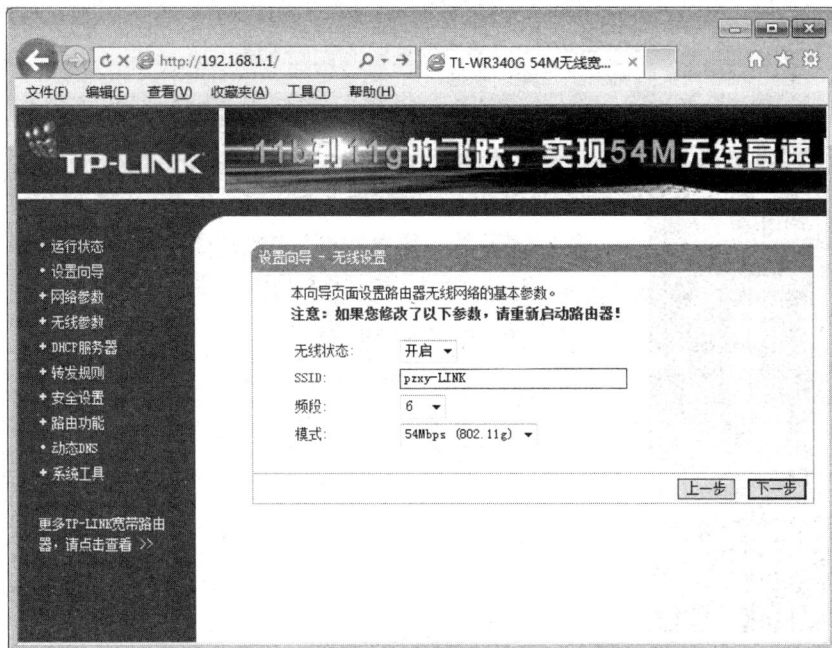

图4-4-16　设置网络参数

⑥ 单击左侧栏目中的【无线参数】，设置 SSID 号和网络安全密钥，如图 4-4-17 所示。

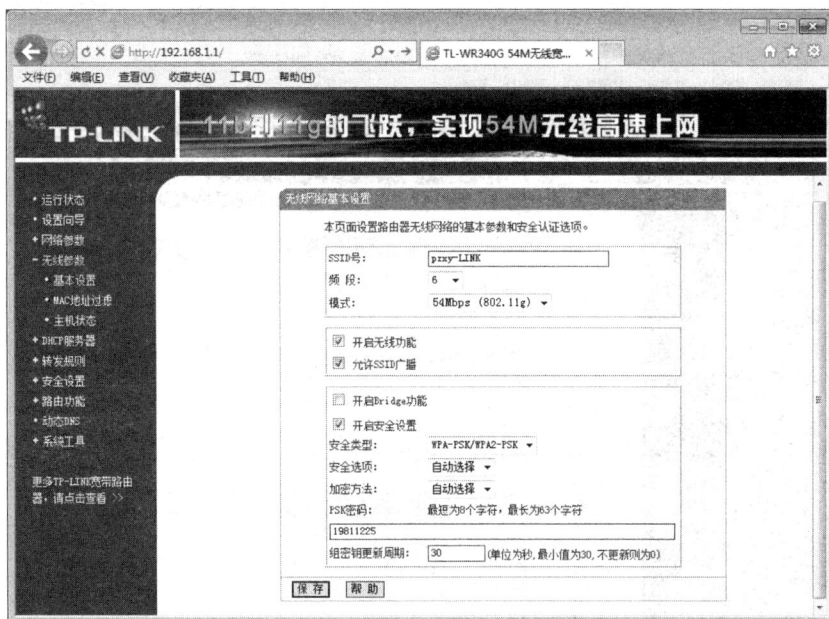

图4-4-17　设置SSID号和网络安全密钥

⑦ 单击【完成】，提示已经完成上网所需的基本网络参数的设置，如图 4-4-18 所示。

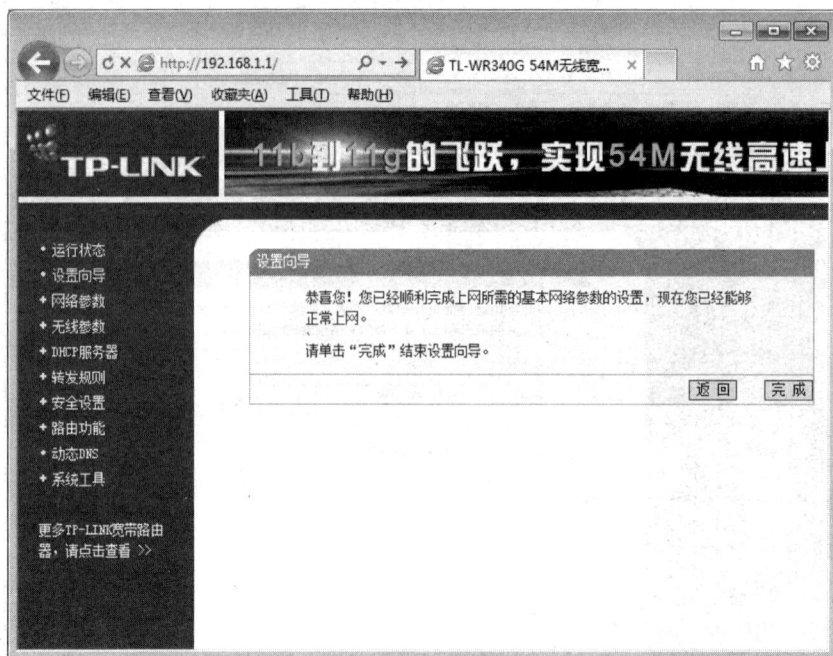

图4-4-18　完成设置

⑧ 单击左侧【运行状态】，查看是否获得了相应的 IP 地址、DNS 服务器等信息，如果已经成功获得，则刚才配置正确，如图 4-4-19 所示。

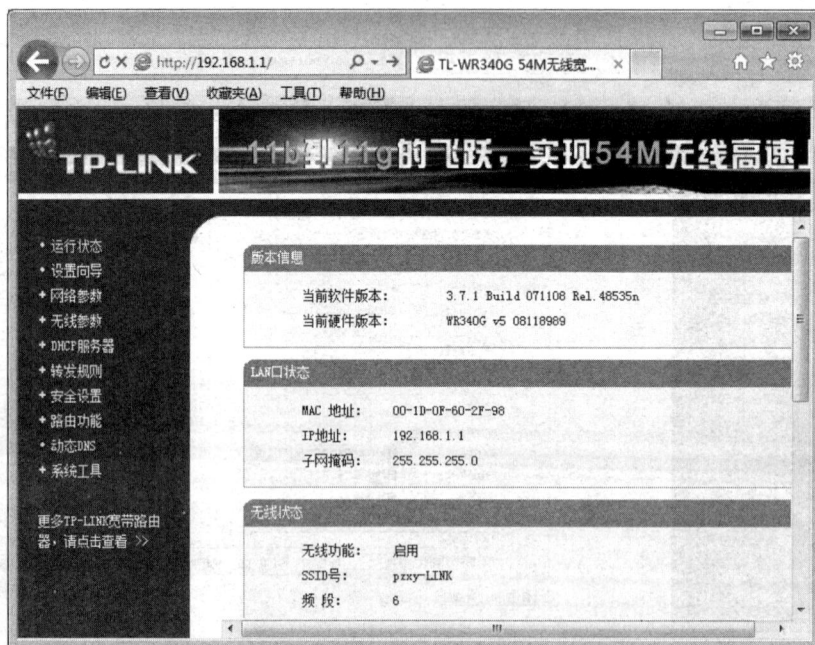

图4-4-19　查看运行状态

5. 连接 WLAN

① 启动无线网卡，左键单击任务栏上的网络图标，弹出图 4-4-20 所示对话框

② 单击【连接】，弹出图 4-4-21 所示的对话框，输入网络安全密钥，单击【确定】，连接完成。

图4-4-20 无线网络连接

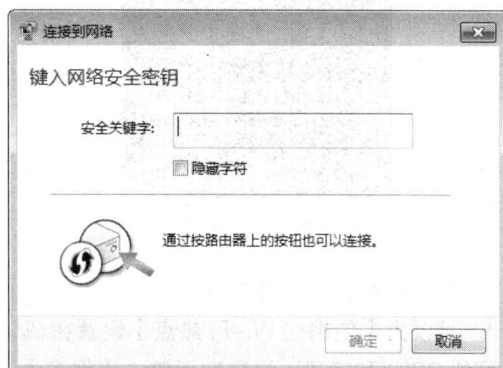

图4-4-21 连接到网络

4.4.2 手机绑定与便携式热点

现在的安卓智能手机都是一个相当实用的 Wi-Fi 热点工具，如果在笔记本电脑没有网络的情况下，可以启用手机的 Wi-Fi 网络供计算机使用的，让计算机随时畅游网络世界。下面主要讲解手机便携式 Wi-Fi 热点的使用方法。本方法主要使用在可以上网的安卓系统 2.2 以上的智能手机，或有便携式 Wi-Fi 功能的安卓智能手机，还要有无线网卡的笔记本电脑或台式机，如图 4-4-22 所示。

① 进入手机功能设置，如图 4-4-23 所示。

图4-4-22 便携式WLAN热点

图4-4-23 进入手机功能设置

② 选择【无线与网络】，如图 4-4-24 所示。

③ 选择【绑定与便携式热点】，如图 4-4-25 所示。

图4-4-24　无线和网络设置

图4-4-25　绑定与便携式热点

④ 在这里勾选【便携式 Wi-Fi 热点】，如图 4-4-26 所示。

⑤ 可以为【便携式 Wi-Fi 热点】设置密码，选择【配置 Wi-Fi 热点】，如图 4-4-27 所示。输入网络 SSID 和密码，设置完后单击【保存】，如图 4-4-28 所示。

图4-4-26　便携式Wi-Fi热点

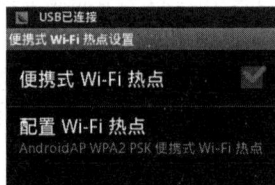

图4-4-27　配置Wi-Fi热点

图4-4-28　设置密码

⑥ 手机端已经设置好后，计算机可以直接搜索到信号进行连接，这里就是针对部分手机功能而定的，其实在手机设置上基本都差不多的。

4.4.3　4G 下的生活畅想

到了 4G 时代，手机将成为计算机的替代品。4G 手机能根据环境、时间以及其他设定的因素来适时地提醒手机的主人此时该做什么事或者不该做什么事；还可以把电影院票房资料直接下载下来，这些资料能够清楚显示售票情况、座位情况等，用户便可以根据这些信息来进行在线购买自己满意的电影票。

到了 4G 时代，远程快速医疗将成为可能。4G 网络能够满足实时传输各种数据及现场图像，在比赛现场或救护车上，通过 4G 网络，病人的情况可以实时传送到医疗专家团队，医疗团队对现在情况作出评估并指导。

到了 4G 时代，无线监控也将广泛应用在城市管理方面。譬如公交车的无线监控，只需保证公交线路无线网络的覆盖，就能随时随地掌握行进车辆的情况。此外，利用 TD-LTE 高速上行的特点，4G 网络将监控的视频信号无线回传，通过 TD-LTE 实时点播监控录像，还可实现随时随地的对油田、大坝、森林、海岸线等无人值守、监控难度较大的区域方便地进行监控。

到了 4G 时代，企业间的通信成本将大大降低。它们可通过快速的 4G 无线网络及通信环境，快速传递信息，交互数据，大大减少企业和创业团队的信息流成本，提高商务活动效率，改善投资环境，促进招商引资和经济发展。

我们可以预见，随着 4G 的普及，在 3G 时代困扰着网民的网速问题将不复存在，在"信息高速公路"下的成都，将真正进入掌上智能时代，无论是人与人之间的交流，或是企业与企业间的沟通，再或是政务管理模式，都将随 4G 的到来提升到全新的高度。

4.5 应用练习

一、填空

1. 按照覆盖的地理范围，计算机网络可以分为_____、_____和_____。

2. ISO/OSI 参考模型将网络分为_____层、_____层、_____层、_____层、_____层、_____层和_____层。

3. 建立计算机网络的主要目的是：_____。

4. IP 地址由网络号和主机号两部分组成，其中网络号表示_____，主机号表示_____。

5. IP 地址有_____位二进制数组成。

二、单项选择

1. 在 TCP/IP 体系结构中，与 OSI 参考模型的网络层对应的是（　　）。

A. 主机-网络层　　　B. 互联层　　　　　C. 传输层　　　　　D. 应用层

2. 在 OSI 参考模型中，保证端-端的可靠性是在哪个层次上完成的？（　　）

A. 数据连路层　　　B. 网络层　　　　　C. 传输层　　　　　D. 会话层

5 Chapter

Windows 7+Office 2010

第 5 章
计算机网络安全

5.1 网络安全概述

5.1.1 计算机病毒

1. 定义

编制者在计算机程序中插入的破坏计算机功能或者破坏数据,影响计算机使用并且能够自我复制的一组计算机指令或者程序代码被称为计算机病毒(Computer Virus)。具有破坏性、复制性和传染性。

与医学上的"病毒"不同,计算机病毒不是天然存在的,是某些人利用计算机软件和硬件所固有的脆弱性编制的一组指令集或程序代码。它能通过某种途径潜伏在计算机的存储介质(或程序)里,当达到某种条件时即被激活,通过修改其他程序的方法将自己的复制或者可能演化的形式放入其他程序中,从而感染其他程序,对计算机资源进行破坏。所谓的病毒就是人为造成的,对其他用户的危害性很大。

2. 产生原因

最初的计算机病毒并不是人为故意制造出来的,而是源于一次偶然的事件,当时的研究人员想计算出互联网的在线人数,没想到运行的程序却自己"繁殖"了起来,导致了整个服务器的崩溃和堵塞。这就是最初的计算机"病毒"。现在流行的病毒是人为故意编写的,多数病毒可以找到作者和产地信息。

3. 特点

(1)繁殖性

计算机病毒可以像生物病毒一样进行繁殖,当正常程序运行的时候,它也进行自身复制的运行,是否具有繁殖、感染的特征是判断某段程序为计算机病毒的首要条件。

(2)破坏性

计算机中毒后,可能会导致正常的程序无法运行,把计算机内的文件删除或受到不同程度的损坏。通常表现为:增、删、改、移。

(3)传染性

计算机病毒不但本身具有破坏性,更有害的是具有传染性,一旦病毒被复制或产生变种,其速度之快令人难以预防。传染性是病毒的基本特征。在生物界,病毒通过传染从一个生物体扩散到另一个生物体。在适当的条件下,它可得到大量繁殖,并使被感染的生物体表现出病症甚至死亡。同样,计算机病毒也会通过各种渠道从已被感染的计算机扩散到未被感染的计算机,在某些情况下造成被感染的计算机工作失常甚至瘫痪。与生物病毒不同的是,计算机病毒是一段人为编制的计算机程序代码,这段程序代码一旦进入计算机并得以执行,它就会搜寻其他符合其传染条件的程序或存储介质,确定目标后再将自身代码插入其中,达到自我繁殖的目的。只要一台计算机染毒,如不及时处理,那么病毒会在这台计算机上迅速扩散,计算机病毒可通过各种可能的渠道,如软盘、硬盘、移动硬盘、计算机网络去传染其他的计算机。当在一台机器上发现了病毒时,往往曾在这台计算机上用过的软盘已感染上了病毒,而与这台机器相联网的其他计算机也可能被该病毒染上了。是否具有传染性是判别一个程序是否为计算机病毒的最重要条件。

（4）潜伏性

有些病毒像定时炸弹一样，让它什么时间发作是预先设计好的。比如黑色星期五病毒，不到预定时间一点都觉察不出来，等到条件具备的时候一下子就爆炸开来，对系统进行破坏。一个编制精巧的计算机病毒程序，进入系统之后一般不会马上发作，因此病毒可以静静地躲在磁盘或磁带里呆上几天，甚至几年，一旦时机成熟，得到运行机会，就又要四处繁殖、扩散，继续危害。

（5）隐蔽性

计算机病毒具有很强的隐蔽性，有的可以通过病毒软件检查出来，有的根本就查不出来，有的时隐时现、变化无常，这类病毒处理起来通常很困难。

（6）可触发性

病毒因某个事件或数值的出现，诱使病毒实施感染或进行攻击的特性称为可触发性。为了隐蔽自己，病毒必须潜伏，少做动作。如果完全不动，一直潜伏，病毒既不能感染也不能进行破坏，便失去了杀伤力。病毒既要隐蔽又要维持杀伤力，它必须具有可触发性。病毒的触发机制就是用于控制感染和破坏动作的频率的。病毒具有预定的触发条件，这些条件可能是时间、日期、文件类型或某些特定数据等。病毒运行时，触发机制检查预定条件是否满足，如果满足，启动感染或破坏动作，使病毒进行感染或攻击；如果不满足，使病毒继续潜伏。

4. 中毒征兆

① 在特定情况下屏幕上出现某些异常字符或特定画面。

② 文件长度异常增减或莫名产生新文件。

③ 一些文件打开异常或突然丢失。

④ 系统无故进行大量磁盘读写或未经用户允许进行格式化操作。

⑤ 系统出现异常的重启现象，经常死机，或者蓝屏无法进入系统。

⑥ 可用的内存或硬盘空间变小。

⑦ 打印机等外部设备出现工作异常。

⑧ 在汉字库正常的情况下，无法调用和打印汉字或汉字库无故损坏。

⑨ 磁盘上无故出现扇区损坏。

⑩ 程序或数据神秘消失，文件名不能辨认等。

5. 病毒种类

在病毒的发展史上，病毒的出现是有规律的，在一般情况下，一种新的病毒技术出现后，病毒迅速发展，接着反病毒技术的发展会抑制其流传。操作系统升级后，病毒也会调整为新的方式，产生新的病毒技术。它可划分如下。

（1）系统病毒

系统病毒的前缀为 Win32、PE、Win95、W32、W95 等。这些病毒的一般公有的特性是可以感染 Windows 操作系统的*.exe 和*.dll 文件，并通过这些文件进行传播。如 CIH 病毒。

（2）蠕虫病毒

蠕虫病毒的前缀是 Worm。这种病毒的公有特性是通过网络或者系统漏洞进行传播，很大一部分的蠕虫病毒都有向外发送带毒邮件，阻塞网络的特性。比如冲击波（阻塞网络）、小邮差（发带毒邮件）等。

（3）木马病毒、黑客病毒

木马病毒其前缀是 Trojan，黑客病毒前缀名一般为 Hack。木马病毒的公有特性是通过网络或者系统漏洞进入用户的系统并隐藏，然后向外界泄露用户的信息，而黑客病毒则有一个可视的界面，能对用户的计算机进行远程控制。木马、黑客病毒往往是成对出现的，即木马病毒负责侵入用户的计算机，而黑客病毒则会通过该木马病毒来进行控制。

（4）脚本病毒

脚本病毒的前缀是 Script。脚本病毒的公有特性是使用脚本语言编写，通过网页进行传播的病毒，如红色代码（Script.Redlof）。脚本病毒还会有如下前缀：VBS、JS（表明是何种脚本编写的），如欢乐时光（VBS.Happytime）、十四日（Js.Fortnight.c.s）等。

（5）宏病毒

宏病毒的前缀是 Macro，第二前缀是 Word、Word97、Excel、Excel97 等。凡是只感染 Word 97 及以前版本 Word 文档的病毒采用 Word97 作为第二前缀，格式是 Macro.Word97；凡是只感染 Word 97 以后版本 Word 文档的病毒采用 Word 作为第二前缀，格式是 Macro.Word；凡是只感染 Excel 97 及以前版本 Excel 文档的病毒采用 Excel97 作为第二前缀，格式是 Macro.Excel97；凡是只感染 Excel 97 以后版本 Excel 文档的病毒采用 Excel 作为第二前缀，格式是 Macro.Excel，依此类推。该类病毒的公有特性是能感染 Office 系列文档，然后通过 Office 通用模板进行传播，如：著名的美丽莎（Macro.Melissa）。

（6）后门病毒

后门病毒的前缀是 Backdoor。该类病毒的公有特性是通过网络传播，给系统开后门，给用户计算机带来安全隐患。如很多人遇到过的 IRC 后门 Backdoor.IRCBot。

6. 常见计算机病毒

一谈计算机病毒，足以令人谈"毒"变色。硬盘数据被清空，网络连接被掐断，好好的机器变成了毒源，开始传染其他计算机。中了病毒，噩梦便开始了。

（1）Creeper（1971 年）

最早的计算机病毒 Creeper（根据老卡通片《史酷比（Scooby Doo）》中的一个形象命名）出现在 1971 年。当然在那时，Creeper 还尚未被称为病毒，因为计算机病毒尚不存在。Creeper 由 BBN 技术公司程序员罗伯特·托马斯（Robert Thomas）编写，通过阿帕网（ARPANET，互联网前身）从公司的 DEC PDP-10 传播，显示"我是 Creeper，有本事来抓我呀！（I'm the creeper, catch me if you can!）"。Creeper 在网络中移动，从一个系统跳到另外一个系统并自我复制。但是一旦遇到另一个 Creeper，便将其注销。

（2）爱虫（I love you，2000 年）

梅丽莎病毒爆发一年后，菲律宾出现了一种新的病毒。与梅丽莎不同的是，这次出现的是蠕虫病毒，具有自我复制功能的独立程序。这个病毒的名字叫爱虫（I love you）。爱虫病毒最初也是通过邮件传播，而其破坏性要比 Melissa 强得多。标题通常会说明，这是一封来自您的暗恋者的表白信。邮件中的附件则是罪魁祸首。这种蠕虫病毒最初的文件名为 LOVE-LETTER-FOR-YOU.TXT.vbs。后缀名 vbs 表明黑客是使用 VB 脚本编写的这段程序。很多人怀疑是菲律宾的奥尼尔·狄·古兹曼制造了这种病毒。由于当时菲律宾没有制定计算机破坏的相关法律，当局只得以盗窃罪的名义传讯他。最终由于证据不足，当局被迫释放了古兹曼。根据媒体估计，爱虫病毒造成大约 100 亿美元的损失，如图 5-1-1 所示。

（3）熊猫烧香（2006—2007 年）

熊猫烧香是一种经过多次变种的蠕虫病毒，2006 年 10 月 16 日由 25 岁的中国湖北人李俊编写，2007年1月初肆虐网络。这是一波计算机病毒蔓延的狂潮。在极短时间之内就可以感染几千台计算机，严重时可以导致网络瘫痪。那只憨态可掬、额首敬香的"熊猫"除而不尽。反病毒工程师们将它命名为"尼姆亚"。病毒变种使用户计算机中毒后可能会出现蓝屏、频繁重启以及系统硬盘中数据文件被破坏等现象。同时，该病毒的某些变种可以通过局域网进行传播，进而感染局域网内所有计算机系统，最终导致企业局域网瘫痪，无法正常使用，它能感染系统中exe、com、pif、src、html、asp等文件，它还能终止大量的反病毒软件进程并且删除扩展名为gho的备份文件。被感染的用户系统中所有.exe可执行文件全部被改成熊猫举着三根香的模样，如图5-1-2所示。

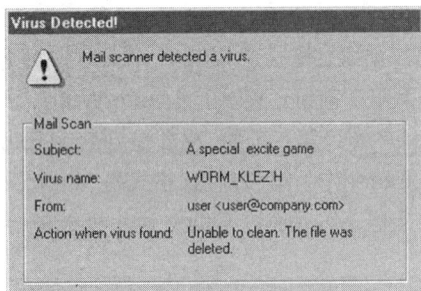

图5-1-1　爱虫病毒

图5-1-2　熊猫病毒

7. 预防

提高系统的安全性是防病毒的一个重要方面，但完美的系统是不存在的，过于强调提高系统的安全性将使系统多数时间用于病毒检查，系统失去了可用性、实用性和易用性，另一方面，信息保密的要求让人们在泄密和抓住病毒之间无法选择。　加强内部网络管理人员以及使用人员的安全意识，很多计算机系统常用口令来控制对系统资源的访问，这是防病毒进程中，最容易和最经济的方法之一。另外，安装杀毒软件并定期更新也是预防病毒的重中之重。

① 注意对系统文件、重要可执行文件和数据进行写保护。

② 不使用来历不明的程序或数据。

③ 不轻易打开来历不明的电子邮件。

④ 使用新的计算机系统或软件时，要先杀毒后使用。

⑤ 备份系统和参数，建立系统的应急计划等。

⑥ 专机专用。

5.1.2　黑客与网络安全

因特网在全球的迅猛发展为人民提供了方便、自由和无限的财富，政治、军事、经济、科技、教育、文化等各个方面都越来越网络化，并且逐渐成为人们生活、娱乐的一部分。可以说，信息时代已经到来，信息已成为物质和能量以外维持人类社会的第三资源，它是未来生活中的重要介质。随着计算机的普及和因特网技术的迅速发展，黑客也随之出现了。

1. 黑客

"黑客"一词是由英语"Hacker"音译出来的。

（1）概念

泛指擅长IT技术的人群、计算机科学家。他们伴随着计算机和网络的发展而产生成长。所做的不是恶意破坏，他们是一群纵横于网络上的技术人员，热衷于科技探索、计算机科学研究。在黑客圈中，Hacker 一词无疑是带有正面的意义，例如 system hacker 熟悉操作的设计与维护；password hacker 精于找出使用者的密码，若是 computer hacker 则是通晓计算机，进入他人计算机操作系统的高手。

（2）区别

骇客是"Cracker"的音译，就是"破解者"的意思。从事恶意破解商业软件、恶意入侵别人的网站等事务。与黑客近义，其实黑客与骇客本质上都是相同的。根据开放源代码的创始人"埃里克·S·雷蒙德"对此字的解释是："黑客"与"骇客"是分属两个不同世界的族群，基本差异在于，黑客是有建设性的，而骇客则专门搞破坏。黑客和"骇客"（Cracker）并没有一个十分明显的界限，两者含义也越来越模糊。

2. 网络安全

黑客通过基于网络的入侵来达到窃取敏感信息的目的，也有人以基于网络的攻击见长，被人收买通过网络来攻击商业竞争对手企业，造成网络企业无法正常运营，网络安全就是为了防范这种信息盗窃和商业竞争攻击所采取的措施。

（1）概念

网络安全是指网络系统的硬件、软件及其系统中的数据受到保护，不因偶然的或者恶意的原因而遭受到破坏、更改、泄露，系统连续可靠正常地运行，网络服务不中断。网络安全从其本质上来讲就是网络上的信息安全。从广义来说，凡是涉及网络上信息的保密性、完整性、可用性、真实性和可控性的相关技术和理论都是网络安全的研究领域。

（2）网络安全的解决方案

① 入侵检测系统部署

入侵检测能力是衡量一个防御体系是否完整有效的重要因素，强大完整的入侵检测体系可以弥补防火墙相对静态防御的不足。对来自外部网和校园网内部的各种行为进行实时检测，及时发现各种可能的攻击企图，并采取相应的措施。具体来讲，就是将入侵检测引擎接入中心交换机上。入侵检测系统集入侵检测、网络管理和网络监视功能于一身，能实时捕获内外网之间传输的所有数据，利用内置的攻击特征库，使用模式匹配和智能分析的方法，检测网络上发生的入侵行为和异常现象，并在数据库中记录有关事件，作为网络管理员事后分析的依据；如果情况严重，系统可以发出实时报警，使得学校管理员能够及时采取应对措施。

② 漏洞扫描系统

采用最先进的漏洞扫描系统定期对工作站、服务器、交换机等进行安全检查，并根据检查结果向系统管理员提供详细可靠的安全性分析报告，为提高网络安全整体水平产生重要依据。

③ 网络版杀毒产品部署

在该网络防病毒方案中，我们最终要达到一个目的就是：要在整个局域网内杜绝病毒的感染、传播和发作，为了实现这一点，我们应该在整个网络内可能感染和传播病毒的地方采取相应的防病毒手段。同时为了有效、快捷地实施和管理整个网络的防病毒体系，应能实现远程安装、智能升级、远程报警、集中管理、分布查杀等多种功能。

（3）防火墙

防火墙是网络安全最基本、最经济、最有效的手段之一。防火墙可以实现内部、外部网或不同信任域网络之间的隔离，达到有效地控制对网络访问的作用。防火墙系统决定了哪些内部服务可以被外界访问；外界的哪些人可以访问内部的哪些服务，以及哪些外部服务可以被内部人员访问。它能增强机构内部网络的安全性。要使一个防火墙有效，所有来自和去往 Internet 的信息都必须经过防火墙，接受防火墙的检查。防火墙只允许授权的数据通过，并且防火墙本身也必须能够免于渗透。

Internet 防火墙允许网络管理员定义一个中心"扼制点"来防止非法用户，比如防止黑客、网络破坏者等进入内部网络。禁止存在安全脆弱性的服务进出网络，并抗击来自各种路线的攻击。Internet 防火墙能够简化安全管理，网络的安全性是在防火墙系统上得到加固，而不是分布在内部网络的所有主机上。在防火墙上可以很方便地监视网络的安全性，并产生报警。计算机安全问题，应该像每家每户的防火防盗问题一样，做到防范于未然。

5.1.3 预防互联网诈骗

当前随着网络的日益飞速发展，网络诈骗犯罪日益严重。要学习一定的防范网络诈骗的基本知识，提高防范网络诈骗的基本能力，遇到实际问题，忌盲目，多思考，千万不要被某些假象所迷惑。

1. 概念

互联网诈骗是为达到某种目的在网络上以各种形式向他人骗取财物的诈骗手段。

2. 网络诈骗种类

（1）假冒好友诈骗

骗子通过各种方法盗窃 QQ 账号、邮箱账号后，向用户的好友、联系人发布信息，声称遇到紧急情况，请对方汇款到其指定账户。网络上出现了一种以 QQ 视频聊天为手段实施诈骗的新手段，嫌疑人在与网民视频聊天时录下其影像，然后盗取其 QQ 密码，再用录下的影像冒充该网民向其 QQ 群里的好友"借钱"。遇到此类情况，及时通过电话等方式联系到本人，确认消息是否源自好友或联系人，避免上当。

（2）网络购物诈骗

是指事主在互联网上因购买商品时而发生的诈骗。其表现形式有以下 6 种。

① 多次汇款

骗子以未收到货款或提出要汇款到一定数目方能将以前款项退还等各种理由迫使买家多次汇款。

② 假链接、假网页

骗子为事主提供虚假链接或网页，交易往往显示不成功，让买家多次汇钱。

③ 拒绝安全支付法

骗子以种种理由拒绝使用网站的第三方安全支付工具，比如谎称"我自己的账户最近出现故障，不能用安全支付收款"或"不使用网易宝，因为要收手续费，可以再给你算便宜一些"等。

④ 收取订金骗钱法

骗子要求买家先付一定数额的订金或保证金，然后才发货。然后就会利用买家急于拿到货物的迫切心理以种种看似合理的理由，诱使买家追加订金。

⑤ 约见汇款

网上购买二手车、火车票等诈骗的常见手法，骗子一方面约见买家在某地见面验车或给票，又要求买家的朋友一接到事主电话就马上汇款，骗子利用"来电任意显软件"冒充买家给其朋友打电话让其汇款。

⑥ 以次充好

用假冒、劣质、低廉的山寨产品冒充名牌商品。

（3）网络钓鱼

"网络钓鱼"是当前最为常见也较为隐蔽的网络诈骗形式。所谓"网络钓鱼"，是指犯罪分子通过使用"盗号木马""网络监听"以及伪造的假网站或网页等手法，盗取用户的银行账号、证券账号、密码信息和其他个人资料，然后以转账盗款、网上购物或制作假卡等方式获取利益。主要可细分为以下两种方式。

一是发送电子邮件，以虚假信息引诱用户中圈套。诈骗分子以垃圾邮件的形式大量发送欺诈性邮件，这些邮件多以中奖、顾问、对账等内容引诱用户在邮件中填入金融账号和密码，或是以各种紧迫的理由要求收件人登录某网页提交用户名、密码、身份证号、信用卡号等信息，继而盗窃用户资金。

二是建立假冒网上银行、网上证券网站，骗取用户账号密码实施盗窃。犯罪分子建立起域名和网页内容都与真正网上银行系统、网上证券交易平台极为相似的网站，引诱用户输入账号密码等信息，进而通过真正的网上银行、网上证券系统或者伪造银行储蓄卡、证券交易卡盗窃资金。还有的利用合法网站服务器程序上的漏洞，在站点的某些网页中插入恶意代码，屏蔽住一些可以用于辨别网站真假的重要信息，以窃取用户信息。

（4）网上中奖诈骗

是指犯罪分子利用传播软件随意向邮箱用户、网络游戏用户、即时通信用户等发布中奖提示信息，当用户按照指定的"电话"或"网页"进行咨询查证时，犯罪分子以中奖缴税等各种理由让用户一次次汇款，直到失去联系用户才发觉被骗。

3. 预防措施

① 安装防火墙和防病毒软件，并经常升级。

② 注意经常给系统打补丁，堵塞软件漏洞。

③ 禁止浏览器运行 JavaScript 和 ActiveX 代码。

④ 不要上一些不太了解的网站，不要执行从网上下载后未经杀毒处理的软件，不要打开即时通信上传送过来的不明文件等，加强对各类即时通信病毒的防范和清除措施。

不管是现实诈骗还是网络诈骗，骗子最终的核心或者是共同点都是一个骗字，只要我们不贪便宜，使用比较安全的支付工具，仔细甄别网站，严加防范，不在网上购买非正当产品，提高自我保护意识，注意妥善保管自己的私人信息，并尽量避免在网吧等公共场所使用网上电子商务服务，加强预防心理，提高警惕，网络诈骗是可以预防的。

5.1.4　下一代网络安全——云安全

随着通信技术、网络技术的飞速发展，毒软件将无法有效地处理日益增多的恶意程序。病毒也同时利用着互联网的功能，实现了感染与危害的网络化。在这样的情况下，采用的特征库判别法显然已经过时。我们是否可以使相应的杀毒软件也充分利用网络快速传播的特性，向互联网化方向转变呢？云安全技术应用后，识别和查杀病毒不再仅仅依靠本地硬盘中的病毒库，而是依靠庞大的网络服务，实时进行采集、分析以及处理。整个互联网就是一个巨大的"杀毒软件"，参与者越多，每个参与者就越安全，整个互联网就会更安全。

1. 概念

云安全（Cloud security）是通过融合并行处理、网格计算、未知病毒行为判断等，同时依靠网状的大量客户端对网络中软件行为进行异常监测，从而获取互联网中木马、恶意程序的最新信息，并传送到服务端进行分析与处理，最后将病毒和木马的解决方案分发到每一个客户端的过程。换句话说，所谓云安全，就是将病毒的采集、识别、查杀、处理等行为全部放在"云"端，基于互联网对与此连接的终端安全信息进行处理的一种技术。它是"云计算"技术的重要分支，已经在反病毒领域当中获得了广泛应用。

2. 原理

云安全通过网状的大量客户端对网络中软件行为的异常监测，获取互联网中木马、恶意程序的最新信息，推送到服务端进行自动分析和处理，再把病毒和木马的解决方案分发到每一个客户端。整个互联网，变成了一个超级大的杀毒软件。"云"最强大的地方，就是抛开了单纯的"客户端"防护的概念。传统客户端被感染，杀毒完毕之后就完了，没有进一步的信息跟踪和分享。而"云"的所有节点，是与服务器共享信息的。你中毒了，服务器就会记录，在帮助你处理的同时，也把信息分享给其他用户，他们就不会被重复感染。于是这个"云"笼罩下的用户越多，"云"记录和分享的安全信息也就越多，整体的用户也就越强大。这才是网络的真谛，也是所谓"云安全"的精华之所在。

3. 作用

（1）节约资源，方便用户

用户在使用计算机的过程中，通常会碰到这样的情况：被病毒攻击导致硬盘中的数据丢失或硬盘损坏，游戏账号或银行卡信息被黑客窃取等。尽管当前90%的用户都会安装了杀毒软件，但是，由于杀毒软件在运行和开启防护时，会消耗过多系统资源，影响到机器整体运行速度和性能，这是用户在安全软件上最为头疼的问题了。而在出现了"云安全"的概念之后，通过云安全技术可以有效避免这样的问题。比如可以把数据保存在网络服务上，再也不用担心数据的丢失或损坏。在杀毒方面，用户也会明显感觉到计算机杀毒软件不再侵占过多的内存空间，计算机的整体也不用因为杀毒而出现运行速度下降的状况。

（2）随时查杀病毒，在威胁到达之前阻挡

当前杀毒软件的病毒检测率备受关注，检测率的好坏也决定着杀毒软件的性能。之前的杀毒软件都是病毒来了以后安全软件再进行查杀，这样不仅浪费了时间，还可能造成安全隐患。现在有了云安全，在云端就能给铲除了，病毒根本就来不及危害计算机。与传统相比，云安全将病毒定义和特征库置于服务端（云端），使得用户仅在本地调用引擎和特征库的情况下，随时访问和借助几千万的病毒特征库来识别对应威胁。通过已被多次验证的，对病毒木马样本高达99%的检测率，证实了云安全的绝对优势。

（3）资源共享，有效抵御病毒侵扰。

有了云安全之后，第一个用户会受到病毒的攻击，而其他所有用户将幸免于难。"云安全"充分利用网络的支持，实现病毒库的即时搜集。云端的数据通过实时的更新，只有第一个用户会成为受害者，之后的成千上万用户都不会受到同一个病毒的侵扰。而且针对第一个受害者，利用"云安全"技术的产品也可以在第一时间内解决威胁。这样，用户越多，网络的分布范围越广，"云端"的数据就越庞大，更新速度就越快。这样可以让所有的用户享受到越来越卓越的服务。

5.2　杀毒软件的安装与使用

　　360 致力于通过提供高品质的免费安全服务，为中国互联网用户解决上网时遇到的各种安全问题。面对互联网时代木马、病毒、流氓软件、钓鱼欺诈网页等多元化的安全威胁，360 以互联网的思路解决网络安全问题。360 是免费安全的首倡者，认为互联网安全像搜索、电子邮箱、即时通信一样，是互联网的基础服务，应该免费。为此，360 安全卫士、360 杀毒等系列安全产品免费提供给中国数亿互联网用户。同时，360 开发了全球规模和技术均领先的云安全体系，能够快速识别并清除新型木马病毒以及钓鱼、挂马恶意网页，全方位保护用户的上网安全。作为中国最大的互联网安全公司之一，360 拥有国内规模领先的高水平安全技术团队，旗下 360 安全卫士、360 杀毒、360 安全浏览器、360 安全桌面、360 手机卫士等系列产品深受用户好评，使 360 成为无可争议的网络安全领先品牌。

1.“360 杀毒”软件的安装

STEP 1　进入 360 安全中心的官方网站（http://www.360.cn/ ）。

STEP 2　单击 360 杀毒下的【下载】按钮，如图 5-2-1 所示。

图5-2-1　下载页面

STEP 3　在“文件下载”对话框中单击【运行】按钮，如图 5-2-2 所示。

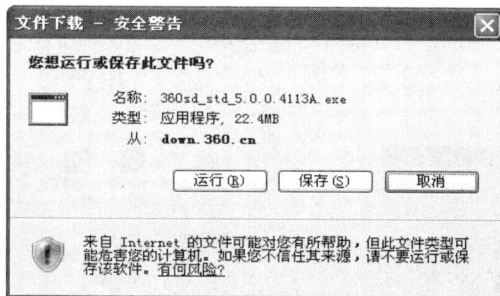

图5-2-2　运行

STEP 4 等待下载完成后，如图 5-2-3 所示，单击图 5-2-4 中的【运行】按钮。

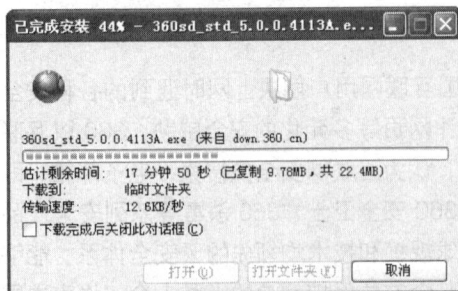

图5-2-3 下载

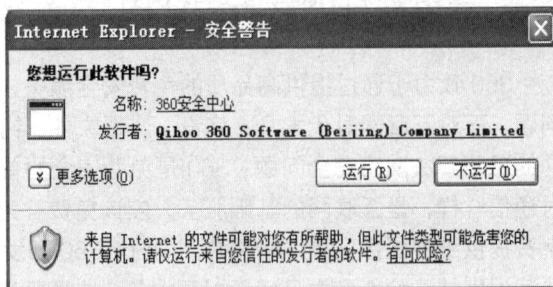

图5-2-4 安全警告

STEP 5 勾选【我已阅读并同意许可协议】，单击【立即安装】按钮，如图 5-2-5 所示，开始进行软件的安装。

5-2-5 安装

STEP 6 安装完成后，出现 360 杀毒软件的首界面，如图 5-2-6 所示。

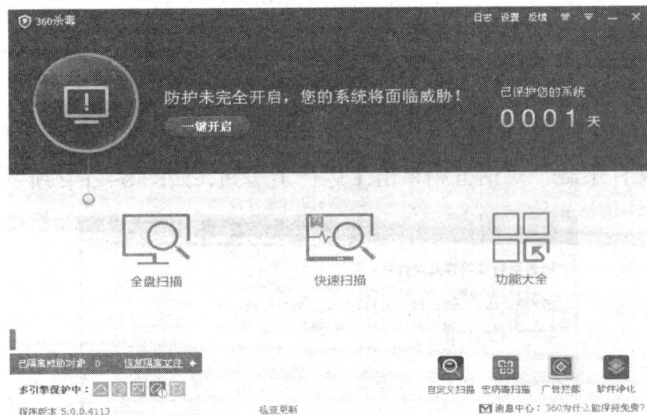

图5-2-6 首界面

2. 启动杀毒扫描程序

360 杀毒软件提供了【全盘扫描】【快速扫描】和【功能大全】三种扫描杀毒方式。一般我们推荐使用【快速扫描】，扫描计算机关键位置，并且速度快。【功能大全】中提供了很多更为具体的扫描方式，如自定义扫描和宏病毒扫描等。下面我们以【快速扫描】为例进行操作。

STEP 1　单击 360 杀毒软件首界面上的【快速扫描】按钮，进行病毒查杀，如图 5-2-7 和图 5-2-8 所示。

图5-2-7　快速扫描

图5-2-8　启动快速扫描

STEP 2　病毒扫描完成，单击【立即处理】按钮对发现的病毒进行清理，如图 5-2-9 所示。

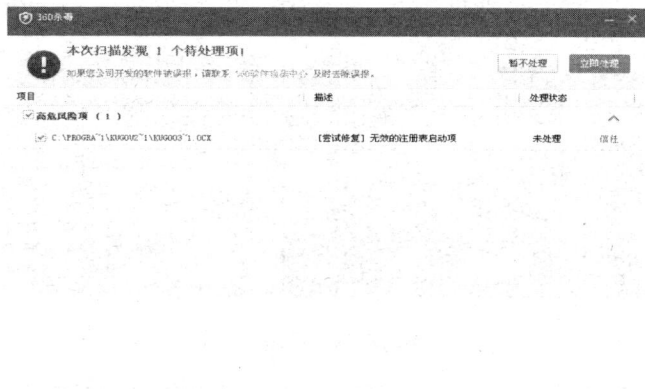

图5-2-9　清理病毒

STEP 3 成功处理所有发现的项目，如图 5-2-10 所示。

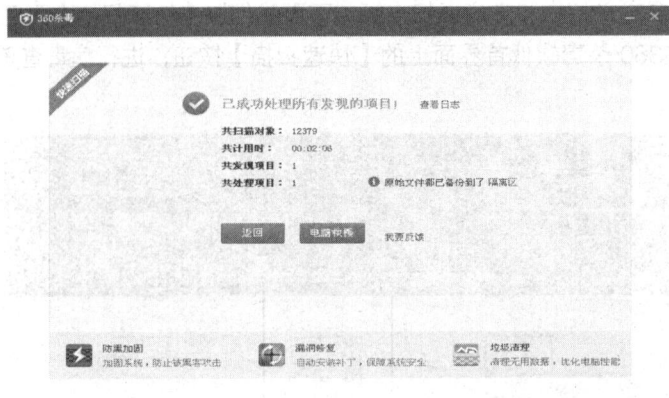

图5-2-10　成功处理

3. 开启实时防护功能

STEP 1 单击图 5-2-11 左上角的系统防护圈，打开 360 多重防御系统界面。

图5-2-11　开启保护

图5-2-12　开启状态

STEP 2 将各项防护状态设置为开启状态（绿色），如图 5-2-12 所示。

4．产品升级

由于新的病毒在不断出现，因此病毒库和杀毒软件也需要不断更新和升级。

STEP 1 单击 360 杀毒软件首界面中右上方的"设置"菜单，如图 5-2-13 所示。

图5-2-13　选择"设置"

STEP 2 在图 5-2-14 中，单击【升级设置】项。

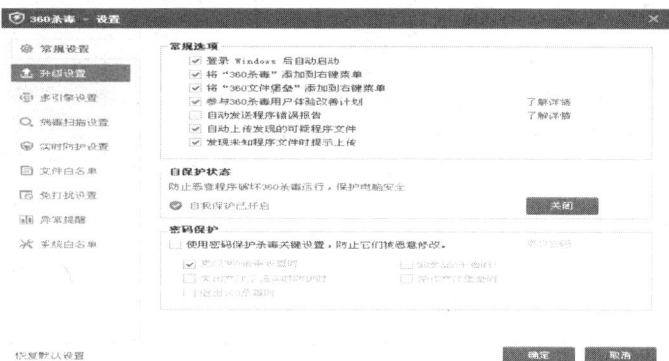

图5-2-14　升级设置

STEP 3 在自动升级设置中选择【自动升级病毒特征库程序】选项，然后单击【确定】按钮，则病毒库和杀毒软件就会自动升级，如图 5-2-15 所示。

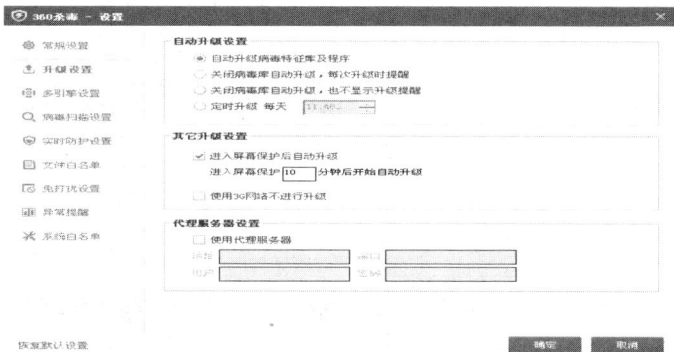

图5-2-15　设置完成

5.3 360 安全卫士的安装与使用

　　360 安全卫士拥有查杀木马、清理恶评插件、保护隐私、免费杀毒、修复系统漏洞和管理应用软件等功能。运用云安全技术，在杀木马、防盗号、保护隐私、保护网银和游戏的账号方面有很好的效果。360 安全卫士只需联网即可轻松安装最新版本，安装过程非常得简单快速，基本上都是全自动完成的，无须人工干预。360 安全卫士启动后将立即自动执行电脑体检任务。在首页界面的右侧提供有账号登录链接及推荐功能项目，用户还可以在此查看到程序当前的实时防护状态。

1. 安装 360 安全卫士

STEP 1 进入 360 安全中心的官方网站（http://www.360.cn/）。

STEP 2 单击 360 安全卫士下的【下载】按钮，如图 5-3-1 所示。

图5-3-1　下载页面

STEP 3 在文件下载对话框中，单击图 5-3-2 中的【运行】按钮。

STEP 4 等待下载完成后，单击图 5-3-3 中的【运行】按钮，运行 360 安全卫士。

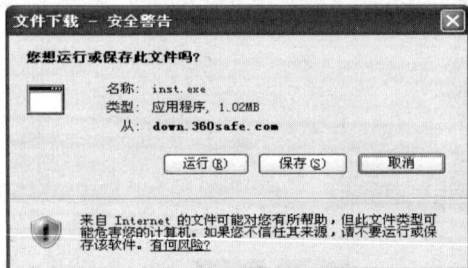

图5-3-2　文件下载

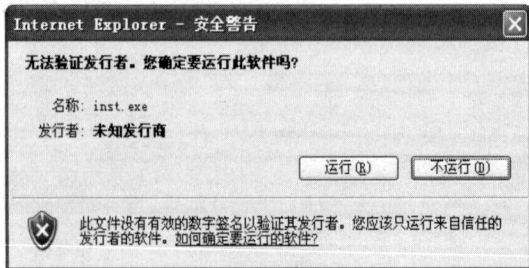

图5-3-3　运行

STEP 5 勾选【已阅读并同意许可协议】，再单击
【立即安装】按钮，开始进行软件的安装，如图 5-3-4
所示。

STEP 6 360 安全卫士安装完成，启动后的首界面如
图 5-3-5 所示。

STEP 7 单击【立即体验】按钮进行电脑体检，如
图 5-3-6 所示。

STEP 8 单击【一键修复】按钮，对检查出来的问
题项进行自动处理，如图 5-3-7 所示。

图5-3-4 安装

图5-3-5 首界面

图5-3-6 进行体验

图5-3-7　进行修复

2. 无线防蹭网

　　家里在用无线宽带的时候，是否被人"蹭"过，我们在上网速很慢的时候，有时候是因为有人蹭网了，要怎么防蹭网呢？可以使用 360 安全卫士中的防蹭网功能。

STEP 1 单击 360 安全卫士界面上的"功能大全"右侧的【更多】按钮，如图 5-3-8 所示。

图5-3-8　更多功能

STEP 2 在"已添加功能"下选择【流量防火墙】按钮，如图 5-3-9 所示。

STEP 3 在 360 流量防火墙界面中选择【防蹭网】按钮，然后单击【立即启用】，如图 5-3-10 所示。

STEP 4 这时会显示"发现 X 台未知设备，正在与您使用同一网络"，如图 5-3-11 所示。如果不是你允许的设备，可以单击【修改密码】来对路由器进行重新设置，该页面会说明修改方法。这样我们的网络安全性就大大增加了，上网速度就会顺畅稳定了。

图5-3-9　添加功能

图5-3-10　立即启用

图5-3-11　进行设置

3. 系统防黑加固

很多网民经安装了杀毒软件就不用怕计算机中病毒了，但如果计算机存在容易被黑客利用的

"软肋"，就会出现经常中毒、计算机被黑客遥控等情况。针对黑客常用的一些攻击手段，360安全卫士推出了"系统防黑加固"功能，可以阻断黑客入侵通道，提升计算机的"防黑"能力。

STEP 1 在360安全卫士首界面中，选择"安全防护中心"，如图5-3-12所示。

图5-3-12　安全防护中心

STEP 2 在360安全防护中心界面的右下角，选择【系统防黑加固】功能按钮，如图5-3-13所示。

图5-3-13　防黑加固

STEP 3 单击图5-3-14中的【立即检测】按钮。

图5-3-14　进行检测

STEP 4 在图 5-3-15 中，用户可以根据自己的需要对检测项目进行加固设置。

图5-3-15　选择检测项目进行加固

6 Chapter

第 6 章
微信公众平台

Windows 7+Office 2010

6.1 简介

微信公众平台是腾讯公司在微信的基础上新增的功能模块。通过这一平台，个人和企业都可以打造一个微信的公众号，并实现和特定群体的文字、图片、语音的全方位沟通、互动。

6.2 （个人）注册公众平台操作步骤

① 在浏览器地址栏输入 http://mp.weixin.qq.com，进入微信公众平台主页，如图 6-2-1 所示。

图6-2-1　微信公众平台主页

② 单击【订阅号】按钮后进入注册界面，如图 6-2-2 所示。

图6-2-2　用户注册界面

③ 填写基本信息，如图 6-2-3 所示。

图6-2-3　填写信息

④ 登录注册的邮箱，激活邮件，如图 6-2-4 所示。

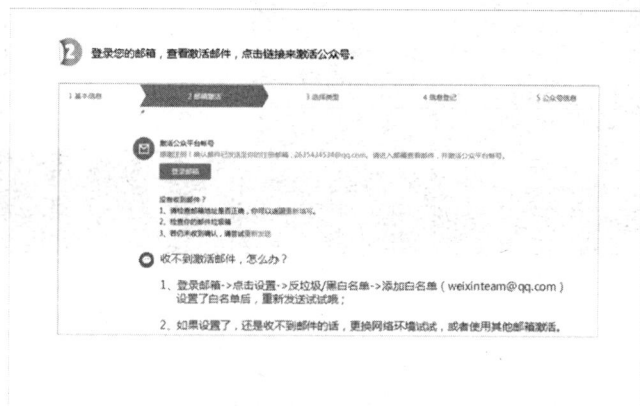

图6-2-4　激活邮件

⑤ 个人选择订阅号，如图 6-2-5 所示。

图6-2-5　选择账号类型

⑥ 信息登记，选择个人类型之后填写身份证信息，如图 6-2-6 所示。

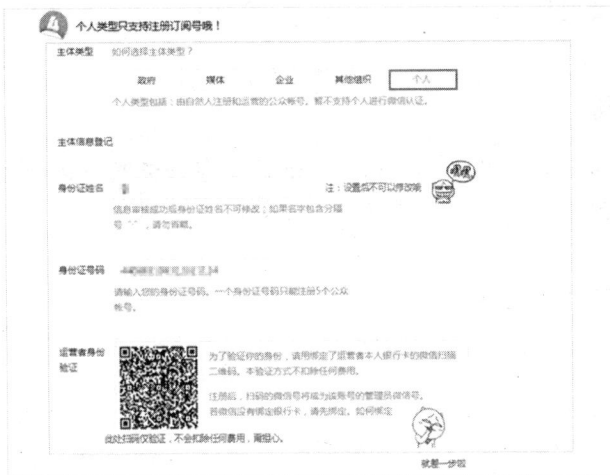

图6-2-6　填写个人信息

⑦ 填写账号信息，如图 6-2-7 所示。

图6-2-7　填写账号信息

⑧ 单击【完成】注册成功，可以开始使用该公众号，如图 6-2-8 所示。

图6-2-8　注册成功

6.3　基本功能使用

6.3.1　群发短信

登录微信公众平台（https://mp.weixin.qq.com）功能→群发功能→新建群发消息；根据需要填写文字、语音、图片、视频、录音等内容，如图 6-3-1 所示。

图6-3-1　群发功能

6.3.2　公众号设置

注册成功以后会直接进入到公众账号后台的设置页面，公众账号设置账号详情，主要功能有头像、二维码、名称、微信号、功能介绍、客服电话等功等，如图 6-3-2 所示。

图6-3-2　手机展示图

6.3.3　图文编辑

1. 什么是图文

图文消息是可以把需要发布给粉丝的相关资讯进行编辑、排版的功能，可展现活动内容、相关产品资讯等，使用后在微信里展现的效果，如图 6-3-3 所示。

图6-3-3　图文消息

2. 如何编辑图文消息

进入微信公众平台→管理→素材管理→新建图文消息，即可编辑单图文，如图 6-3-4 所示；如果您需要编辑多图文消息，直接单击左侧图文导航"＋"可增加多一条图文消息，最多可编辑 8 条图文内容，如图 6-3-5 所示。

图6-3-4　素材管理

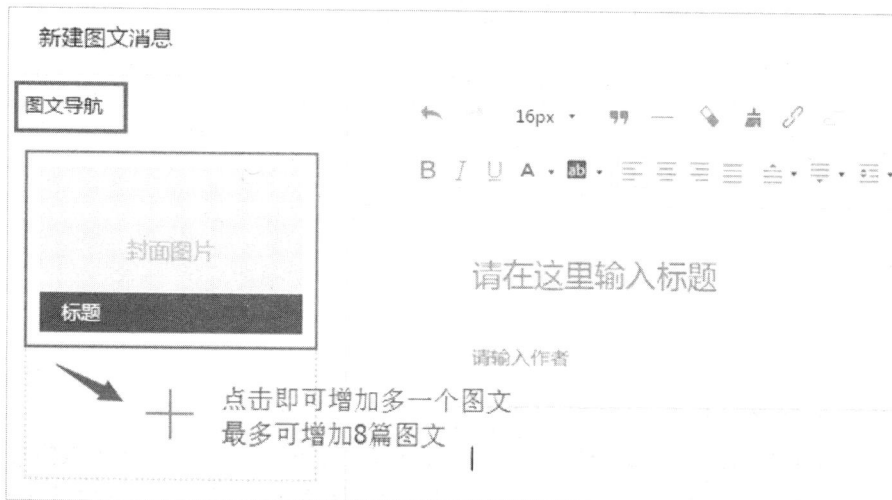

图6-3-5　编辑图文消息

3. 图文消息标题、摘要编辑规则，如图 6-3-6 所示

标题（必填项）：不能为空且长度不超过 64 字（不支持换行以及设置字体大小）。

在编辑单图文消息时，可以选填摘要内容，不能超过 120 个汉字或字符；填写摘要后在粉丝收到的图文消息封面会显示摘要内容；若未填写摘要，在粉丝收到的图文消息封面则自动默认抓取正文前 54 个。

图6-3-6　发布样式编辑

4. 图文消息原文链接编辑规则，如图 6-3-7 所示

（1）原文链接地址，是指可以填写一个外部文章的网页地址链接下发送给订阅用户（类似腾讯新闻消息格式），只支持填写网页地址，如填写文字、数字等非网页地址，会提示链接不合法。

（2）图文消息下发给粉丝前，可修改原文链接地址：在"素材管理"图文列表中单击"编辑"按钮，然后重新填写新地址即可。

（3）设置了原文链接地址，图文消息下发给粉丝后，粉丝通过手机登录微信接收到消息后，在正文中单击"阅读全文"即可跳转到您设置的网页链接，即可连接原文。

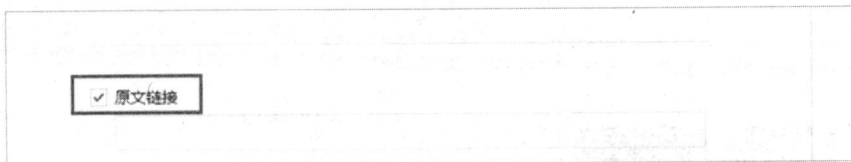

图6-3-7　原文链接

5. 编辑完成的图文消息，如何发送手机预览

目前微信公众平台图文消息在群发之前，可以选择"发送预览"→输入个人微信号，发送成功后则可以在手机上查看效果，发送预览只有输入的个人微信号才能接收到，其他粉丝无法查看，发送成功后可在手机端进行分享、转发，如图 6-3-8 所示。

图6-3-8　发送预览

6. 如何添加超链接

目前针对已开通微信支付的用户可以获得图文插入超链接的功能。

　　登录公众平台→素材管理→图文消息→正文→选中需要加链接的文字或者是图片（也可以不选择文本直接插入链接或者是历史图文消息）→单击超级链接图标→选择一篇图文消息或者输入需要跳转的链接即可，如图 6-3-9 所示。

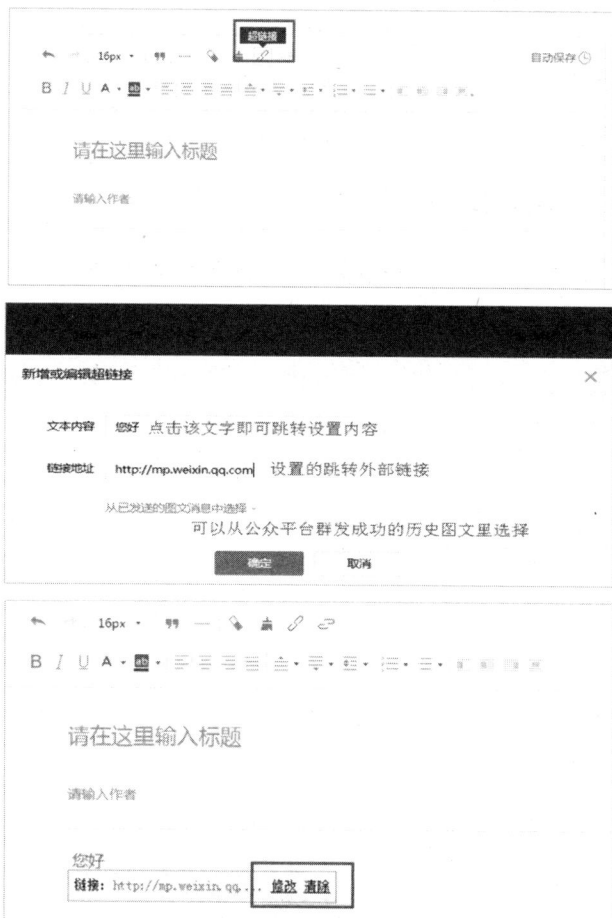

图6-3-9　超链接

6.4 投票

6.4.1 什么是投票

投票功能是提供给使用公众平台的用户有关于比赛、活动、选举等信息，进而收集粉丝意见，例如：XX 宝宝大赛，可以提供参赛者信息给粉丝参与投票，手机端显示如图 6-4-1 所示。

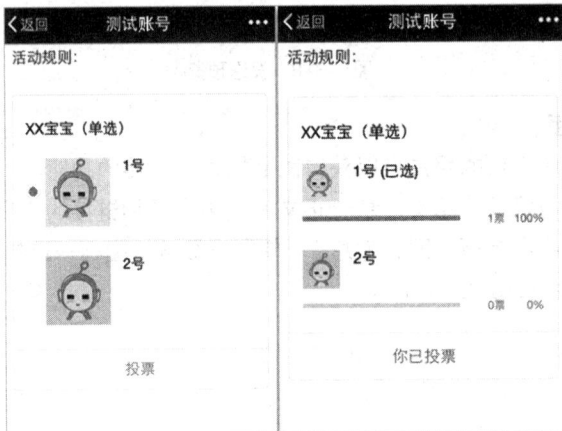

图6-4-1　投票

6.4.2 如何创建投票信息

可通过公众平台→功能→投票管理→新建投票，如图 6-4-2 所示。

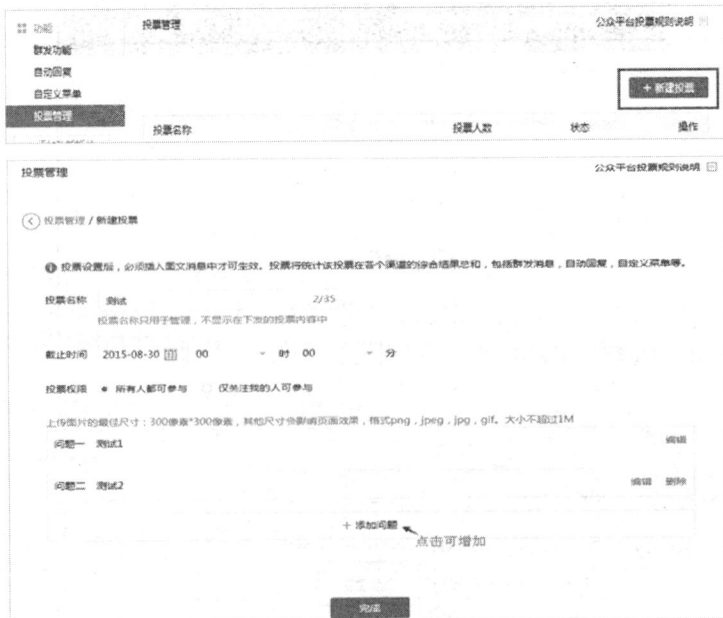

图6-4-2　投票管理

6.4.3 如何查询投票结果

可通过公众平台→功能→投票管理→查看对应投票标题→单击详情即可，如图 6-4-3 所示。

图6-4-3 查询投票

6.5 消息管理

6.5.1 查看用户消息或者搜索消息

进入公众平台→管理→消息管理，微信公众平台【消息管理】页面内展示的是粉丝发送过来的即时消息（全部消息、收藏消息），可以在此页面查看粉丝发送过来的即时消息，直接进行回复粉丝，如图 6-5-1 所示。

图6-5-1 消息管理

6.5.2　隐藏关键词消息功能如何使用

隐藏关键词消息功能的作用：勾选【隐藏关键词消息】后，粉丝发来的关键词消息则会隐藏掉，让公众账号运营者便于人工回复用户消息，如图 6-5-2 所示。

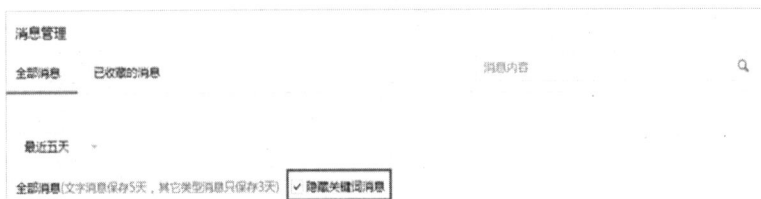

图6-5-2　隐藏关键词消息

6.5.3　如何判断是否回复粉丝

如果粉丝给您发送消息，您的微信公众号有回复消息就会显示红色字体已回复，设置的自动回复内容也会显示，如图 6-5-3 所示。

图6-5-3　查看回复状态

6.5.4　消息保存时间和条数规则

接收到的订阅用户（粉丝）发送的消息，系统会保留最近 5 天的消息，超过时间的消息会自动清空（图片和语音只保留 3 天）。

6.5.5　消息管理里使用限制

① 目前前微信公众号暂不支持接收名片、动画表情及动态图片。

② 不支持手动删除粉丝发过来的消息，系统会保留最近 5 天的消息，超过时间的消息会自动清空。

③ 微信公众平台中粉丝即时给自己发过来的消息没有导出功能，只有粉丝发送的语音和图片可以保存为素材或者下载到本地计算机，单纯文字无法进行以上操作。

④ 粉丝发送给公众账号消息的 48 小时内未回复粉丝的消息，48 小时后则无法再主动发送消息给该粉丝，但如果下次该粉丝主动发送消息，则可以进行回复。

6.6　微信公众平台编辑模式介绍

6.6.1　编辑模式开启

单击公众平台后台导航的【高级功能】就可以进入，该页面有两个模式选择，分别为【编辑模式】和【开发模式】，如图 6-6-1 所示。

图6-6-1　模式选择

默认两个模式都是关闭状态，两种模式不能同时开启，我们这次先单击编辑模式区域进入编辑模式设置页面，如图 6-6-2 所示。

图6-6-2　编辑模式

① 模式总开关。单击开启后，下面两个区域才会有设置和启用按钮出现。

② 自动回复开关。单击启用后可以使用用户关注自动回复、用户默认回复和用户关键字回复功能。

③ 自定义菜单开关。单击启用后可以使用自定义菜单，利用自定义菜单给用户更好体验。

6.6.2　自动回复介绍

自动回复是微信官方为没有开发能力的公众账号提供的强大工具。灵活使用自动回复功能不但可以引导用户进行自助信息获取，还可以提升用户使用体验，甚至可以完成一些复杂的交互功能。启用自动回复后单击【设置】按钮进入自动回复设置页面，如图6-6-3所示。

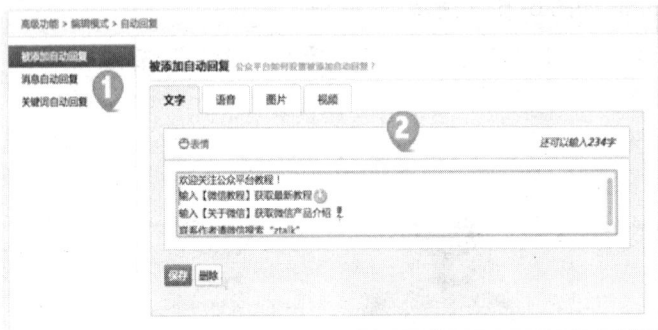

图6-6-3　自动回复

① 自动回复类型。被添加自动回复是指用户关注公众账号时，公众账号自动发送的欢迎词；消息自动回复是指用户发送消息时关键字自动回复不能匹配时的默认回复；关键词自动回复是指用户发送消息符合设定的规则时自动回复相应内容。

② 回复消息设置框。被添加自动回复和消息自动回复的消息设置框是一样的，只支持文字、语音、图片和视频回复，文字最多300个字符，英文汉字一样计算，语音、图片和视频从素材库选取。

6.6.3　关键词自动回复介绍

单击【关键词自动回复】，如图6-6-4所示。

图6-6-4　关键词设置

① 添加新规则按钮。单击后出现新规则编辑表单。

② 新规则名称。这个取名规则主要是为便于记忆该规则设定的。

③ 关键字列表。当用户输入那些字符时自动返回消息，这里要注意的是记得将全匹配打钩，否则只要用户输入的一串文字中带有这个关键字，就会发送消息。

④ 添加关键字按钮。单击后弹出关键字添加框。

⑤ 回复消息内容选择。有三种选择：文字、文件、图文。文字不能超过300字，文件是指语音、图片和视频等多媒体内容，图文是指图文消息。

⑥ 回复消息内容有多个时，可以选择发送全部。这样用户会同时收到多个回复，否则用户会随机收到其中一个回复。

6.7 公众平台编辑模式实例

实例为资讯应用，主要以首页、导航、列表、搜索四块组成，所有设置都是在公众平台后台的高级功能→编辑模式→自动回复页面下完成。

6.7.1 使用被关注自动回复制作首页

选择【被添加自动回复】，可以看到右侧设置框可以选择文字、语音、图片、视频四种方式，简单设置的一个欢迎首页，如图6-7-1所示。

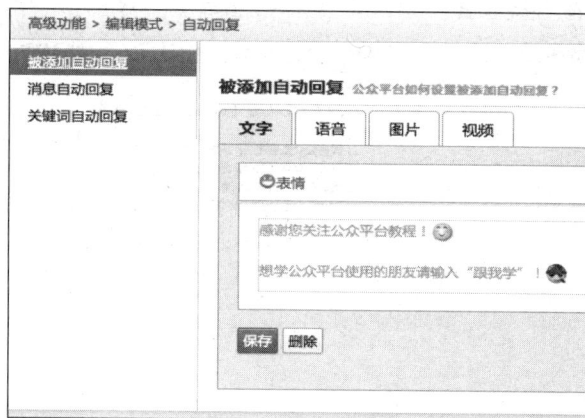

图6-7-1 被添加自动回复

当用户关注该公众账号时，首先是感谢关注，然后是告诉用户这个公众账号是可以以公众平台使用的，最后告诉用户输入"跟我学"就可以进行互动。

6.7.2 用关键词自动回复制作一个导航

导航并不是每个资讯应用都需要的，特别是自媒体的公众账号，由于文章量较少也不分类，可以直接进入列表。导航设置可以参考自己网站的栏目设置。

规则名是用于辨识该规则的，一般可以直接用功能名称来命名。然后在左栏添加关键字"跟我学"，并选择"已全匹配"，右栏输入回复内容，回复内容使用文字，当用户输入该关键字时就会回复右栏的内容，如图6-7-2所示。

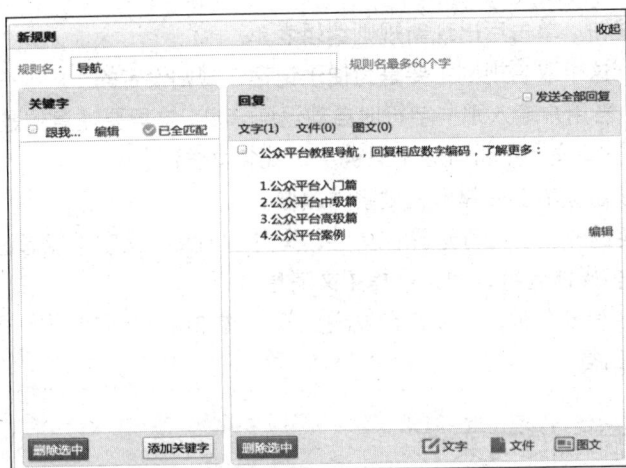

图6-7-2 添加规则

6.7.3 用关键词自动回复制作一个列表

设置完导航后就可以做列表了，列表的关键字要根据前面导航的回复内容来设置，比如数字编码等于 1 的时候，就回复"公众平台入门篇"的文章列表，如图 6-7-3 所示。

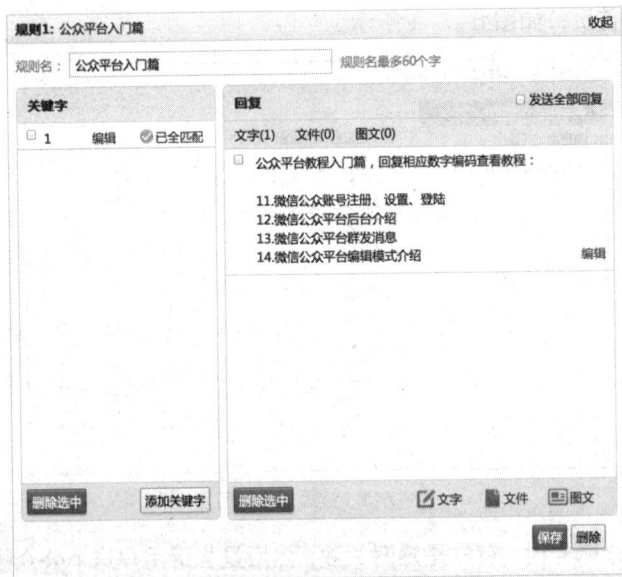

图6-7-3 制作列表

6.7.4 用关键词自动回复返回详细消息

用户可以通过微信公众账号查看文本、语音、图片、视频、图文消息等媒体信息，列表设置完成后用户就可以根据每篇文章的数字编码来查看详细信息。

1. 根据数字回复图文消息

先标注规则名，然后在左栏设置关键字"11"，然后单击右栏右下角的图文按钮，选择要发送的图文消息，保存即可。用户发送"11"时将会收到该图文消息，如图 6-7-4 所示。

图6-7-4 设置回复图文消息

2. 根据数字回复文字消息

先标注规则名，然后在左栏设置关键字"12"，然后单击右栏右下角的文字按钮，在弹出的文本消息框里输入文字，保存即可。用户发送"12"时将会收到该文本消息，如图 6-7-5 所示。

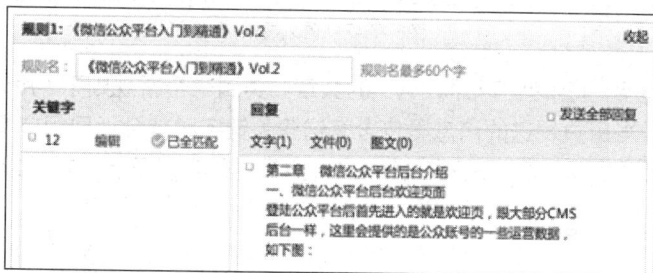

图6-7-5 设置回复文字消息

3. 根据数字回复语音、图片、视频消息

先标注规则名，然后在左栏设置关键字"13"，然后单击右栏右下角的文件按钮，在弹出素材管理页面选择相应素材，保存即可。用户输入"13"时将会随机收到其中一条内容，如图 6-7-6 所示。

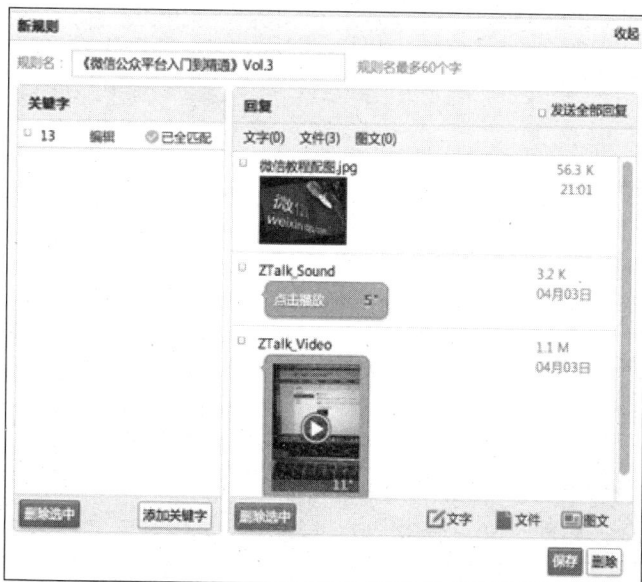

图6-7-6 设置回复语音、图片、视频消息

6.7.5　用关键词自动回复做语义搜索

可以在公众平台上实现一些简单的语义搜索，如图 6-7-7 所示。

图6-7-7　语义搜索

根据文章的关键字，将一些有相同 TAG 的文章归类到一个新规则下，用这些 TAG 来做关键字，不选择全匹配，当用户发送的消息里包含有这些关键字时就会返回相应文章。图 6-7-7 所示两篇文章都是有关"微信"和"教程"的，当用户发送的消息里含有微信或者教程时，就会收到这两篇文章。

第2篇
办公设备的使用和办公软件的应用

1 Project

项目一
办公自动化的使用

Windows 7+Office 2010

1.1　办公自动化系统概述

办公自动化系统是利用技术手段提高办公效率，进而实现办公自动化处理的系统。它采用Internet/Intranet 技术，基于工作流的概念，使企业内部人员方便快捷地共享信息，高效地协同工作；改变过去复杂、低效的手工办公方式，实现迅速、全方位的信息采集、信息处理，为企业的管理和决策提供科学的依据。

1.1.1　办公自动化系统的概念及特点

1. 办公自动化系统的概念

办公自动化（Office Automation，OA）是指利用计算机技术、通信技术、系统科学、管理科学等先进的科学技术，不断使人们的部分办公业务活动物化于人以外的各种现代化的办公设备中，最大限度地提高办公效率和改进办公质量，改善办公环境和条件，缩短办公周期，并利用科学的管理方法，借助于各种先进技术，辅助决策，提高管理和决策的科学化水平，以实现办公活动的科学化和自动化。

广义上讲，对于提高我们日常工作效率的软硬件系统，包括打印机、复印机以及办公软件都可以成为 OA 办公系统。

狭义上讲，OA 办公自动化系统是指处理公司内部的事务性工作，辅助管理，提高办公效率和管理手段的系统。

2. 办公自动化系统的特点

（1）两大模式

① 信息流模式

在 OA 办公自动化系统中需明确信息处理环节、信息量、信息利用率、信息流向、信息使用要求、信息重要程度、信息共享需求和信息安全需求等，并对此做出规范化的描述。

② 工作流模式

OA 办公自动化系统对办公活动、办公过程、工作规程的分解，使之达到可以由自动化系统模拟的最简单流程。过程模式的描述要求有：明确办公系统及子系统的目标、达到目标的效益标准、达到目标的具体任务与步骤、任务的参与者及相关方面、所需信息的范围、类型与质量要求、时间限制、可提供的技术手段等。

（2）三大自动化

① 决策支持层的办公自动化

决策支持层的办公自动化具有办公事务处理功能和管理功能，还具有决策支持功能。

② 管理层办公自动化

管理层办公自动化具有办公事务处理的功能，还具有办公业务处理和管理的功能。

③ 事务层办公自动化

事务层办公自动化支持办公部门的分散的事务处理的办公自动化。

1.1.2 办公自动化的功能

1. 文字处理

办公业务中最大量的工作是文字处理，包括对中外文字进行编辑、排版、存储、打印和文字识别等功能。

2. 数据处理

数据处理包括数值型和非数值型办公信息的处理。

3. 资料处理

资料处理包括对各种文档资料进行分类、登记、索引、转存、查询和检索等。

4. 行政事务处理

行政事务处理包括机关本身的行政业务，如人事、工资、财务、营房、基建和办公用品等的管理。

5. 图形、图像处理

图形、图像处理包括对图形和图像的输入、编辑、存储、检索、识别和输出等。

6. 语音处理

语音处理包括语音的输入、存储和输出，语音识别和合成以及语音和文字之间的转换等功能。

7. 网络通信

网络通信技术是实现办公自动化的关键技术之一。它可以增强系统内部各部门之间的联系，实现信息交流，使办公人员更有效地共享办公自动化系统的资源，同时便于和外界的信息交流。

8. 其他

如信息管理、辅助决策、专家系统等功能。一个办公自动化系统的建立，其功能和规模视其目标而定，并根据不同的技术要求配置相应的各种功能设备和软件。办公自动化是一项军民通用的综合性技术，在军事领域中应用，其可靠性、保密性、安全性和实时性等方面比民用要求更高、通信手段更多、信息综合处理能力更强，广泛应用于军事机关办公、军事训练、作战指挥、后勤保障等各个方面。

1.2 办公自动化设备的使用

随着计算机和通信技术的飞速发展，现代化办公设备档次不断提高，作为工程技术人员或者办公人员，都会使用到大量的办公设备，比如打印机、复印机、扫描仪、数码相机、传真机等；因此，掌握基本的办公设备使用常识是很必要的。

1.2.1 打印机的使用

在计算机办公过程中，常常需要配合计算机使用其他一些设备，如使用打印机输出制作好的文档与图片。打印机是计算机办公操作中重要的输出设备之一，当用户要输出计算机中的文字或图片时，就需要使用打印机。根据打印机的工作原理划分，可以分为针式打印机、喷墨打印机和激光打印机 3 种。不同类型的打印机，其原理和打印技术不同，物理结构也有很大区别，其应用的领域也不相同。其中，激光打印机是最理想的办公打印机。本小节主要以 HP LaserJet 1020 Plus 黑白激光打印机为例介绍在 Windows 7 操作系统中安装与使用打印机的方法，如图 1-2-1

所示。

1. 本地打印机安装方法

① 首先把随机配送光盘放进光驱，如果要安装打印机的计算机没有光驱，也可以直接把文件复制到 U 盘，再放到该计算机上即可。

② 如果由光盘启动，系统会自动运行安装引导界面，如图 1-2-2 所示；如果复制文件则需要找到 launcher.exe 文件，双击运行。

③ 系统会提示是安装一台打印机还是修复本机程序，如果是新的打印机则选添加选项，如果修复程序则点"修复"，如图 1-2-3 所示。

图1-2-1　HP LaserJet 1020

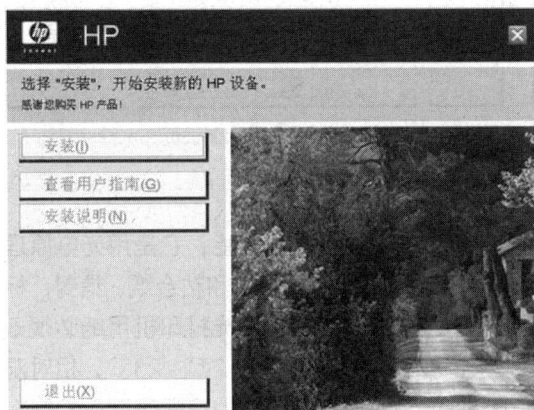

图1-2-2　安装引导界面

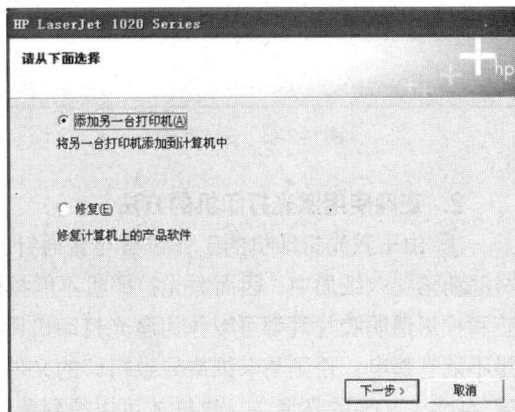

图1-2-3　安装选择

④ 接着系统会提示把打印机插上电源，并连接到计算机，如图 1-2-4 所示。

⑤ 此时把打印机和计算机连上，并打开开关即可，然后系统即在本机装驱动，如图 1-2-5 所示。

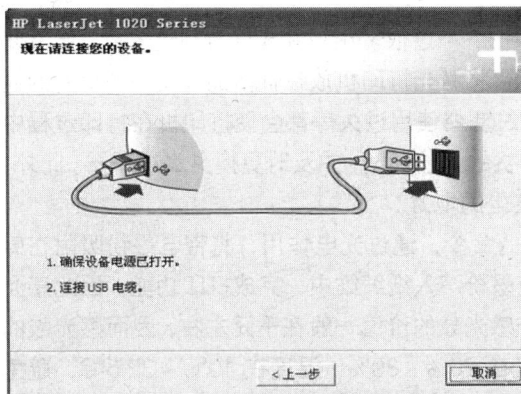

图1-2-4　连接计算机

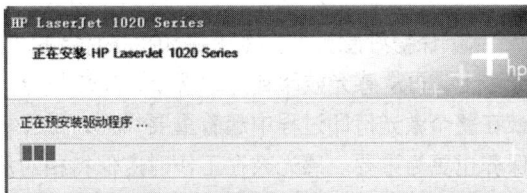

图1-2-5　安装驱动

⑥ 装完后提示安装完成，如图 1-2-6 所示。

⑦ 进到控制面板的打印机和传真界面，在刚装的打印机图标上单击鼠标右键选择【属性】，单击【打印测试页】，测试页被打印出来则表示打印机安装成功了，如图1-2-7所示。

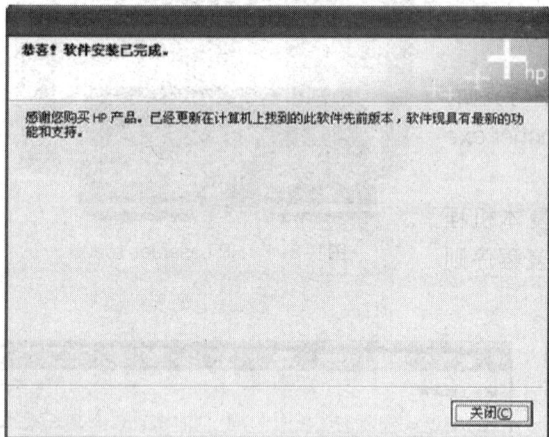

图1-2-6 安装完成

图1-2-7 打印测试页

2. 正确使用激光打印机的方法

① 由于激光打印机的工作过程与普通针式打印机不同，不具备打击功能，它是用光电原理将墨粉溶化入纸质中，因而激光打印机不能打印蜡纸，不过质量好的复印纸和粘合纸、信封、标签和投影透明胶片等都可以作为激光打印机用纸。还有一点要提醒的是，激光打印机用纸必须干燥不能有静电，否则易卡纸或导致打印的文件发黑。打印纸应保存在温度17℃~23℃，相对湿度40%~50%的环境中，这样才可以得到最佳的打印效果。而放置打印机的房间温度应控制在22℃左右，相对温度20%~80%；并避免阳光直射和化学物品的侵蚀，激光打印机电源电压不可超过打印机铭牌上所标数值的10%。

② 正确安放激光打印机：像安装热水器一样，激光打印机也尽量不要安放在不通风的房间中，同时注意不要让打印机的排气口直接吹向用户，如果条件许可，最好让打印机直接把气排到室外。这是因为激光打印机在打印过程中会产生臭氧，每打印5万张就必须更换臭氧过滤器，通过激光打印机自检样张可以看出该机已打印过多少张，不过很多用户并未注意到这一点，虽然此时臭氧过滤器看上去很干净，但已不能过滤臭氧了。将激光打印机放在拥挤的环境中、房间的通风不佳、打印机排气口正对操作人员的脸部、臭氧过滤器使用过久等都会使打印机在打印过程中所产生的臭氧对人体产生危害，此时必须改进打印机的工作环境，并及时更换臭氧过滤器。此外，也不要将打印机放在阳光直射、过热、潮湿或有灰尘的地方。

③ 保护好感光鼓，激光打印机按计算机发出的命令，通过光电作用，将带电墨粉吸附在感光鼓上，再从感光鼓印到打印纸上，加热墨粉，使墨粉溶入纸纤维中，完成打印功能。因此感光鼓在整个激光打印过程中起着重要作用，而且一个感光鼓的价值一般在千元左右，因而感光鼓的保养也更为重要。感光鼓在工作时应保持相对湿度在20%~80%，温度在10℃~32.5℃，避免阳光直射，尽量做到恒温恒湿。感光鼓在未拆封时使用有效期为两年半，拆封后的有效期为6个月，鼓盒上印有有效期，一定要在有效期内使用。感光鼓从铝袋包装拿出后不能放在阳光下直接照射，也不能在室内灯光下放置超过十分钟，否则将影响打印效果。在打印过程中有时打印机液

晶显示屏上会显示信息，表明此时感光鼓中的墨粉将用完，必须马上加粉或更换感光鼓，否则打印出来的稿件将变淡，还会出现白条。

④ 其他注意事项：在一般情况下，最好不要触摸定影器（该部件上一般都有中、英文"高温，请勿触摸"的字样），特别是刚使用完的打印机，该部件的温度往往很高；除非手册中有明确的指示，否则不要触摸打印机内的部件；不要把打印机的部件用力放入某一位置。虽然打印机设计得非常牢固，但是粗暴的操作也会造成直接损坏；注意不要划伤或触摸感光鼓的表面。当从打印机中取出碳粉盒时，应把它放在一个干净、平滑的表面上，而且要避免用手触摸感光鼓，因为人手指上的油脂往往会永久地破坏它的表面并会直接影响打印质量。不要把碳粉盒上下翻转，也不要把它立于一端；要尽量避免感光鼓暴露在光线下，也不要在（室内）光线下长时间地暴露碳粉盒，不要打开感光鼓的保护盖，因为感光鼓的过度暴露会造成打印页上出现不正常的暗或亮区域，还会降低使用寿命。不要用手触摸激光束前的玻璃，否则会直接降低打印质量。

1.2.2　扫描仪的使用

扫描仪（英文为"Scanner"）是诞生于 80 年代中期的一种新兴的计算机外部输入设备，我国港、澳、台地区和国外的华人称之为"扫描器"或"扫描机"。它的出现使计算机的使用效率大大提高，尤其是近年来，随着用户计算机知识水平的不断提高，计算机产品更新周期不断缩短，高速度、高精度、大存储量的计算机产品纷纷上市，为扫描仪的迅速普及奠定了坚实的基础。另一方面，因为扫描仪可将大量文字、数字和丰富多彩的图像信息一次输入并高速处理，从而倍受以图像处理为重要组成部分的多媒体市场的青睐，因此扫描仪也被人们形象地称为计算机"明亮的眼睛"。佳能 LIDE120 平板高清照片扫描仪如图 1-2-8 所示。

1．扫描仪的构成

扫描仪由主机、电源线、电源适配器、USB 线、驱动软件光盘（分为 Windows 系统和苹果系统）、透明胶片适配器（也称透扫器，由两个部分组成，一是遮光板，二是负片夹）。

图1-2-8　扫描仪

2．扫描仪主机的结构

扫描仪的前面面板上有电源按键、扫描文档键、扫描照片键、存档键、发送电子邮件键、复印键、复印份数增减键、复印模式选择键、取消键、液晶显示屏。

打开扫描仪的工作盖板，里面有一个扫描文件的玻璃板。扫描仪的背面有电源接口和与计算机连接的 USB 接口。

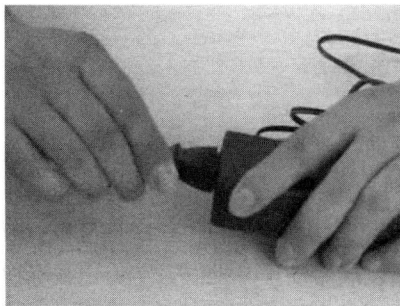

图1-2-9　连接电源

3．扫描仪驱动的安装

① 将扫描仪通过 USB 连接线与计算机连接。

② 把扫描仪电源的适配器插头插到电源接口上。把电源适配器和电源连接好，如图 1-2-9 所示。电源的另一端插到电源插座上，打开扫描仪的开关，电源硬件就安装完毕了。

③ 使用自带的驱动光盘安装扫描仪驱动或使用驱动精灵在线安装对应型号的驱动程序件。安装时按照驱动程序的提示，依着次序操作就可以了。成功安装好扫描仪后

任务栏右下角应该弹出"硬件安装已完成，并且可以使用了"的提示，桌面上会有扫描仪软件提示图标。

一般扫描仪有两种扫描方式：一是通过计算机内扫描仪控制软件指挥扫描，二是用扫描仪面板上的按键指挥扫描。

1. 通过软件扫描文档

① 把要扫描的文件正面朝下放到玻璃板上，把文件对准玻璃板右下角的标志，盖上盖板。

② 打开计算机扫描仪的控制软件，如果扫描的是文字内容，请选择"黑白照片或文字"选项，单击【预览】（等待扫描预览）则出现"扫描"选项窗口，如图1-2-10所示。

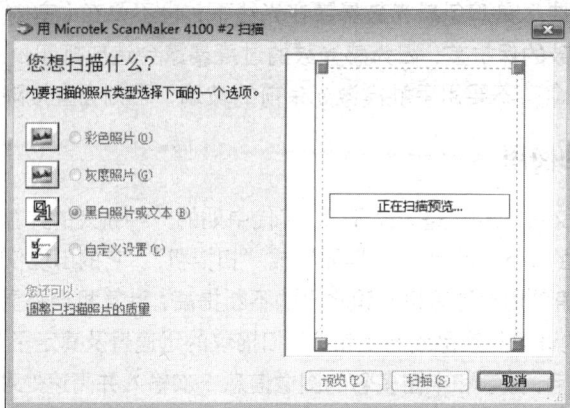

图1-2-10 选择类型

③ 单击窗口右下角的【扫描】，这时会出现新的扫描界面，预览到扫描的内容。预览后，单击【接受】，扫描仪开始扫描，并把数据传到计算机中，扫描完毕。

④ 如果不再扫描新的图像，单击【否】会出现"另存为"对话框，进行保存设置（如果是可编辑的文件，应保存为".txt"文件）。

2. 通过软件控制扫描照片

① 把照片正面朝下放置在玻璃板上，盖上盖板。

② 打开计算机扫描仪的控制软件。

③ 单击"扫描图像"选项，会出现"扫描"界面，在界面里可以预览到要扫描的图像。

④ 设置"扫描设置"选项，可以用鼠标调整扫描区域，通过左边区域，把扫描区域放大或缩小、逆时针或顺时针旋转。

⑤ 设置完毕后，单击【接受】，开始扫描。

1.2.3 数码产品的使用

数码产品一般指的是 MP3、MP4、MP5、U 盘、智能手机、数码照相机、摄像机、扫描仪等可以通过数字和编码进行操作的并且可以与计算机连接的机器。

我们通常说的"数码"指的是含有"数码技术"的数码产品，如数码相机、数码摄像机、数码学习机、数码随身听等。随着科技的发展，计算机的出现、发展带动了一批以数字为记载标识的产品，取代了传统的胶片、录影带、录音带等，我们把这种产品统称为数码产品。例如电视、通信器材、移动或者便携的电子工具等，在相当程度上都采用了数字化。

1.3 中英文键盘输入法

要使用计算机，只靠鼠标是不行的，键盘输入也很重要，目前的键盘输入法种类繁多，而且新的输入法不断涌现，每种输入法都有自己的特点和优势。随着各种输入法版本的更新，其功能越来越强。

1.3.1 认识键盘

1. 键盘布局

如果把计算机显示器比作手机的屏幕，那么键盘可以比作手机的按键，它是计算机重要的输入设备之一。常见的键盘有101、104键等若干种，为了便于记忆，按照功能的不同，我们把这101个键划分成主键盘区、功能键区、控制键区、数字键区、状态指示区。计算机键盘功能的各个键区，如图1-3-1所示。

图1-3-1 键盘布局

2. 主键盘区

主键盘键区位于键盘中央偏左的大片区域，是使用键盘的主要区域，各种字母、数字、符号以及汉字等信息都是通过操作该区的键输入到计算机的。当然，数字及运算符也可以通过小键盘输入，如图1-3-2所示。

图1-3-2 主键盘区

① 字母键：A~Z共26个英文字母，在字母键的键面上标有大写字母A~Z。

② 数字（符号）键：共有21个键，包括数字、运算符号、标点符号和其他符号。每个键面上都有上面两种符号，也称双字符键，可以显示符号和数字，上面的一行称为上档符号，下面的一行称为下档符号，如图1-3-3所示。

③ 回车键：键上标有"Enter"。按下此键，标志着命令或语句输入结束。

图1-3-3　数字（符号）键

④ 退格键：标有"←"或"BackSpace"，使光标向左退回一个字符的位置。

⑤ 空格键：位于键盘下方的一个长键，用于输入空格。

⑥ 上档键：键上标有 Shift。主要用于辅助输入上档字符。

⑦ 控制键：此键与其他键组合在一起操作，起到某种控制作用。又称组合控制键。

3. 功能键区

功能键区位于键盘的最上一行，包括 Esc 和 F1～F12，这些按键用于完成一些特定的功能，如图 1-3-4 所示。

图1-3-4　功能键区

① Esc 键：退出键 Esc 位于键盘左上角第一个位置，主要作用是取消指令。有时用户输入指令后又觉得不需要执行，击打一下该键，就可以取消该操作。

② 操作功能键为 F1～F12。操作功能键区的每一个键位具体表示什么操作都是由应用程序而定，不同的程序可以对它们有不同的操作功能定义。

③ 暂停键 Pause：用于暂停命令的执行，按任意键继续执行命令。

④ 屏幕打印控制键 Print Screen 键：在 Windows 下，按 Print Screen 键将整个屏幕内容复制到剪贴板，按 Alt+Print Screen 键将活动窗口内容复制到剪贴板。

4. 控制键区

控制键区共有 10 个键，位于主键盘区的右侧，包括所有对光标进行操作的按键以及一些页面操作功能键，这些按键用于在进行文字处理时控制光标的位置，如图 1-3-5 所示。

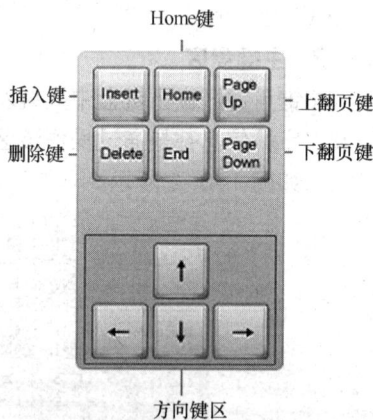

图1-3-5　控制键区

① Home 键：光标回到本行最左边开头的位置。

② End 键：光标移到本行最右边文字结束的位置。

③ Page Up 键：使屏幕回到前一个界面，称为向前翻页键。

④ Page Down 键：使屏幕翻回到后一个界面，称为向后翻页键。

⑤ Insert 键：设置改写或插入状态。在插入状态时，一个字符被插入后，光标右侧的所有字符将右移一个字符的位置；改写状态时，用当前的字符代替光标处原有字符。

⑥ Delete 键：删除光标位置的一个字符。一个字符被删除后，光标右侧的所有字符将左移 1 个字符的位置。

⑦ 方向键：移动这四个键，可以使光标在屏幕内上左右移动。

5. 数字键区

该键区的键多数分为上、下档，如图 1-3-6 所示。上档键是数字，下档键具有编辑和光标控制功能。小键盘区的上下档转换是通过数字锁定键 Num Lock 进行。当右上角的指示灯 Num Lock 亮时，表示小键盘的输入锁定在数字状态，输入为数字 0~9 和小数点 "." 等；当需要小键盘输入为全屏幕操作键时，可以击打一下 Num Lock 键，即可以看见 Num Lock 指示灯灭，此时表示小键盘已处于全屏幕操作状态，输入为全屏幕操作键。运算符号 "+、-、*、/" 不受上、下档转换的影响。

图1-3-6 数字键区

1.3.2 使用输入法

1. 键盘输入法分类

键盘输入法是最容易实现和最常用的一种汉字输入方法。通过键盘输入汉字，实际输入的是与该汉字对应的汉字编码。按照输入汉字编码的类型，键盘输入分为音码输入、形码输入、音形码输入、形音码输入、混合输入法。

（1）音码输入

音码输入是用汉语拼音作为汉字的输入编码，以输入拼音字母实现汉字的输入。用拼音方法输入汉字重码率高，需要在屏幕显示的同音字中进行选字，读不出音的生字也无法输入。常用的音码输入有全拼、简拼、双拼等。

（2）形码输入

形码输入是按照汉字的字形进行汉字编码及输入的方法。利用汉字书写的基本顺序将汉字拆分成若干块，对每一块用一个字母进行取码，整个汉字所得的码序列就是这个汉字的形码。形码输入汉字时，重码率低，速度快，只要能知道汉字的字形就能拆分汉字而完成汉字的输入。常用的形码输入方法有五笔字型码、郑码等。

（3）音形码输入

音形码是利用音码和形码各自的优点，兼顾了汉字的音和形。一般以音为主，以形为辅，音形结合，取长补短，即使是字形也采用偏旁、部首读音的声母字符输入，不需要记忆键位。常用的音形码输入方法有自然码等。

（4）对应码

对应码输入法以各种编码表作为输入依据，因为每个汉字只有一个编码，所以重码率几乎为零，效率高，可以高速盲打，缺点是需要的记忆量极大，而且没有太多的规律可言。常见的对应码有区位码、电报码、内码等。

（5）混合输入法

为提高输入效率，某些汉字系统结合了一些智能化的功能，同时采用音、形、义多途径输入的方法，即为混合输入法，常见的有万能五笔输入法。

2. 常用的键盘输入法

（1）全拼输入法

全拼输入法适用于学过汉语拼音的人，一般不需要经过专门的训练就可掌握，它的缺点是要求必须会汉字的读音，并且要准确，当一组同音字较多时，需要选字，这正是这种方法输入速度不快的主要原因。

（2）智能 ABC 输入法

智能 ABC 输入法也是一种常用的输入法，有全拼、双拼和笔形三种输入模式，以拼音为基础输入单字或词组，特别是在词组输入方面具有较高的效率，适用于一些经常输入某一方面专业词汇的人。

（3）五笔字型输入法

五笔字型输入法利用汉字的字型特征进行编码，属形码输入，重码率低，简码多，汉字输入效率很高。由于它的拆分规则比较特殊，需要专门的训练才能掌握，适用于需要快速输入汉字的人员。

（4）搜狗拼音输入法

搜狗拼音输入法是由搜狐（NASDAQ：SOHU）公司推出的一款汉字拼音输入法，已推出多个版本。搜狗拼音输入法是基于搜索引擎技术的、特别适合网民使用的新一代的输入法产品，用户可以通过互联网备份自己的个性化词库和配置信息，为中国国内现今主流汉字拼音输入法之一。

1.3.3 提高打字速度

现在计算机办公化已经普及，打字速度在工作中越来越重要，提高打字速度刻不容缓，下面是一些提高打字速度的方法。

1．正确的打字规范

正确的打字方式非常重要，在前期练习打字的时候，一定要按照正规的打字指法来严格要求自己。前期打得慢没关系，关键是熟悉计算机上键盘位置，练习正确的打字规范。

2．利用打字软件

生活中打字软件非常得多，可以借助于打字软件来提高自己的打字速度，打字软件上面的文章都是精挑细选出来的，基本包涵了键盘上所有的按键以及一些常用的键盘按钮。

3．在日常生活中常练习

在平时聊天的时候，或者办公的时候，总之需要利用键盘打字的工作，都可以把其看成是自己练习快速打字的一种方式，要利用生活中的空闲时间多多地练习。

4．逐步提高

前期练习的时候，不要太过于要求速度，先把精确度给提高上去，等到自己练习了一段时间，对计算机键盘的各个部位有所了解的时候，再适当地提高自己的打字速度。

5．输入法的选择

目前输入法有很多，一般来讲，非专业打字人员可以选择简单的音码，专业打字人员应选择形码，对打字速度有一定要求的非专业打字人员可以采用音码或音形码。

项目小结

通过本项目的学习，了解办公自动化系统及设备使用，熟悉各种汉字输入法，不同类型的输入法都有独自的特点，适合自己的才是最好的。

2 Project

项目二
文字处理软件 Word 2010

Windows 7+Office 2010

Word 是当前最为流行、功能强大的文字处理软件。利用它不仅能够方便地进行文字编辑和排版，还可以方便地在文档中插入图片和剪贴画，以及制作各种商业表格等，具有所见即所得的特点。

2.1 任务 1　制作煤矿安全生产月宣传活动公文

2.1.1　任务情景

为了提高煤矿职工安全文化素质，"中平能化集团九矿"开展了煤矿生产安全月的活动，并做了详细书面部署，以通知的形式下发基层单位。

通知是运用广泛的知照性公文，用来发布法规、规章，转发上级机关、同级机关和不相隶属机关的公文，批转下级机关的公文，要求下级机关办理某项事务等。

2.1.2　任务分析

通知是一个比较正式的公文，其版面设计不会很个性，各部分的设计都是有严格的标准和规定的。本任务主要是通过制作一个指示性类型的通知来讲解如何制作一个符合规范的通知，本任务最终效果如图 2-1-1 所示。

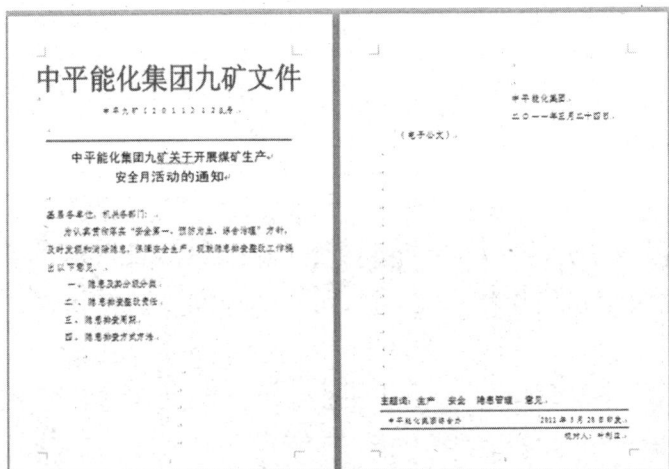

图2-1-1　"煤矿安全生产月宣传活动"通知公文

2.1.3　知识提炼

1. Microsoft Word 2010 概述

Microsoft Word 2010 提供了出色的功能，其增强后的功能可创建专业水准的文档，可以更加轻松地与他人协同工作，并可在任何地点访问文件。Word 2010 旨在提供最上乘的文档格式设置工具，利用它还可更轻松、高效地组织和编写文档，并使这些文档唾手可得，无论何时何地灵感迸发，都可捕获这些灵感。如图 2-2-2 所示。

图2-1-2　Microsoft Word 2010

2. 启动和退出 Word 2010

（1）启动 Word 2010

① 通过程序菜单启动 Word 文档，如图 2-1-3 所示。

② 通过创建 Word 文档来启动，如图 2-1-4 所示。

图2-1-3　通过程序菜单启动Word文档　　　　图2-1-4　通过创建Word文档启动

（2）退出 Word 2010

退出 Word 2010 程序有以下几种方法。

① 单击标题栏最右端的 ⊠ 按钮。

② 单击标题栏最左端的 文件 按钮，打开控制菜单，单击 ⊠ 退出 按钮。

③ 双击标题栏最左端的【Word】按钮。

④ 在标题栏的任意处右击，在弹出的快捷菜单中选择【关闭】命令，如图 2-1-5 所示。

⑤ 按【Alt+F4】组合键。

如果在退出之前没有保存修改过的文档，此时 Word 2010 系统会弹出信息提示对话框，如图 2-1-6 所示。单击【是】按钮，Word 2010 会保存文档，然后退出；单击【否】按钮，Word 2010 不保存文档，直接退出；单击【取消】按钮，Word 2010 会取消这次操作，返回至 Word 2010 编辑窗口。

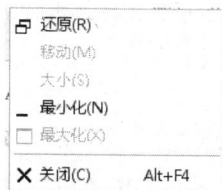

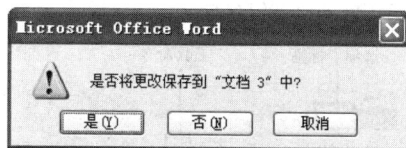

图2-1-5　【关闭】命令　　　　图2-1-6　退出时提示保存文件

3. Word 2010 操作界面

Word 2010 启动后，进入操作界面窗口（如图 2-1-7 所示）。窗口中间的文档可用于查看、编辑、修改。文档窗口中闪烁着的竖直条，就是我们要输入的位置，称为光标或插入点。另外，窗口中还有大量的按钮、菜单、工具栏等，它们都是用于处理文档的。

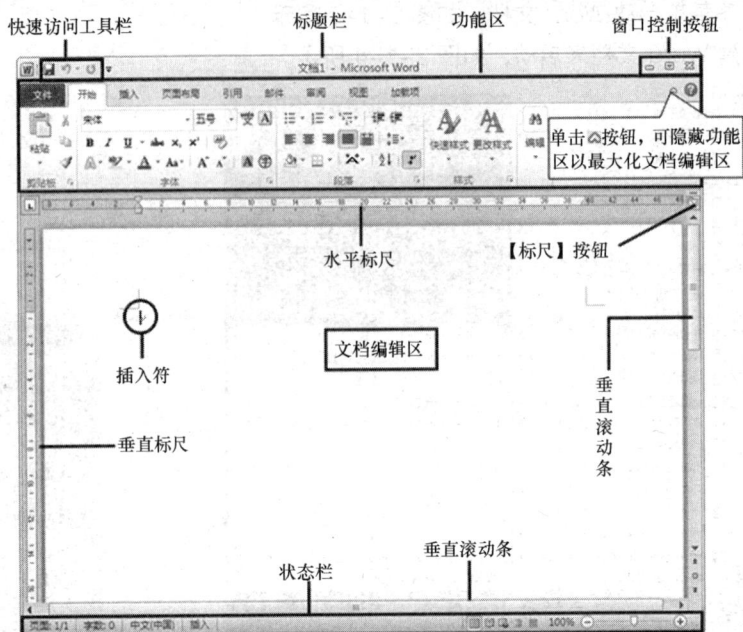

图2-1-7　Word 2010操作界面

（1）标题栏

标题栏位于 Word 2010 操作界面的最顶端，其中显示了当前编辑的文档名称及程序名称。标题栏的最右侧有三个窗口控制按钮，分别用于对 Word 2010 的窗口执行【最小化】、【最大化/还原】和【关闭】操作。

（2）快速访问工具栏

快速访问工具栏用于放置一些使用频率较高的工具。在默认情况下，该工具栏包含了【保存】、【撤销】和【重复】按钮。若用户要自定义快速访问工具栏中包含的工具按钮，可单击该工具栏右侧的按钮，在展开的列表中选择要向其中添加或删除的工具按钮。另外，通过该下拉列表，我们可以设置快速访问工具栏的显示位置。

（3）功能区

功能区位于标题栏的下方，它用选项卡的方式分类存储着编排文档时所需要的工具。单击功能区中的选项卡标签，可切换功能区中显示的工具，在每一个选项卡中，工具又被分类放置在不同的组中，如图 2-1-8 所示。

图2-1-8　文档功能区图

（4）文档编辑区

Word 2010 操作界面中的空白区域为文档编辑区，它是编排文档的场所。文档编辑区中显示的黑色竖线为插入符，用于显示当前文档正在编辑的位置。

（5）状态栏

状态栏位于窗口的最底部，用于显示当前文档的一些相关信息，如当前的页码及总页数、文档包含的字数，如图 2-1-9 所示等。此外，在状态栏的右侧还包含了一组用于切换 Word 视图模式和缩放视图的按钮和滑块。

图2-1-9 状态栏

2.1.4 任务实施

1. 新建【煤矿生产安全月活动的通知】文档

STEP 1 单击快速访问工具栏中 命令按钮，新建一个"煤矿生产安全月活动的通知"文档。

STEP 2 选择【文件】选项卡中 保存 菜单命令选项，在弹出的【另存为】对话框中输入文档名称，如图 2-1-10 所示。

图2-1-10 保存新建文档

2. 公文眉首的制作

眉首即为红头公文的头部，主要包括公文份数序号、紧急程度、发文机关标识、发文字号等部分。

STEP 1 制作公文文件发文单位名称。将光标放置在文档第一行，录入"中平能化集团九矿文件"，选中录入文字，在【开始】功能选项卡【字体】组中的【字体】下拉列表框中选择"华文中宋"，【字号】下拉列表框中选择"40"。选择字体颜色为红色，如图 2-1-11 所示。

STEP 2 在第二行输入公文份数序号文本，然后选择输入的文本"中平九矿[2012]120 号"，在【开始】功能选项卡【字体】组中的【字体】下拉列表框中选择"仿宋_GB2312"，【字号】下拉列表框中选择"14"，如图 2-1-12 所示。

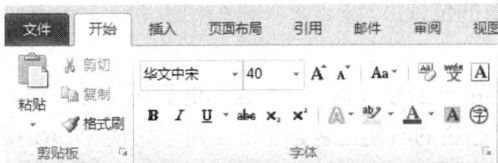

图2-1-11 发文单位名称字体字号设置

图2-1-12 公文份数序号文本字体字号设置

STEP 3 保持文本的选择状态，在【开始】功能选项卡的【段落】组中单击【居中】按钮，将标题文本居中显示，如图 2-1-13 所示。

STEP 4 在【插入】功能选项卡的【插图】组中单击【形状】按钮，在弹出的菜单的【线条】区域中选择【直线】命令，按住【Shift】键的同时按住鼠标左键，并拖动鼠标绘制一条直线。双击绘制好的直线，在打开的绘图工具【格式】功能卡（如图 2-1-14 所示）中打开【设置形状格式】对话框。设置线条的颜色为"红色"，宽度为"3 磅"，如图 2-1-15 所示。

图2-1-13 "段落"功能区组

图2-1-14 【格式】功能卡

STEP 5 公文眉首的制作最终效果如图 2-1-16 所示。

图2-1-15 【设置形状格式】对话框

中平能化集团九矿文件

中平九矿〔2012〕120号

图2-1-16 公文眉首最终效果

3. 主体的制作

通知主体主要包括标题、主送机关、正文、附件、落款等部分。其制作主要是对其中的文本进行段落格式的设置，包括缩进、段落间距等，其具体的制作方法如下。

STEP 1 将光标插入点定位到公文标题位置处，输入标题文本，将其字体设置为"黑体"，字号设置为"二号"，选择标题文本，在【开始】功能选项卡的【段落】组中单击【居中】按钮，将其设置为居中对齐，效果如图 2-1-17 所示。

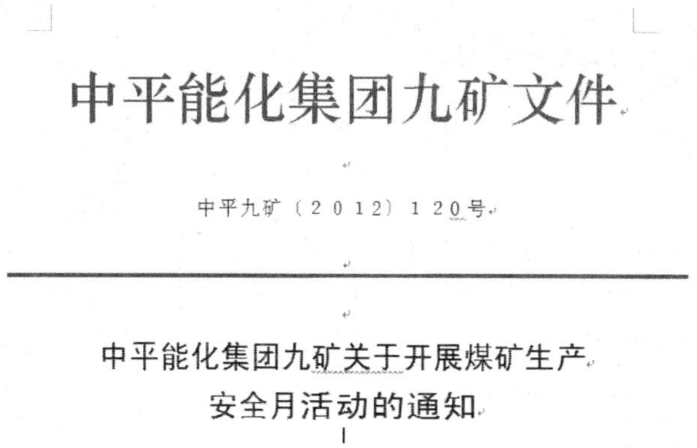

中平能化集团九矿文件

中平九矿〔2012〕120号

中平能化集团九矿关于开展煤矿生产
安全月活动的通知

图2-1-17 公文标题设置

STEP 2 选择正文部分，将其字体设置为"仿宋_GB2312"，字号设置为"三号"，在【开始】功能选项卡的【段落】组中单击【对话框启动器】按钮，打开【段落】对话框，在【缩进和间距】选项卡中的【间距】选项组中将【段前】设置为"自动"，将【行距】设置为"固定值"，将【设置值】设置为"18磅"，效果如图 2-1-18 所示。

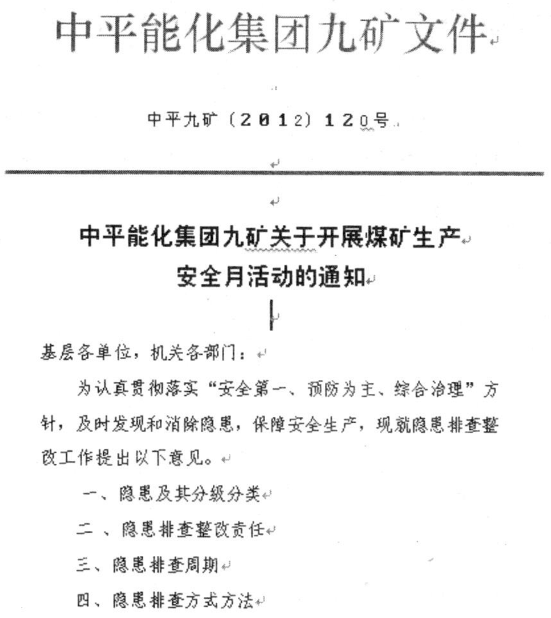

中平能化集团九矿文件

中平九矿〔2012〕120号

中平能化集团九矿关于开展煤矿生产
安全月活动的通知

基层各单位，机关各部门：

为认真贯彻落实"安全第一、预防为主、综合治理"方针，及时发现和消除隐患，保障安全生产，现就隐患排查整改工作提出以下意见。

一、隐患及其分级分类

二、隐患排查整改责任

三、隐患排查周期

四、隐患排查方式方法

图2-1-18 正文文字

STEP 3 将光标插入点定位到第一段文本的任意位置，在【开始】功能选项卡【段落】组中单击【对话框启动器】按钮，打开【段落】对话框，在【缩进和间距】选项卡【缩进】选项组中的【特殊格式】下拉列表框中选择"首行缩进"选项，将第一段文本的段落缩进设置为首行缩进，如图 2-1-19 所示。

STEP 4 按住【Ctrl】键不放，选择文档中的一级标题文本，在【开始】功能选项卡【字体】组中的【字体】下拉列表框中选择"黑体"选项，将其字体格式设置为黑体，如图 2-1-20 和图 2-1-21 所示。

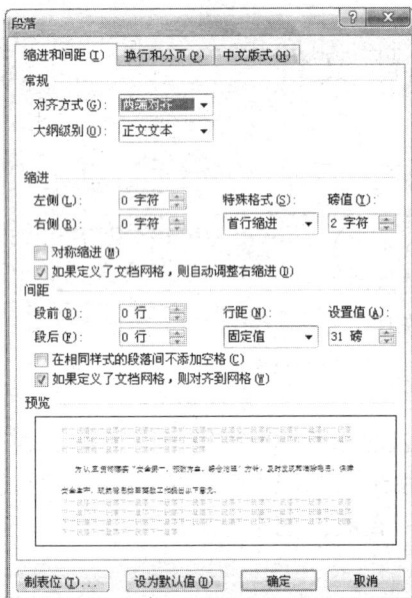

图2-1-19　正文段落设置

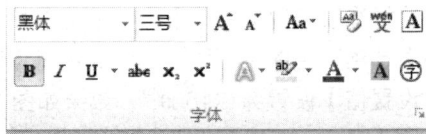

图2-1-20　正文一级标题字体、字号设置

4. 版记的制作

通知的版记内容包括主题词、抄送、印发机关、印发时间等部分，其主要应用的知识为设置字体格式、段落格式、使用直线对象等，其具体的制作过程与上述步骤类似，最终效果如图 2-1-22 所示。

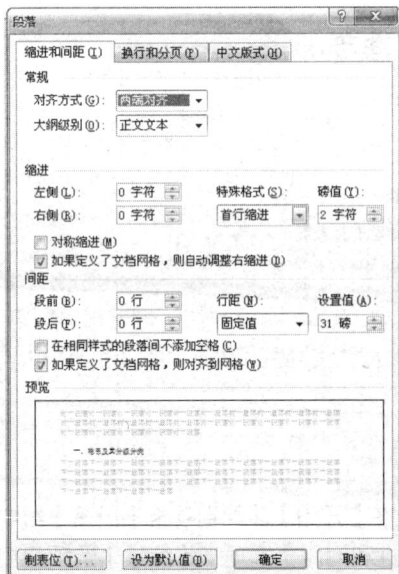

图2-1-21　段落设置

图2-1-22　公文版记

2.1.5 任务小结

通过在 Word 2010 环境下编辑完成了通知的制作，在学习的过程中熟悉了 Word 2010 的工作环境，并能够录入文字，对文字进行字体、段落的设置，完成基本的文本格式化操作，具备 Word 文本排版的基本能力。

2.2 任务 2 制作煤矿安全生产月宣传栏排版

2.2.1 任务情景

为了更好地进行煤矿安全生产内容的宣传，并配合煤矿安全生产月活动的开展，宣传科工作人员需编写制作与企业相关的生产、安全标语，并制作成海报张贴在宣传栏中。

2.2.2 任务分析

制作企业类标语已逐渐成为一种职业。随着对企业文化的重视，企业在追求利润的同时，也不忘锤炼职员的精神文化，于是，企业类标语如雨后春笋般发展。企业文化建设，涉及企业行为的方方面面，企业文化的概念还应包括对外界的宣传，让外界了解企业的经营理念与文化，以寻求更大的社会价值认同。本任务主要是通过制作一个煤炭企业安全生产宣传海报来讲解如何制作一个符合规范的宣传标语海报。本任务最终制作效果如图 2-2-1 所示。

图2-2-1 煤矿安全生产月宣传

2.2.3 知识提炼

1. 页面设置

文档一般要打印输出到合适大小的纸面上，为保证文档的排版及打印能够顺利完成，必须设置合适的页面格式。页面设置的主要内容是确定纸张大小、确定页边距、版面格式等。

2. 在文档中使用图片

为了使文档更加美观、生动，可以在其中插入图片。在 Word 2010 中，可以插入图片、剪贴画、形状、图表等对象。

3. 在文档中使用艺术字

艺术字就是在文档中插入的具有特殊艺术效果的文字，它兼具图形和文本的特性，特别适用于制作醒目的标题和文本。

4. 在文档中使用文本框

文本框是用文字工具绘制出来的，用于编辑文字的框，在 Word 中利用文本框可以制作出特殊的文档版式，它可以排列在文档中的任何位置，从而实现复杂版式的设计和制作。

2.2.4　任务实施

1. 页面及背景设置

STEP 1 新建一个"企业宣传标语"文档，在【页面布局】功能选项卡的【页面设置】组中选择【纸张方向】命令按钮，在弹出的下拉菜列表中选择【横向】选项，如图 2-2-2 所示；单击【纸张大小】命令按钮，在弹出的下拉列表中选中"A4"选项。

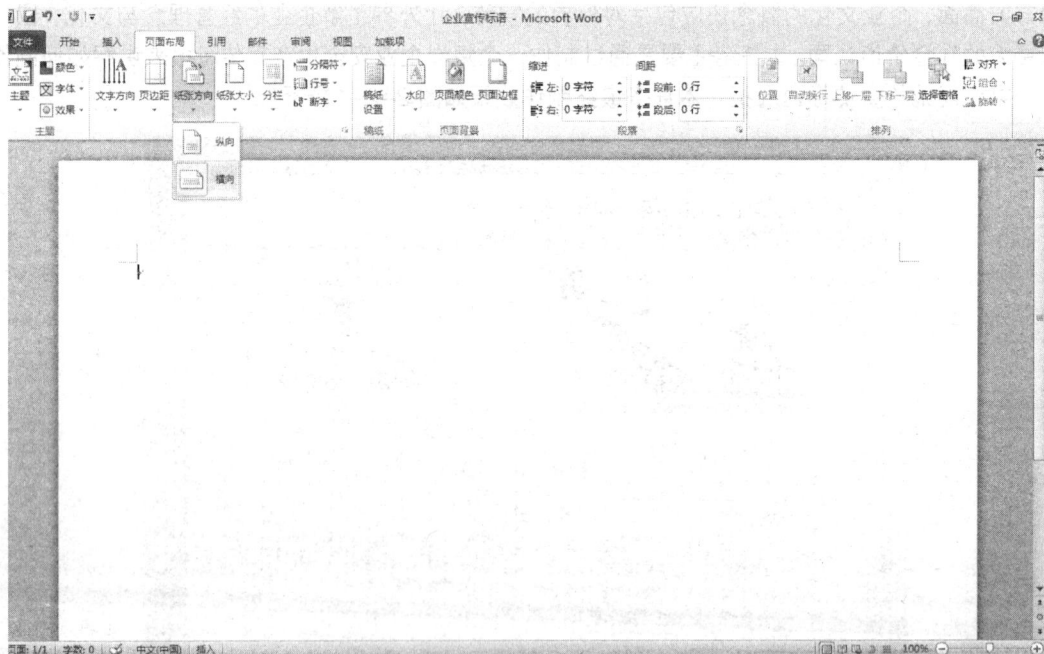

图2-2-2　设置纸张方向

STEP 2 在【页面布局】功能选项卡的【页面背景】组中单击【页面颜色】命令按钮，单击弹出的下拉列表中【填充效果】命令，弹出【填充效果】对话框，单击【渐变】选项卡的【颜色】组中【双色】单选按钮，在【颜色 1（1）】下拉列表框中选择"浅蓝"，【颜色 2（2）】下拉列表框中选择"水绿色，强调文字颜色 5，淡色 80%"，单击【底纹样式】组中【水平】单项按钮，选择右侧【变形】组中【竖排第二个】图形，如图 2-2-3 所示。

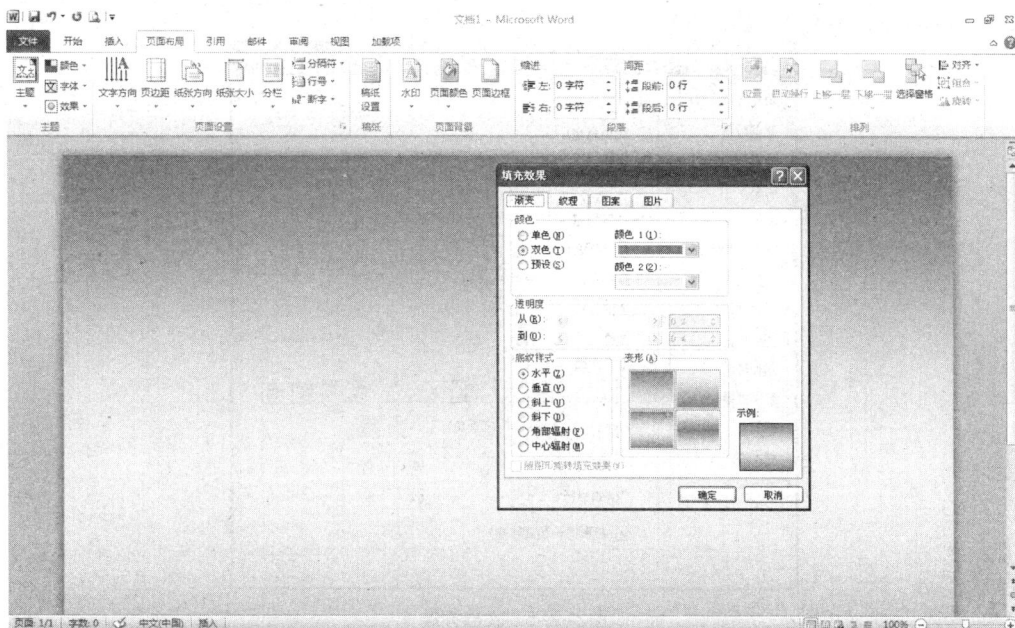

图2-2-3 宣传海报背景

2. 绘制图形

STEP 1 单击【插入】功能选项卡中的【文本框】命令按钮，选择弹出的【文本框】组列表【绘制文本框】选项，此时鼠标指针从【箭头】转变为"+"形状，拖动鼠标绘制图 2-2-4 所示大小的文本框。右键单击文本框边框，选择【设置文本框格式】选项，单击【设置形状格式】对话框，选择【填充】选项卡，单击【渐变填充】命令按钮，在【渐变光圈】中的【颜色】组中设置【颜色 1 (1)】下拉列表框中选择"浅黄"，在【颜色 2 (2)】下拉列表框中选择"天蓝"，背景效果如图 2-2-5 所示。

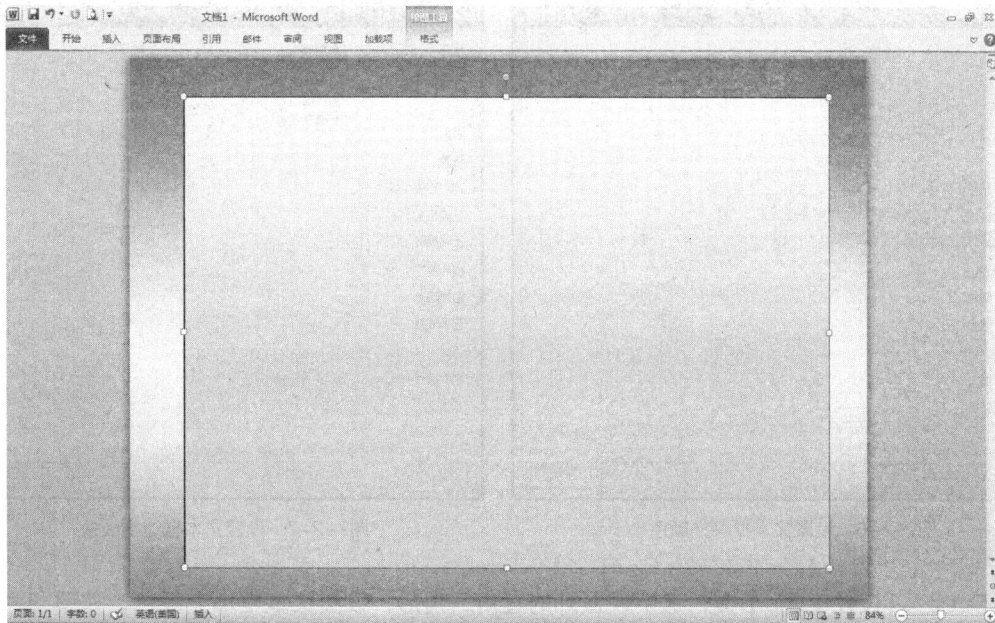

图2-2-4 【设置形状格式】对话框

图2-2-5　文档背景

STEP 2 单击【插入】功能选项卡中的【形状】命令按钮，单击弹出的下拉列表中【直角三角形】选项，拖动其鼠标绘制直角三角形，右键单击直角三角形，选择【设置自选图形格式】命令，弹出【设置自选图形格式】对话框，在【填充】选项卡中选择【纯色填充】填充颜色为"水绿色"。对话框设置如图 2-2-6 所示。在【线条颜色】选项卡中选择"无线条"，对话框设置如图 2-2-7 所示，最终效果如图 2-2-8 所示。

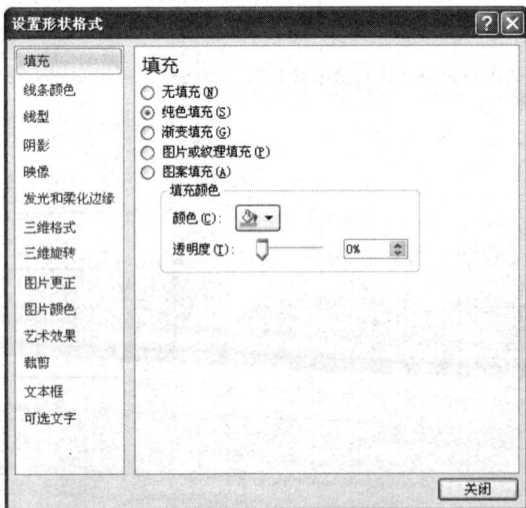

图2-2-6　设置文本框填充颜色

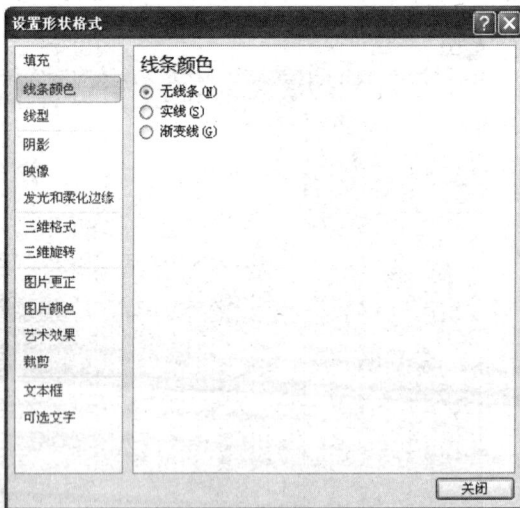

图2-2-7　设置文本框边框线条

STEP 3 按住【Ctrl】键，选中设置好的直角三角形，设置文本框填充颜色，如图 2-2-9 所示。再次复制 5 个相同的直角三角形，分别调整为适当的大小，选中相对【水绿色】直角三角形递减的 3 个直角三角形，右键单击，选择【设置自选图形格式】命令，弹出【设置自选图形格式】对话框，在【颜色与线条】选项卡中设置填充颜色为"浅黄"，线条颜色为"无颜色"，效果如图 2-2-10 所示。

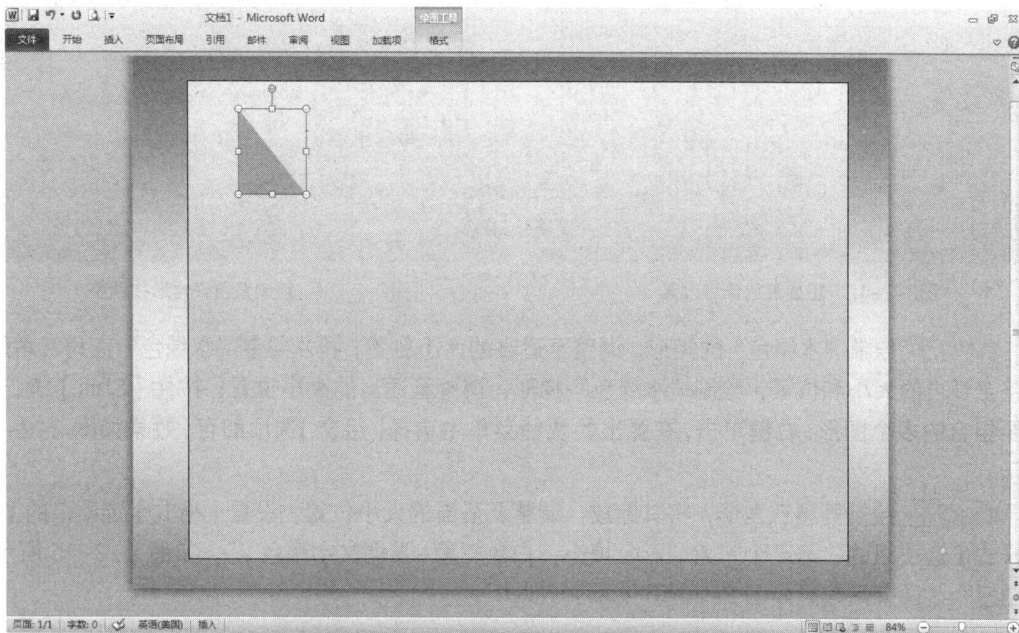

图2-2-8　绘制三角形最终效果

STEP4 按住【Ctrl】键，依次选中图 2-2-10 中右侧的"浅黄色"直角三角形，按【↑、↓、←、→】键配合调整至图 2-2-11 左侧之上，效果如图 2-2-12 所示。

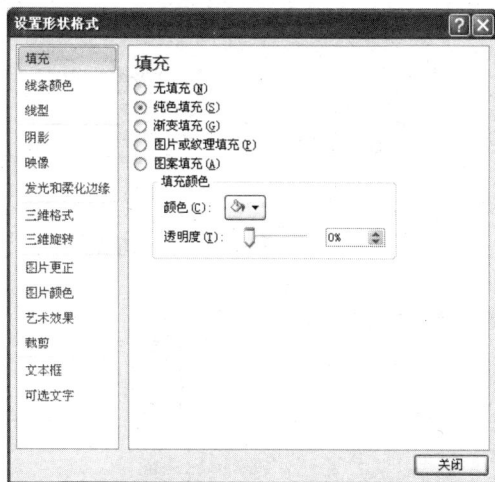

图2-2-9　设置填充颜色

图2-2-10　三角形复制效果

图2-2-11　重叠放置

6个直角三角形

STEP5 再次绘制"水绿色"直角三角形，选中其中一个单击"绿色"翻转按钮，顺时针旋转 180°，并将直角三角形调整至适当位置，如图 2-2-13 所示。

图2-2-12　重叠置放最终效果

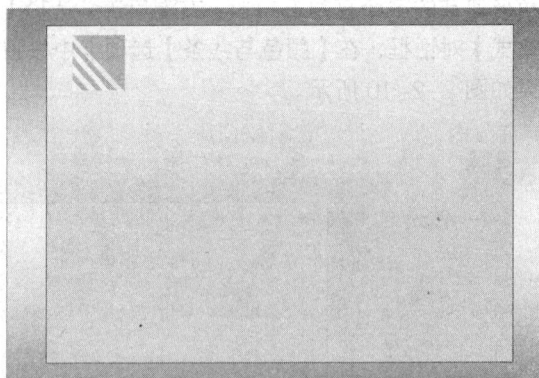

图2-2-13　绘制直角三角形并调整

STEP 6 绘制"水绿色"的矩形，调整至适当的大小位置；再次绘制"水绿色"直角三角形，调整至适当的大小和位置；绘制"水绿色"梯形，调整至适当的大小位置；按住【Shift】键，选中要组合的多个图形，右键单击，在弹出的快捷菜单中选择【组合】选项即可，效果如图 2-2-14 所示。

STEP 7 绘制等腰三角形，将其缩放，调整及适当的大小位置。设置【格式】选项卡的【形状样式】选项组的"第三个"为"彩色填充，白色轮廓–强调文字颜色 2"，如图 2-2-15 所示。复制多个，调整后效果如图 2-2-16 所示。

图2-2-14　绘制多个图形并组合

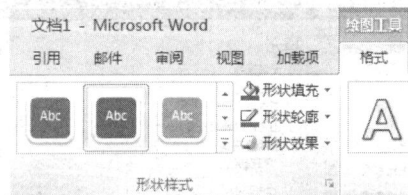

图2-2-15　【形状样式】选项组

图2-2-16　绘制多个等腰三角形并调整

STEP 8 绘制"直线"，调整至适当大小及位置，线条颜色为"白色，背景 1"，线条虚实为"实线"，粗细为"3 磅"，调整后效果如图 2-2-17 所示。

STEP 9 绘制"矩形",调整至适当的大小及位置,填充颜色为"浅绿",线条颜色为"无颜色",调整后效果如图 2-2-18 所示。

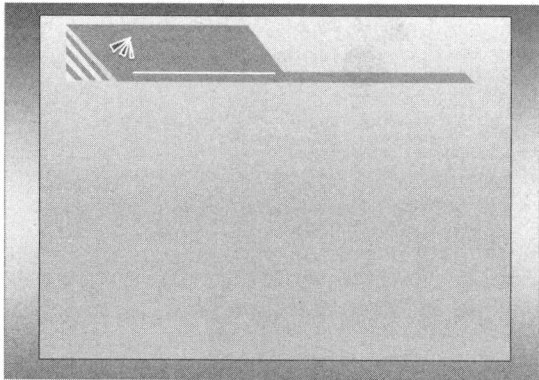

图2-2-17 绘制直线

图2-2-18 绘制页面下方矩形

3. 插入图片

STEP 1 单击【插入】功能选项卡【插图】选项组中的【图片】命令按钮,弹出【插入图片】对话框,选中要插入的所有图片,一次性插入多张图片,如图 2-2-19 所示。

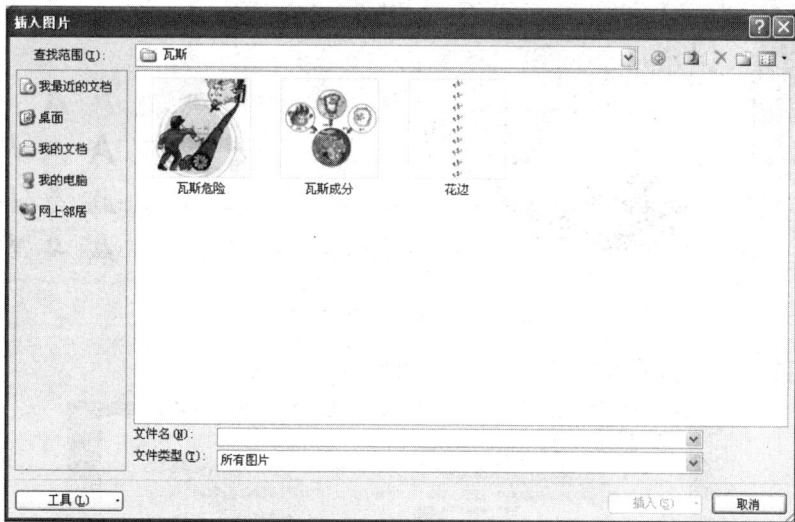

图2-2-19 插入所有图片

STEP 2 选中已插入的所有图片,打开【格式】选项卡,单击【排列】组中的【文字环绕】命令按钮,在弹出的下拉列表中,为"瓦斯危险"图片设置文字环绕方式为"浮于文字上方",为"瓦斯成分"图片设置文字环绕方式为"四周型环绕",为"花边"图片设置文字环绕方式为"四周型环绕",并调整到适当的大小及位置,效果如图 2-2-20 所示。

4. 插入艺术字

STEP 1 单击【插入】功能选项卡【文本】选项组中的【艺术字】命令按钮,在弹出【艺术字】下拉列表项中选择要显示的艺术字样式,在文档中显示的艺术字编辑框中输入"中平能化集团",最终效果如图 2-2-21 所示。

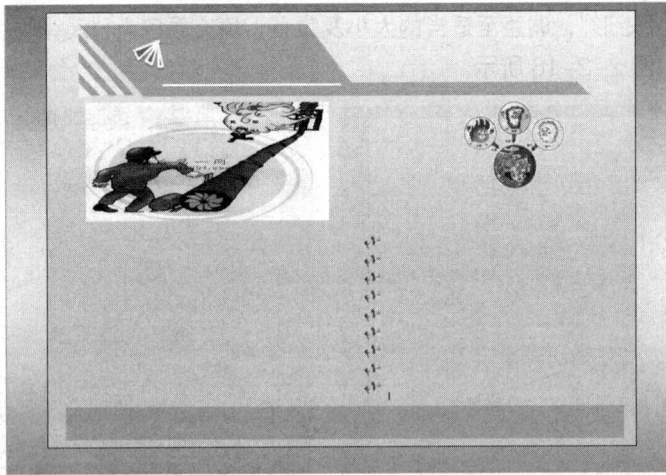

图2-2-20 调整图片效果

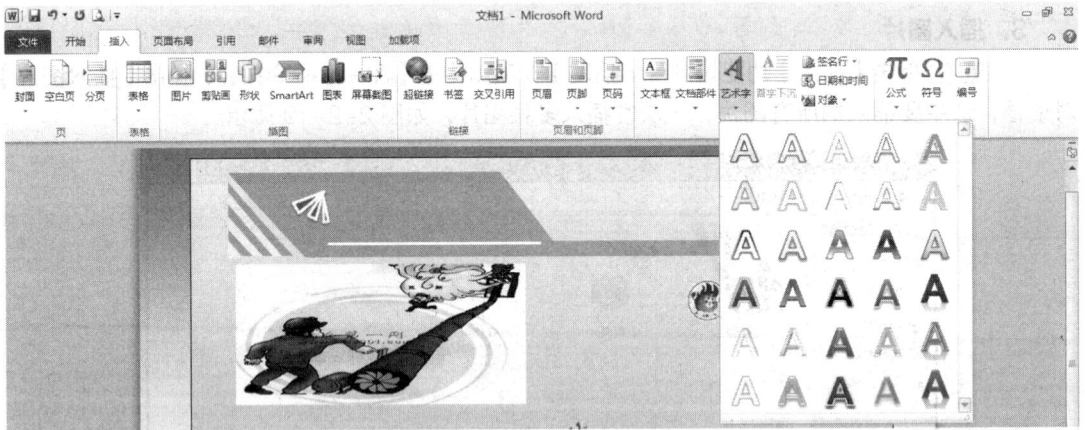

图2-2-21 插入并编辑艺术字

STEP 2 按照以上步骤添加艺术字，效果如图 2-2-22 所示。

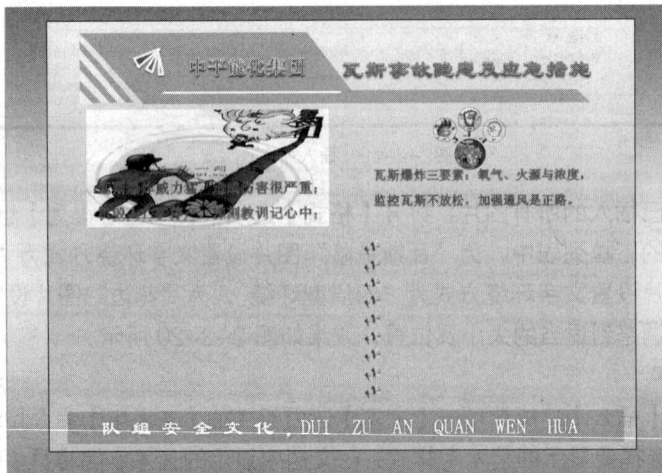

图2-2-22 添加艺术字

5. 插入文本框

STEP 1 单击【插入】功能选项卡【文本】选项组中的【文本框】命令按钮，选中【绘制文本框】命令，拖动鼠标绘制适当大小的文本框，如图 2-2-23 所示。

图2-2-23 插入文本框

STEP 2 右键单击【文本框边框】，选择【编辑文字】命令，此时将已编辑好的文字粘贴进来，文字格式为"宋体，小四，绿色"。右键单击文本框边框，选择【设置文本框格式】命令，在【颜色与线条】选项卡中设置填充色为"无颜色"，线条颜色为"无颜色"，效果如图 2-2-24 所示。

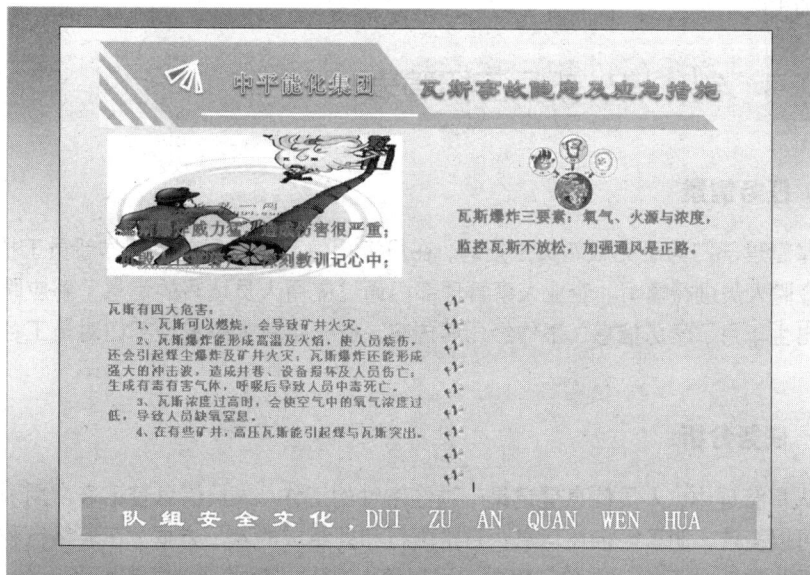

图2-2-24 文本框中录入文字

111111111

STEP 3 重复以上操作，创建文本框添加文字，效果如图 2-2-25 所示。

图2-2-25　设置右侧文本框效果

2.2.5　任务小结

宣传科制作的文档要起到宣传作用，文档就要突出主题，图文并茂。一篇文档不能只有文本而没有任何修饰，在文档中插入一些图形、图片、艺术字、文本框，不仅会使文档显得生动有趣，还能帮助读者更快地理解其中的内容。此外，一篇文档制作完成后，可以进行相应的页面布局设置，使其更加美观。

2.3　任务 3　制作煤矿新员工招聘表

2.3.1　任务情景

企业人事管理部门为了完成新员工招聘，在员工招聘工作开展前需制作新员工招聘表，以便在招聘时供应聘人员进行填写。企业人事管理部门通过应用人员填写的信息了解应聘人员各种情况如姓名、出生年月、学历信息、工作经历等内容，便于企业人事管理部门对员工各类信息存档和查阅。

2.3.2　任务分析

在企业人事管理中，人员信息登记是一项经常性的工作，人员信息登记表常用表格进行设计制作。表格可以简洁、明了地描述信息，它是由行和列组成的若干方框。在表格行和列交叉处形成的每一个方格称为单元格。在单元格中，可以填入文字、数据、公式和图形。Word 提供了强大的表格处理功能，不仅可以在文档的任何位置插入表格，而且还可以对表内数据进行排序、求和等操作。本任务将制作的招聘人员登记表如图 2-3-1 所示。

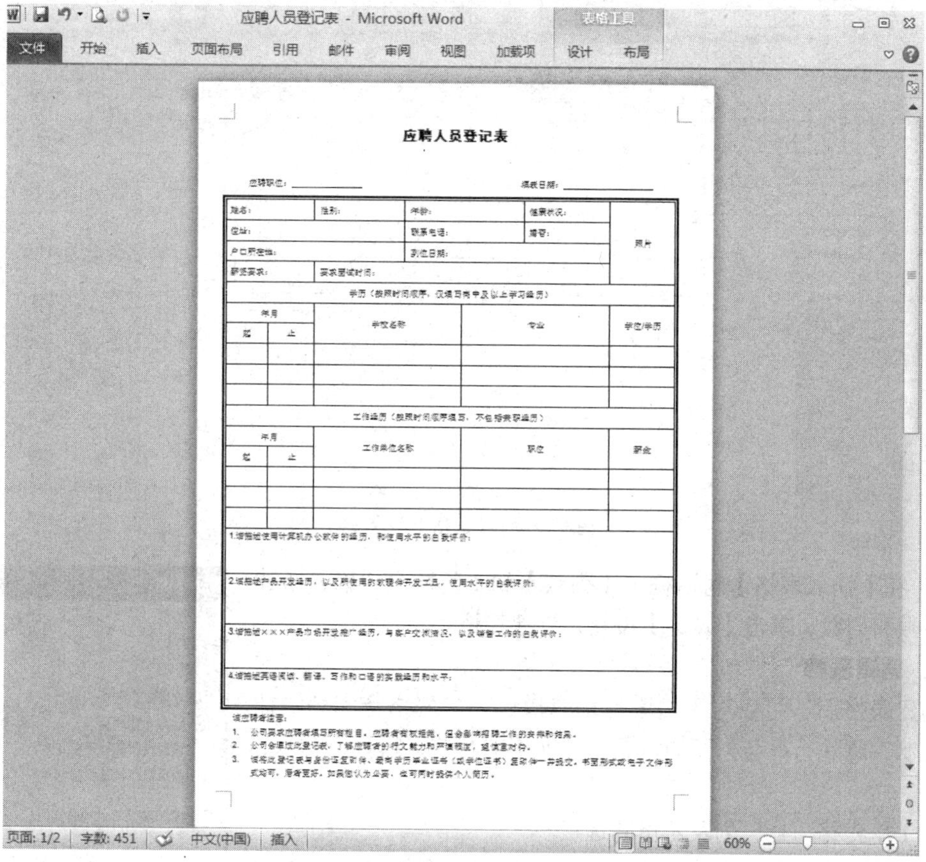

图2-3-1　应聘人员登记表

2.3.3　知识提炼

1. 单元格

表格中行和列交叉成的矩形部分称为单元格，即行和列交叉组成的每一格称为"单元格"。

2. 创建表格

在 Word 中可以使用【插入】功能选项卡中的【表格】命令按钮自动创建表格，或者使用【插入表格】命令按钮来自动创建表格。

（1）【表格】命令按钮自动创建表格

① 将光标置于要创建表格的位置，单击【插入】功能选项卡中的【表格】命令按钮。则屏幕上将会出现图 2-3-2 所示的下拉窗口。该下拉窗口顶部提示表格的行数和列数。

② 在此窗口上拖到鼠标，待所需的行、列数出现时，释放鼠标，即可在光标处创建一张表格。

（2）【插入表格】命令按钮来自动创建表格

① 将光标置于要创建表格的位置，选择【插入】功能选项卡【表格】命令按钮，单击【插入表格】命令按钮，则弹出图 2-3-3 所示的【插入表格】对话框。

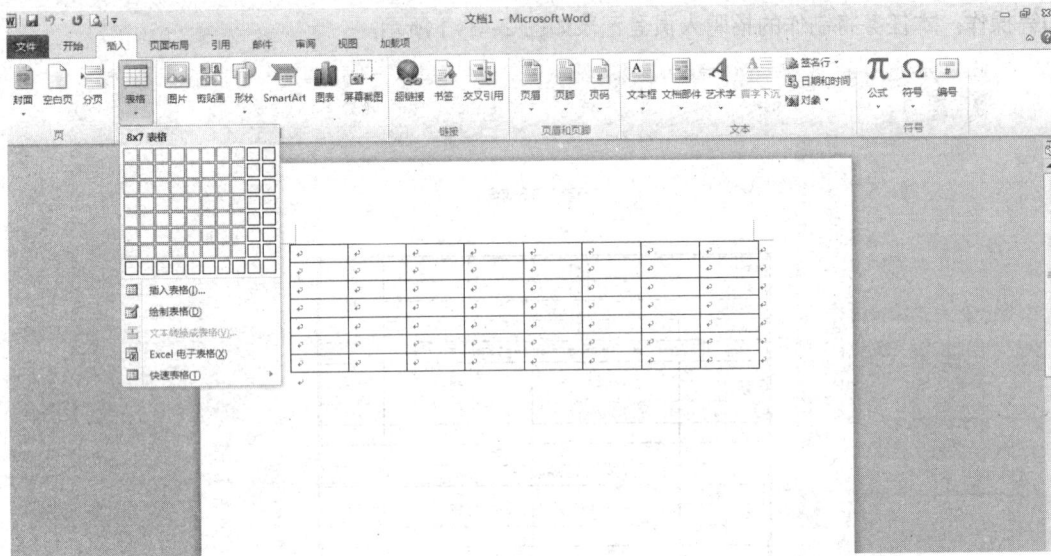

图2-3-2　【表格】命令按钮

② 在【插入表格】对话框中【列数】和【行数】中输入所建表格行数和列数，单击【确定】按钮，创建表格。

3. 编辑表格

创建表格后，可以对表格进行编辑操作。如表格行和列的插入、复制、删除行高与列宽的调整，单元格的合并、拆分、插入、删除等。

（1）单元格、行、列及表格的选定

要编辑表格的内容，首先要选取单元格、行、列或表格，常用方法有使用鼠标和使用菜单来选择，具体操作如表 2-3-1 所示。

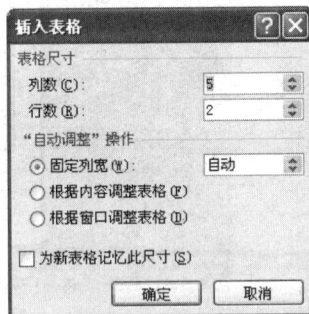

图2-3-3　【插入表格】对话框

表 2-3-1　使用鼠标选取表格内容

选取内容	鼠标操作
单元格	光标为"I"时三击单元格，或光标为向右实心箭头时单击单元格左边界，或按住鼠标左键拖动
一行	将鼠标指针移到行的左边（表外）空白处，待鼠标变为向右空心箭头时，单击鼠标即可选择鼠标所在的行，或按住鼠标左键拖动，选定行的所有单元格来选定一行
一列	将鼠标指针移到列的顶端线上，当鼠标指针变成向下实心箭头后单击鼠标即可，也可按住鼠标左键拖动选定列中的所有单元格来选定列
任意选定	拖动鼠标指针经过要选定的单元格、行或列，或者先选定一个单元格、行或列，按住【Shift】键或者【Ctrl】键后，单击另一个单元格、行或列
整个表格	当鼠标指针移动到表格左上角时，表格的左上角会出现一个十字型方框，单击该方框即可选定整个表格

（2）表格行、列的插入

将光标移动到表格中要增加行、列的相邻位置，右键单击，在弹出的菜单中选择【插入】命令，在【插入】命令中根据需要选择【在左侧插入列】、【在右侧插入列】、【在上方插入行】和【在下方插入行】等命令插入行或者列，如图 2-3-4 所示。

图2-3-4　表格行、列的插入

（3）表格行、列的删除

将光标放置到表格中要删除行或者列的位置，选定要删除的行或者列，右键单击，选择【删除单元格】命令，在弹出的【删除单元格】对话框中选择删除行或者列的命令，如图 2-3-5 所示。

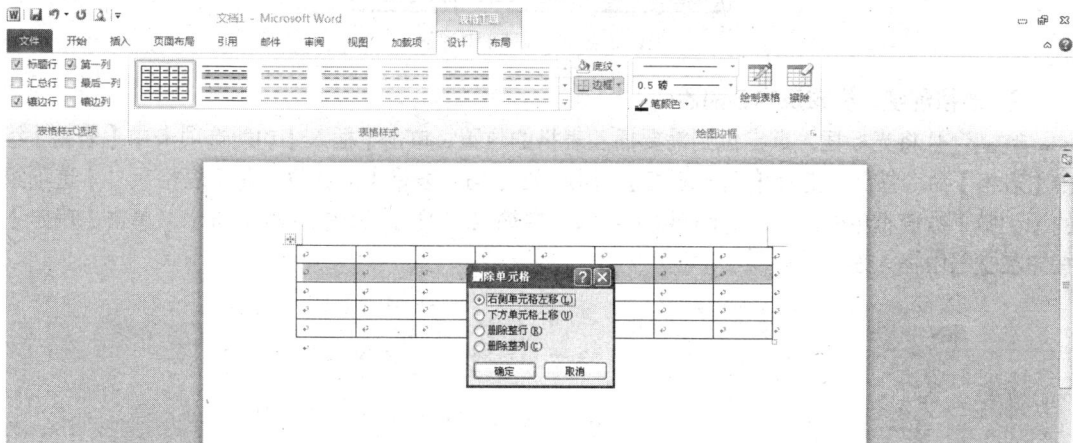

图2-3-5　表格行、列删除

2.3.4　任务实施

1. 新建文档添加标题

STEP 1 新建一个"应聘人员登记表"文档，在【页面布局】功能选项卡的【页面设置】组中单击【页边距】命令按钮，选择【自定义边距】选项，在弹出的【页面设置】对话框中【页边距】选项卡的【页边距】选项组中将其"上、下、左、右"页边距均设置为"1.5厘米"，单击【确定】按钮。

STEP 2 在文档光标处添加文档标题"应聘人员登记表"，设置标题格式为：黑体、三号、居中对齐。

STEP 3 在标题文本下方输入"应聘职务："和"填表日期"，并在其后设置相应的下画线，选择整行文本并右击，在弹出的快捷菜单中选择【段落】命令，打开【段落】对话框，在【间距】选项组中的【段后】数值框中输入"0.5行"，如图2-3-6所示，单击【确定】按钮为选择的文本设置段后间距格式。

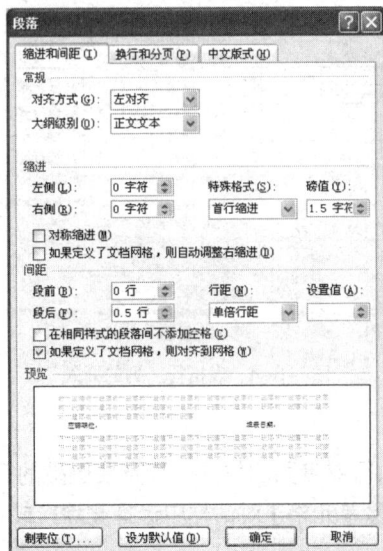

图2-3-6　【段落】对话框

2. 表格创建、编辑及内容的添加

STEP 1 将光标插入点定位到需要插入表格的位置，单击【插入】功能选项卡中【表格】组中【表格】命令按钮，选择【插入表格】选项，在【插入表格】对话框中将【表格尺寸】选项组的【列数】数值框中输入"5"，【行数】数值框中输入"21"，如图2-3-7所示，单击【确定】按钮在文档中插入表格。

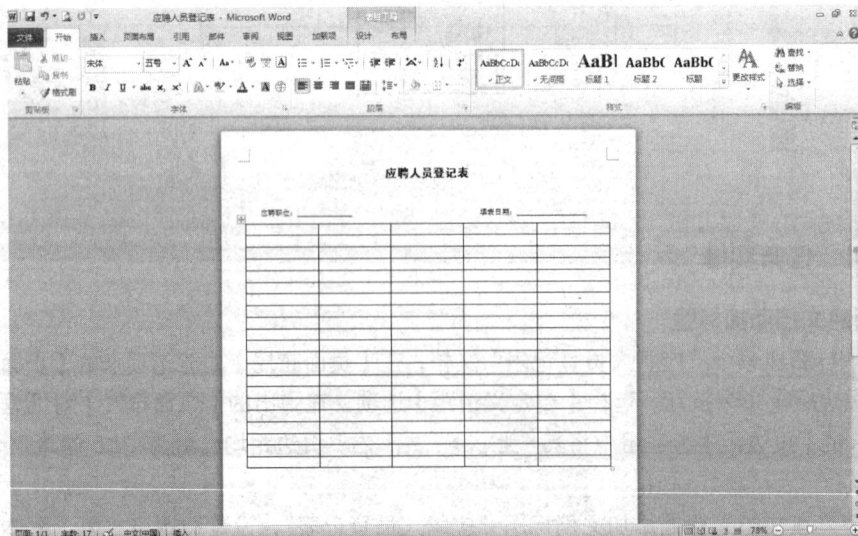

图2-3-7　创建表格

STEP 2 选择插入的表格，右键单击【表格属性】命令选项，在弹出的【表格属性】对话框中，选择【行】选项卡下【指定高度】文本框中输入行高"0.79 厘米"，【行高值是】设置为"固定值"，并将单元格对齐方式设置为中部两端对齐，如图 2-3-8 所示。

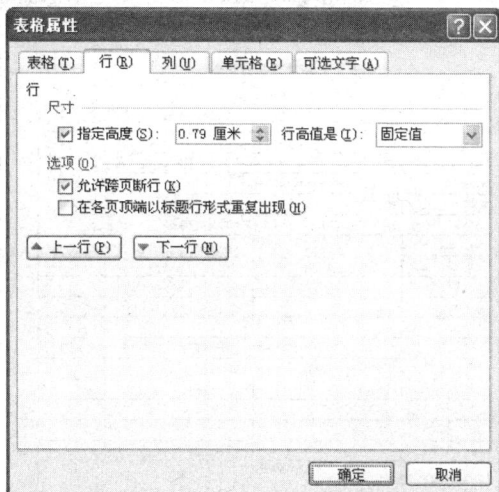

图2-3-8　【表格属性】对话框设置

STEP 3 选择需要合并的单元格，单击【表格工具】中【布局】选项卡的【合并】组中【合并单元格】按钮，将选择的单元格进行合并，并在其中输入相应的文本以及为其设置相应的对齐方式，如图 2-3-9 所示。

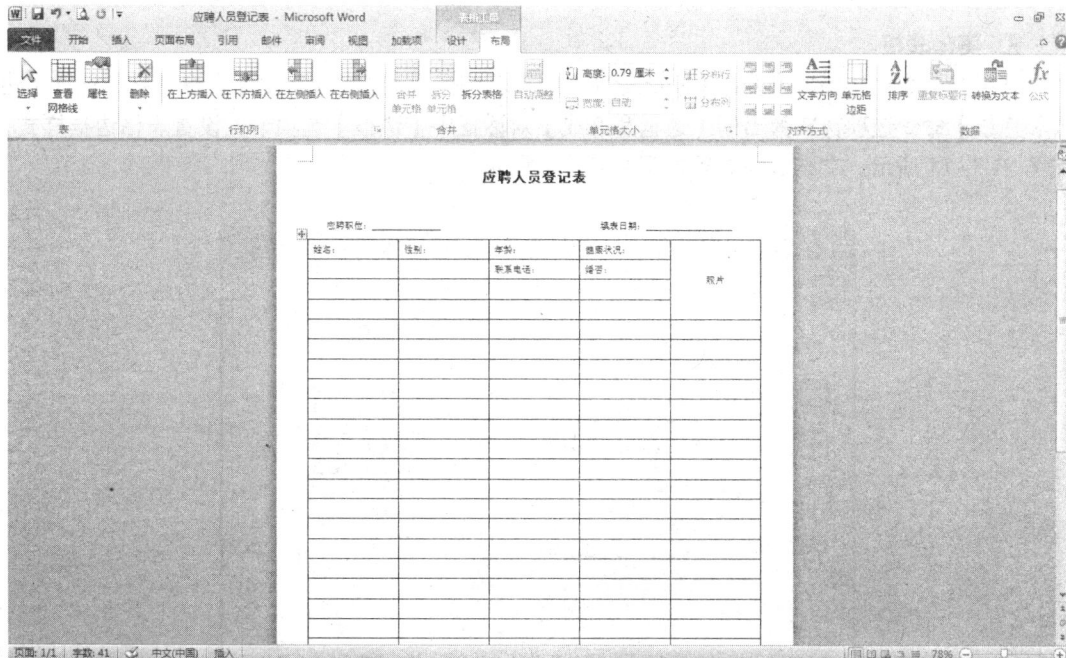

图2-3-9　合并单元格

STEP 4 按照以上操作步骤将表格中需要合并的单元格进行合并，如图 2-3-10 所示。

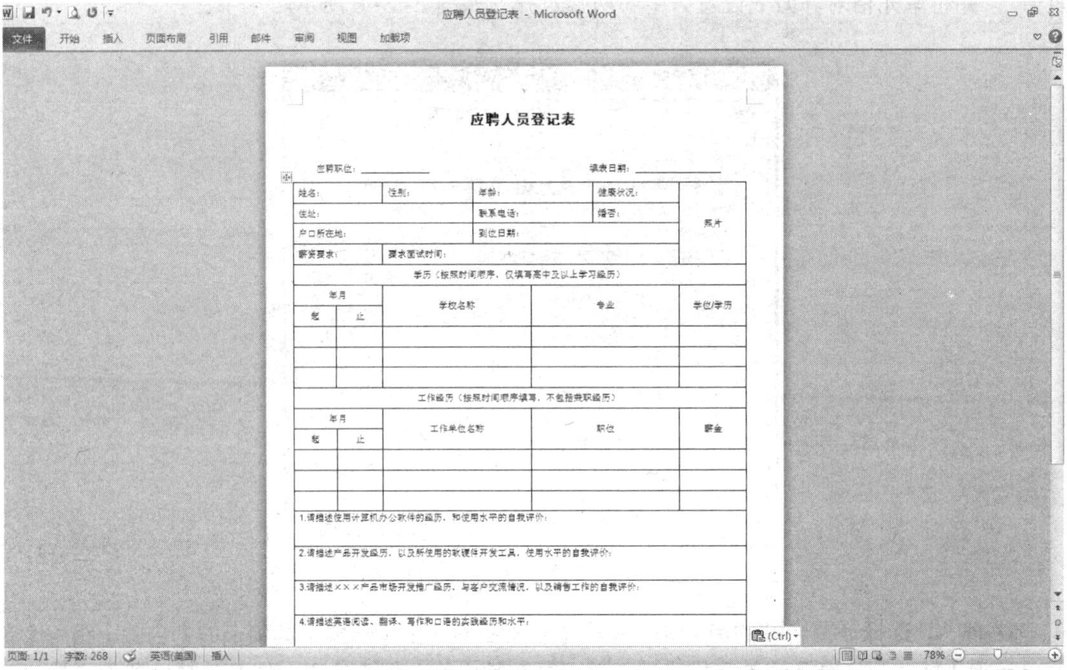

图2-3-10　编辑表格

3. 美化表格

选中整个表格，单击【设计】功能选项卡的【表格样式】组的【边框】命令按钮，选择【边框和底纹】命令选项，在弹出的【边框和底纹】对话框中【边框】选项卡，设置表格边框样式，如图 2-3-11 所示，文档最终效果如图 2-3-12 所示。

图2-3-11　设置表格边框

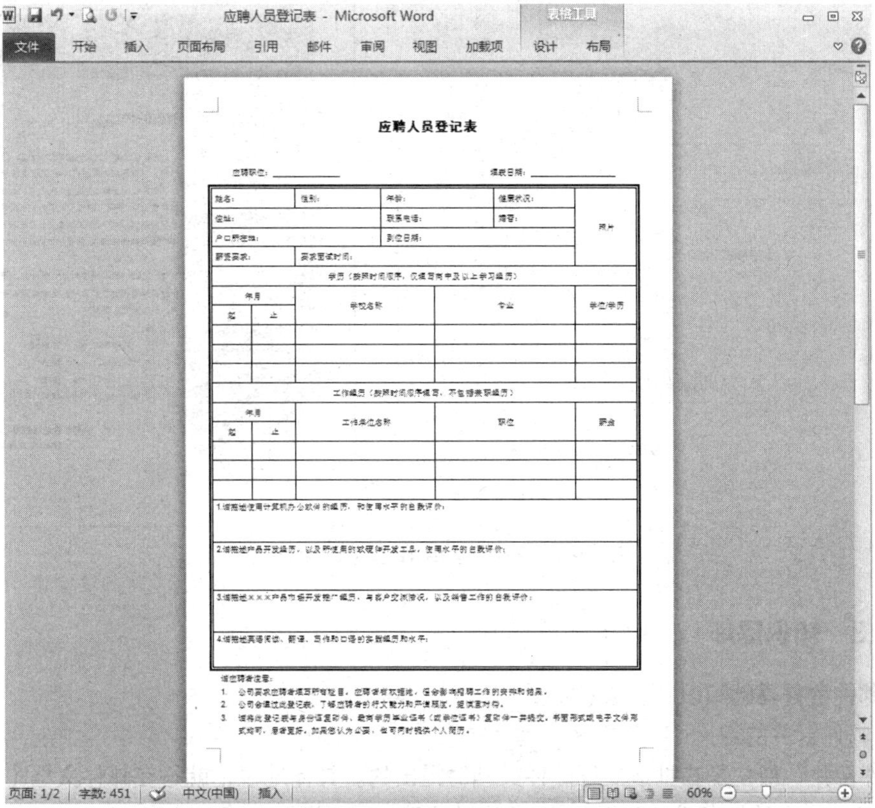

图2-3-12 应聘人员登记表

2.3.5 任务小结

通过本任务学习，能完成表格创建、表格编辑、表格自动套用格式等基本操作，能在 Word 中用表格制作一份员工应聘登记表。

2.4 任务 4 制作煤矿安全知识讲座邀请函

2.4.1 任务情景

企业为了举办好全矿煤矿安全知识讲座，提高全矿职工安全意识。矿生产安全科给煤矿安全管理相关专家发送邀请函，邀请专家对举办的安全知识讲座进行指导，并对相关议题进行讨论。由于邀请的专家较多，需批量制作邀请函和信封。

2.4.2 任务分析

商务信函是指在日常的商务往来中用以传递信息、处理商务事宜以及联络和沟通关系的信函、电讯文书。常用的商务信函主要有商洽函、询问函、答复函、请求函、告知函和联系函等。本任务制作的商务信函与信封展示效果，如图 2-4-1 所示。

图2-4-1 煤矿安全知识讲座邀请函和信封

2.4.3 知识提炼

1. 邮件合并基础知识

（1）邮件合并的定义

"邮件合并"最初是在批量处理邮件文档时提出的。具体地说，就是在邮件文档（主文档）的固定内容中，合并与发送信息相关的一组通信资料（数据源，如 Excel 表、Access 数据表等），从而批量生成需要的邮件文档，大大提高工作的效率。

邮件合并功能除了可以批量处理信函、信封等与邮件相关的文档外，还可以轻松地批量制作标签、工资条、成绩单等。

（2）适用范围

工作中可能遇到过这样的情况：要向一群人发送内容相同的文档，但每份文档的称谓等各不相同。例如，要打印请柬、邀请函或信封之类。这类文档的特点是文档中的主要内容相同，只有个别部分不同。传统做法则是每打印一张进行一次修改。虽然这样也可以完成任务，但却非常麻烦，如果使用邮件合并功能，则可以非常轻松地做好这项工作。

邮件合并的原理是将发送的文档中相同的部分保存为一个文档，称为主文档；将不同的部分，如收件人的姓名、地址等保存成另一个文档，称为数据源；然后将主文档与数据源合并起来，形成用户需要的文档。

数据源可看成是一张简单的二维表格。表格中的每一列对应一个信息类别，如姓名、性别、职务、住址等。各个数据域的名称由表格的第一行来表示，这一行称为域名行，随后的每一行为一条数据记录。数据记录是一组完整的相关信息，如某个收件人的姓名、性别、职务、住址等。邮件合并功能不仅能用于处理邮件或信封，也可用于处理具有上述原理的文档。

2. 邮件合并制作过程

邮件合并的基本过程包括以下3个步骤，只要理解了这些步骤，就可以得心应手地利用邮件合并来完成批量作业。

（1）建立主文档

主文档是指邮件合并内容中固定不变的部分，如信函中的通用部分、信封上的落款等。建立主文档的过程就和平时新建一个 Word 文档一样，在进行邮件合并之前它只是一个普通的文档。唯一不同的是，如果用户正在为邮件合并创建一个主文档，则可能需要花点心思考虑一下，这份文档要如何写才能与数据源更完美地结合，以满足要求（最基本的一点，就是在合适的位置留下数据填充的空间）；另一方面，编辑主文档时也要考滤，是否需要对数据源的信息进行必要的修改，以符合书信写作的习惯。

（2）准备数据源

数据源就是数据记录表，其中包含相关的字段和记录内容。在一般情况下，我们考虑使用邮件合并来提高效率正是因为我们手上已经有了相关的数据源，如 Excel 表格、Outlook 联系人或 Access 数据库。如果没有现成的，也可以重新建立一个数据源。

在实际工作中，通常会在 Excel 表格中加一行标题。如果要用做数据源，应该先将其删除，得到以标题行（字段名）开始的一张 Excel 表格，因为将使用这些字段名来引用数据表中的记录。

（3）将数据源合并到主文档中

利用邮件合并工具，可以将数据源合并到主文档中，得到目标文档。合并完成的文档的份数取决于数据表中记录的条数。

2.4.4　任务实施

1. 新建邀请函主文档

STEP 1　新建一个"邀请函"文档，单击【页面布局】功能选项卡的【页面设置】组中【页边距】命令按钮，选择【自定义边距】命令按钮，在弹出的【页面设置】对话框的【页边距】选项卡中，把页边距的"上、下、左、右"分别设置为"4厘米，4厘米，2厘米，2厘米"，单击【确定】按钮，如图 2-4-2 所示。

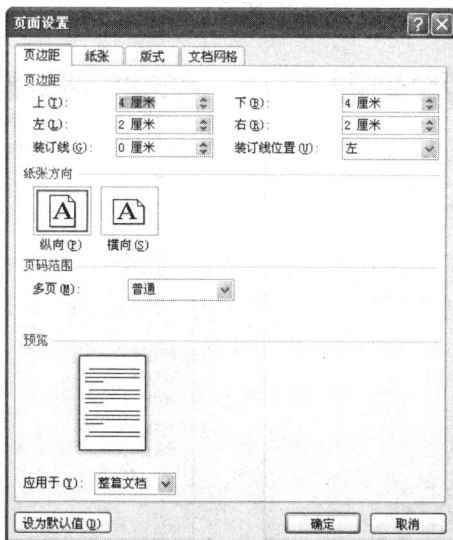

图2-4-2　页面设置

STEP 2 选择【插入】功能选项卡【插图】组，单击【形状】命令按钮，选择【矩形】、【椭圆形】等图形命令按钮，绘制邀请函文档头，并添加邀请函文档标题等文字，最终效果如图2-4-3所示。

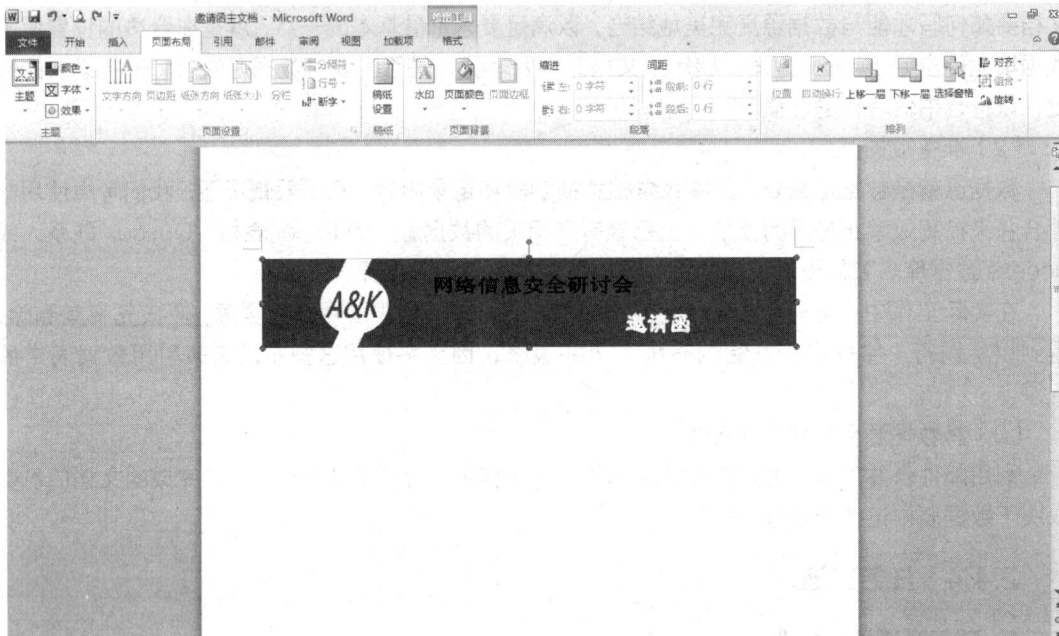

图2-4-3　邀请函文档头

STEP 3 在文档左侧插入文本框，右键单击文本框，选择【设置形状格式】命令选项，设置【设置形状格式】对话框的【填充】选项卡【纯色填充】命令，设置填充颜色为"白色背景1深色15%"，在【线条颜色】选项卡中选择"无线条"命令，如图2-4-4和图2-4-5所示。最后在文本框中添加文字，最终效果如图2-4-6所示。

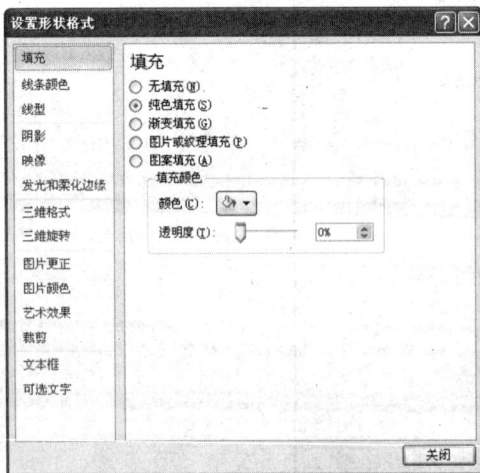

图2-4-4　填充颜色

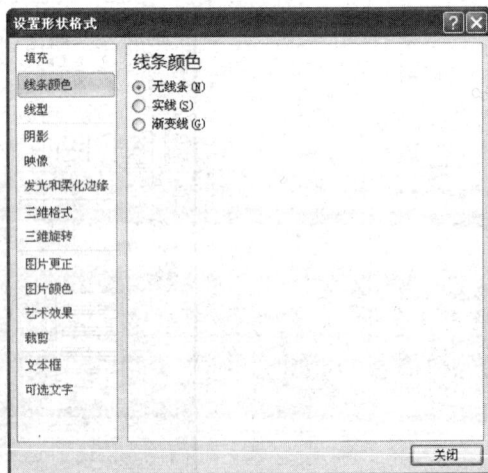

图2-4-5　设置线条颜色

图2-4-6 左侧文本框

STEP 4 在文档右侧插入文本框，设置文本框属性为"无线条"，在设置好的文本框中添加文字，最终效果如图 2-4-7 所示。

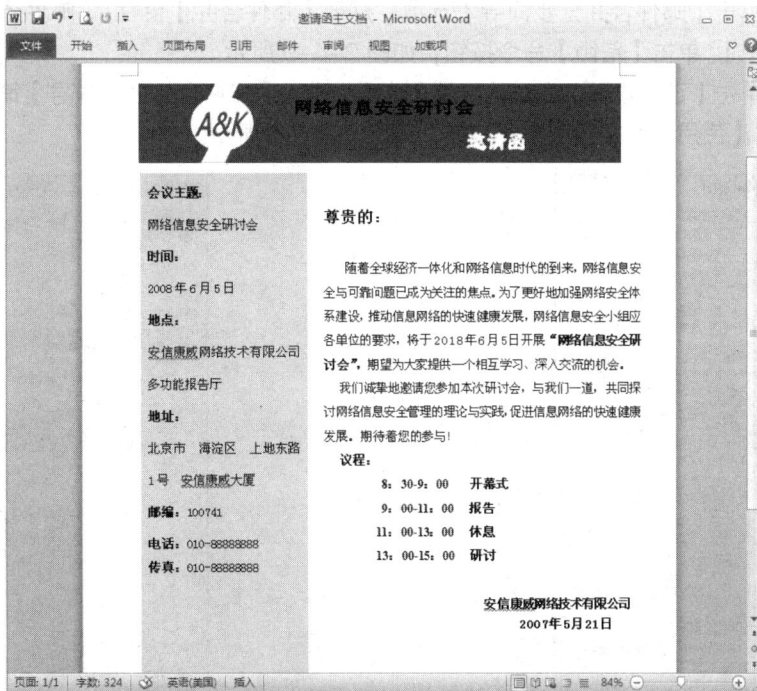

图2-4-7 邀请函主文档

2. 邮件合并批量制作邀请函

STEP 1 打开新建的邀请函主文档，单击功能区上的【邮件】功能选项卡中【开始邮件合并】组中【开始邮件合并】命令按钮，在下拉的列表中选择【邮件合并分步向导】选项，如图2-4-8所示。

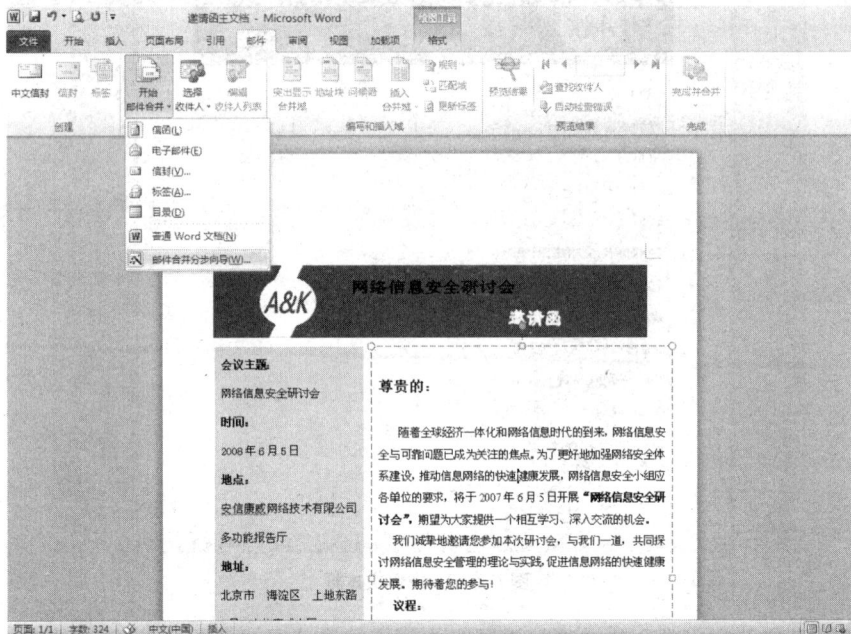

图2-4-8 【邮件合并分步向导】选项

STEP 2 单击【邮件合并分步向导】选项，打开【邮件合并】窗格，【邮件合并向导】第一步【择文档类型】，单击【信函】命令按钮，如图2-4-9所示。

STEP 3 单击【下一步：正在启动文档】选项，进入【邮件合并分步向导】第2步【选择开始文档】，单击【使用当前文档】命令按钮，如图2-4-10所示。

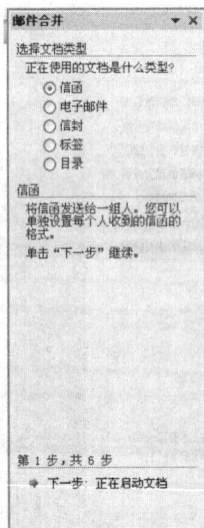

图2-4-9 【邮件合并】选择文档类型　　　　　图2-4-10 【邮件合并】选择开始文档

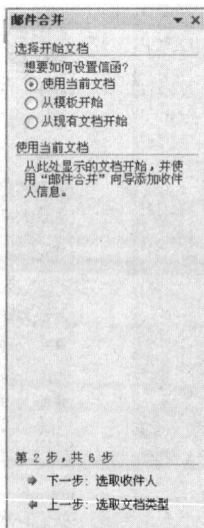

STEP 4 单击【下一步：选取收件人】选项，进入【邮件合并分步向导】第 3 步【选取收件人】，如图 2-4-11 所示。单击【浏览】命令按钮，打开【选择数据源】对话框。选择已经准备好的外部数据文件，如图 2-4-12 所示。在弹出的【打开】对话框中选择外部数据文件中的工作表，如图 2-4-13 所示。在【邮件合并收件人】对话框中确定收件人信息，如图 2-4-14 所示。

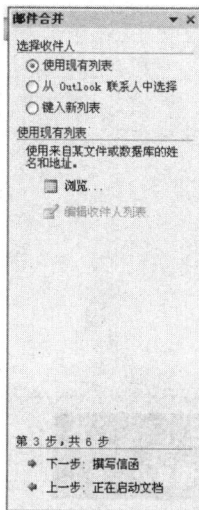

图2-4-11　【邮件合并】
选择收件人

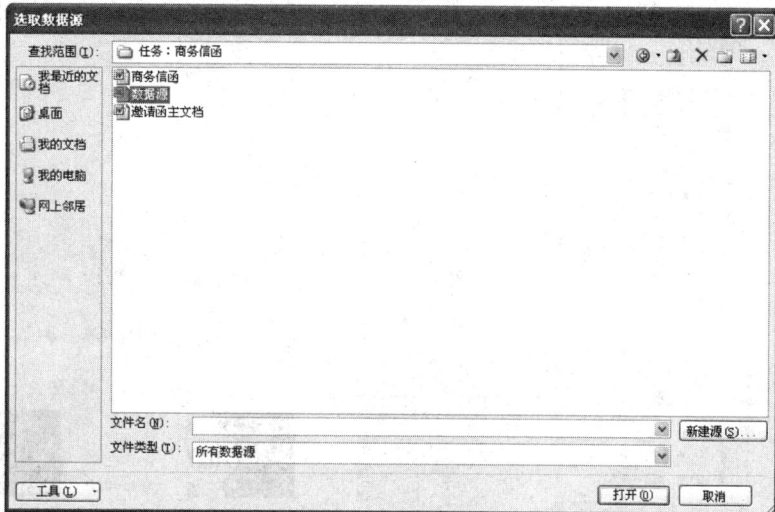

图2-4-12　选择数据源

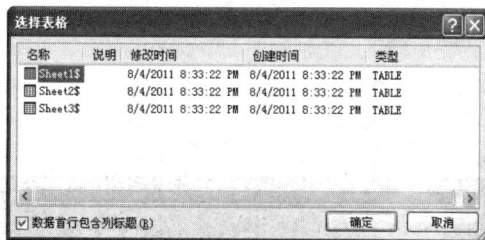

图2-4-13　选择数据源中的工作表

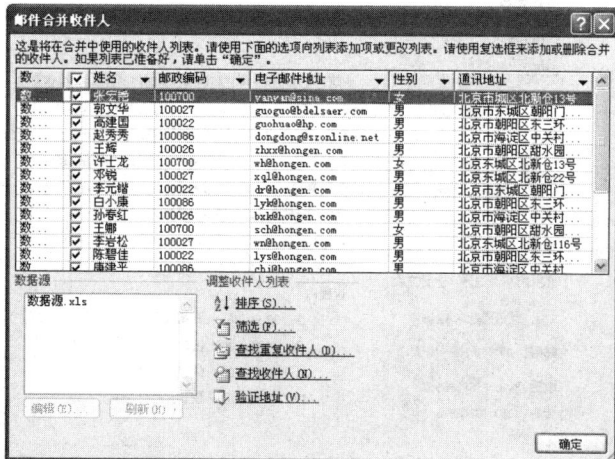

图2-4-14　确定邮件合并收件人

STEP 5 单击【下一步：撰写信函】选项，进入【邮件合并分步向导】第 4 步【撰写信函】，如图 2-4-15 所示。将光标放置到文档中需要插入收件人姓名的地方，在【邮件】功能选项卡，单击【编写和插入域】组【插入合并域】，如图 2-4-16 所示。在其下拉列表中选择要插入的域名，如图 2-4-17 所示。

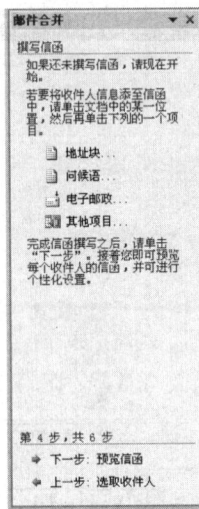

图2-4-15　【邮件合并】
　　　　　　撰写信函

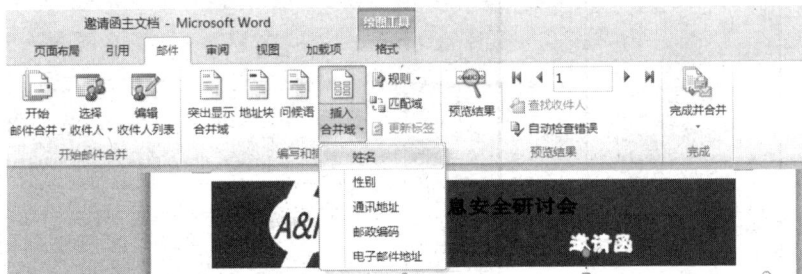

图2-4-16　选择要插入的域名

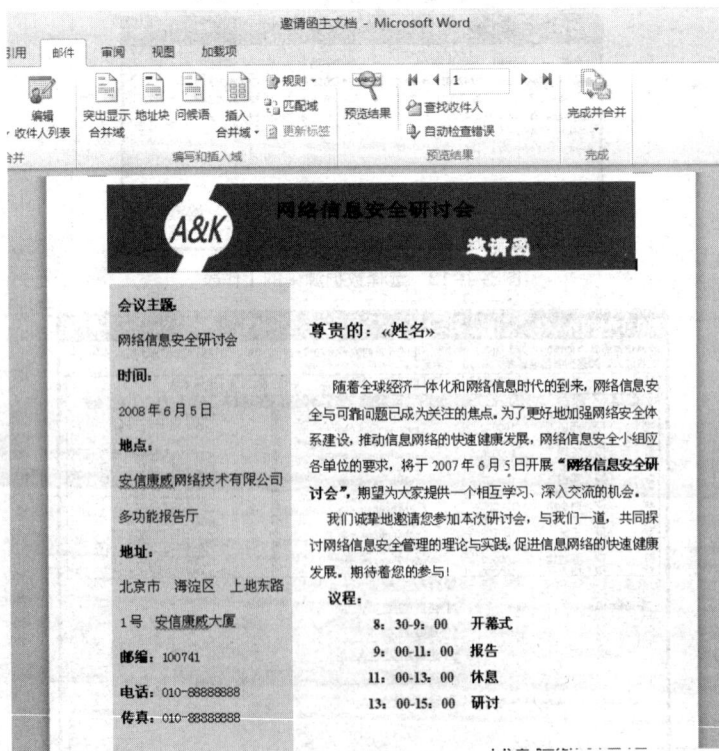

图2-4-17　在主文档中插入域名

STEP　6　单击【下一步：预览信函】选项，进入【邮件合并分步向导】第 5 步【预览信函】，如图 2-4-18 所示。单击【预览结果】组【预览结果】命令按钮，在【预览结果】组中预览批量生成的邀请函文档。单击组中的【向左】或【向右】的箭头依次地对生成的邀请函进行预览查看，如图 2-4-19 所示。

STEP　7　单击【下一步：完成合并】选项，进入【邮件合并分步向导】第 6 步【完成合并】，如图 2-4-20 所示。单击【完成】组【完成并合并】命令按钮，选择【编辑单个文档】命令选项，如图 2-4-21 所示。最终完成邀请函批量制作，如图 2-4-22 所示。

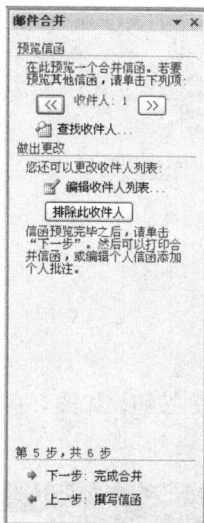

图2-4-18　【邮件合并】预览信函　　　　图2-4-19　【预览结果】命令按钮　　　　图2-4-20　【邮件合并】完成合并

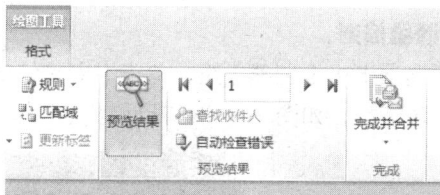

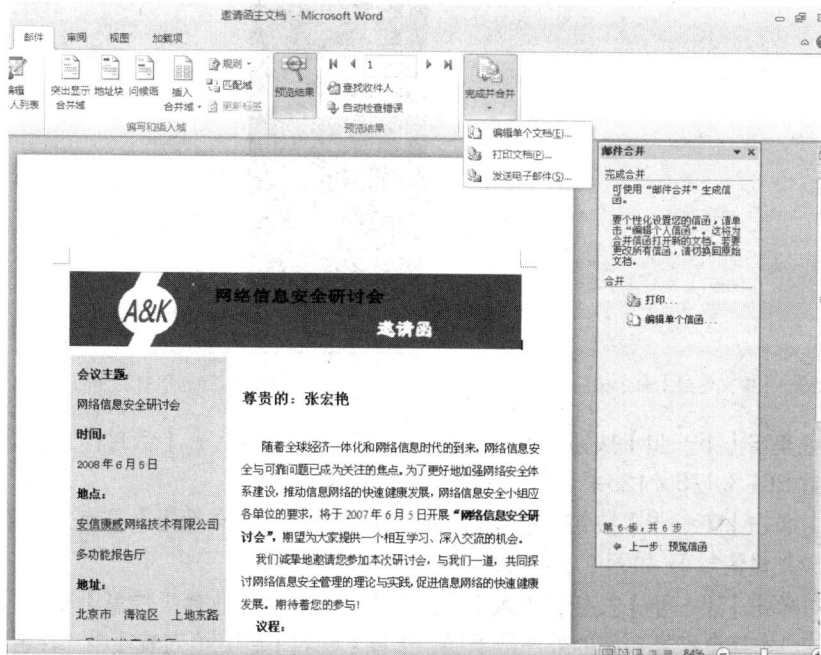

图2-4-21　【完成合并】命令按钮

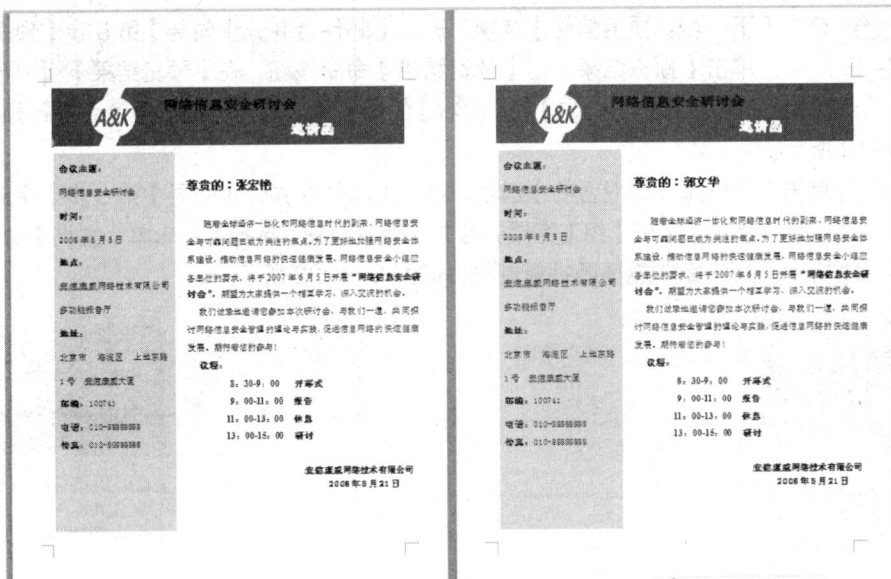

图2-4-22　邀请函制作完成

3. 邮件合并批量制作邀请函信封

STEP 1 在【邮件】功能选项卡中【创建】组，单击【中文信封】命令按钮，如图2-4-23所示。弹出【信封制作向导】对话框，如图2-4-24所示。

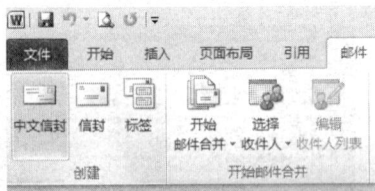

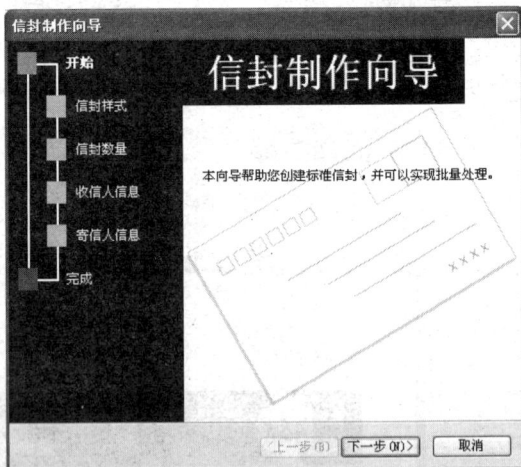

图2-4-23　【中文信封】命令按钮

图2-4-24　信封制作向导

STEP 2 单击【下一步】按钮，进入【选择信封样式】界面，在【信封样式】下拉列表中选择"国内信封B6-（176×125）"，如图2-4-25所示。

STEP 3 单击【下一步】按钮，进入【选择生成信封的方式和数量】界面，选择【基于地址簿文件，生成批量信封】，如图2-4-26所示。

STEP 4 单击【下一步】按钮，进入【从文件中获取并匹配收件人信息】界面，单击【选择地址簿】按钮，选择已经准备好的外部数据源，选择【姓名】后下拉列表项中"姓名"，选择【地址】后下拉列表项中"通信地址"，选择【邮编】后下拉列表项中"邮政编码"，如2-4-27所示。

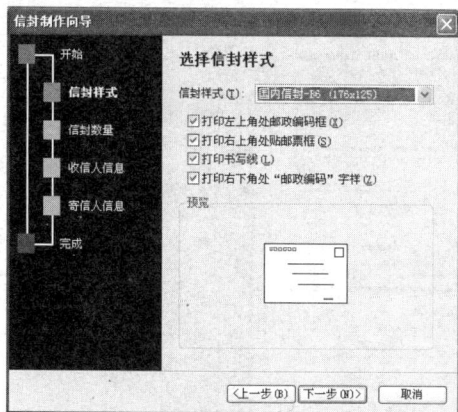

图2-4-25 【信封制作向导】选择信封样式

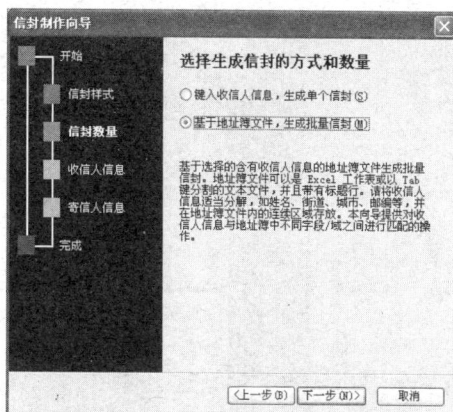

图2-4-26 选择生成信封的方式和数量

STEP 5 单击【下一步】按钮，进入【输入寄信人信息】界面，在【姓名】、【单位】、【地址】和【邮编】文本框中输入寄信人信息，如图 2-4-28 所示。

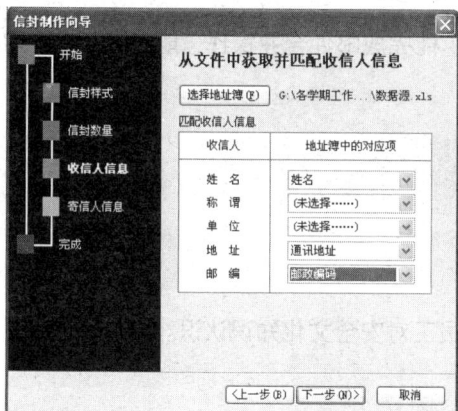

图2-4-27 【信封制作向导】从文件中获取并匹配收件人信息

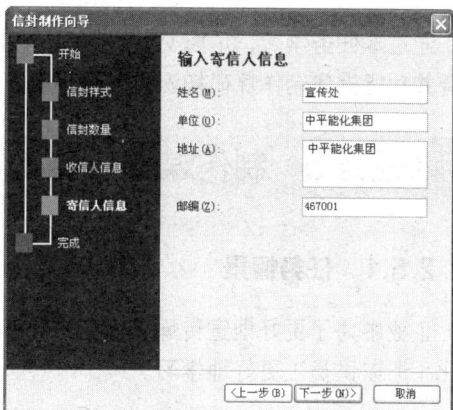

图2-4-28 【信封制作向导】输入寄信人信息

STEP 6 单击【下一步】按钮，进入【完成】界面，单击【完成】按钮，如图 2-4-29 所示，最终批量生成联系人信封，如图 2-4-30 所示。

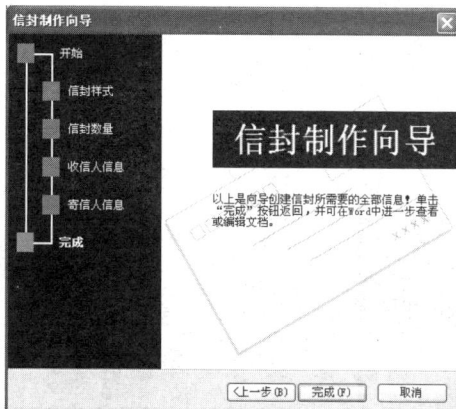

图2-4-29 【信封制作向导】完成

图2-4-30　生成中文信封

2.4.5　任务小结

通过本任务学习，了解 Word 中的邮件合并功能。能完成邮件合并操作，能在 Word 中用邮件合并功能批量制作煤矿知识讲座邀请函。

2.5　任务5　制作煤矿安全文化手册

2.5.1　任务情景

企业中为了更好地宣传煤矿安全文化知识，提高员工对安全文化知识认识。特制作企业安全文化手册以供员工更好地学习。

2.5.2　任务分析

煤矿文化安全手册为 Word 文档中长文档的编辑与制作。在本任务制作中详细介绍长文档的排版方法与技巧，其中包括应用样式、添加目录、添加页眉和页脚等内容。本任务制作煤矿安全文化手册展示效果，如图 2-5-1 所示。

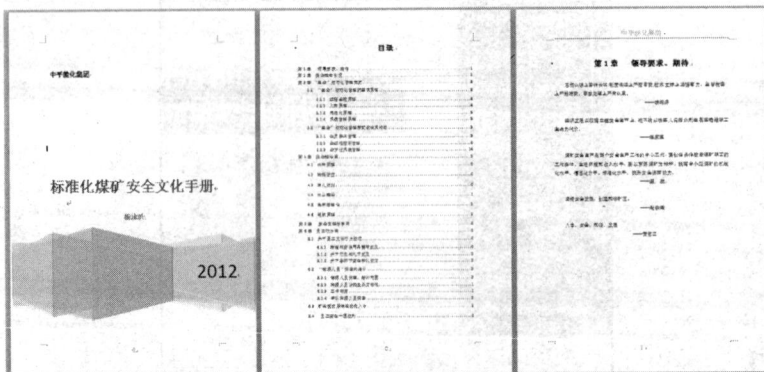

图2-5-1　煤矿安全文化手册

2.5.3 知识提炼

（1）文档属性

文档属性包含了一个文件的详细信息，例如描述性的标题、主题、作者、类别、关键词、文件长度、创建日期、最后修改日期、统计信息等。

（2）样式

样式就是一组已经命名的字符格式或段落格式。样式的方便之处在于可以把它应用于一个段落或者段落中选定的字符中，按照样式定义的格式，能批量地完成段落或字符格式的设置。样式分为字符样式和段落样式或内置样式和自定义样式。

（3）目录

目录通常是长文档不可缺少的部分，有了目录，用户就能很容易地了解文档的结构内容，并快速定位需要查询的内容。目录通常由两部分组成：左侧的目录标题和右侧标题所对应的页码。

（4）节

所谓"节"就是 Word 中用于换分文档的一种方式。之所以引入"节"的概念，是为了实现在同一文档中设置不同页面格式，例如不同的页眉和页脚、不同的页码、不同的页边距、不同的页面边框、不同的分栏等。建立新文档时，Word 将整篇文档视为一节，此时整篇文档只能采用统一的页面格式。因此，为了在同一文档中设置不同的页面格式就必须将文档划分为若干节，节可小至一个段落，也可大至整篇文档。节用分节符标识，在普通视图中分节符是两条横向平行的虚线。

（5）页眉和页脚

页眉和页脚是页面的两个特殊区域，位于文档中每个页面边距的顶部和底部区域。通常，诸如文档标题、页码、公司徽标、作者名等信息需打印在文档的页眉或页脚上。

（6）页码

页码用于表示每页在文档中的顺序。Word 可以快速地给文档添加页码，并且页面会随文档内容的增删而自动更新。

（7）Word 域

域是一种特殊的代码，用于指示 Word 在文档中插入某些特定的内容或自动完成某些复杂的功能。例如，使用域可以将日期和时间等插入到文中，并使 Word 自动更新日期和时间。

域的最大优点是可以根据文档的改动或其他有关因素的变化而自动更新。例如，生成目录后，目录中的页码会随着页面的增减而产生变化，此时可通过更新域来自动修改页码。因此，使用域不仅可以方便地完成许多工作，更重要的是能够保证得到正确的结果。

2.5.4 任务实施

1. 文档封面制作及页面设置

STEP 1 新建一个"煤矿安全文化手册"文档。

STEP 2 选择【插入】功能选项卡【页】组，单击【封面】命令选项按钮，在下拉菜单项中选择【小室型】，如图 2-5-2 所示，封面如图 2-5-3 所示。

图2-5-2 设置封面样式

图2-5-3 【小室型】封面样式

STEP 3 在使用 Word 2010 封面模板中添加文档标题文字。添加内容如图 2-5-4 所示。

2. 样式的应用

STEP 1 在文档内添加煤矿安全文化手册内容文本，并使用 Word 提供的样式功能设置标题 1 格式。选择【开始】功能选项卡【样式】组，单击【应用样式】命令选项，如图 2-5-5 所示，在弹出的【应用样式】对话框中单击【修改】命令按钮，如图 2-5-6 所示。弹出【样式】窗格，如图 2-5-7 所示。单击【新建样式】命令按钮，在【根据格式设置创建新样式】对话框中将【名称】文本框输入"新标题 1"，【样式类型】文本框输入"段落"，【样式基准】文本框输入"标题 1"，【后续段落样式】文本框输入"正文"，如图 2-5-8 所示。单击【格式】命令按钮，在弹出的【段落】对话框中设置标题 1 为字体"黑体"、字号"小二号"、对齐方式"居中"、段间距"段前段后 23 磅"、行间距"1.3 倍"，如图 2-5-9 所示。

图2-5-4 制作文档封面

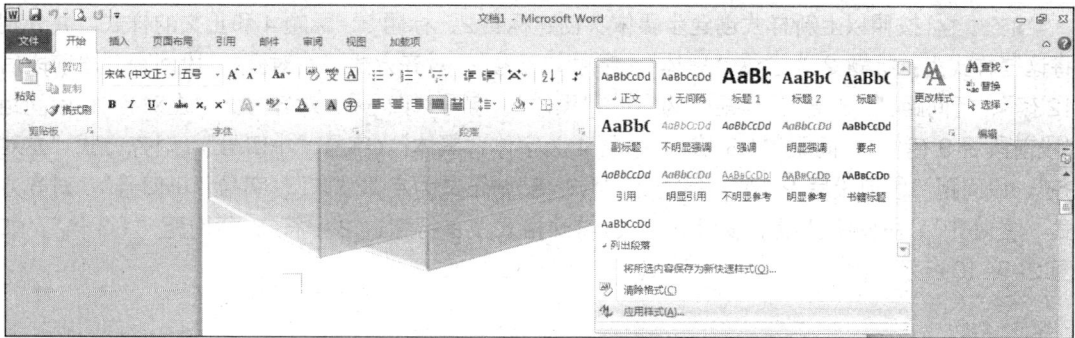

图2-5-5 【样式】组

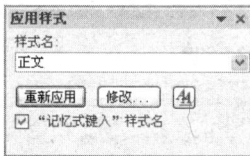

图2-5-6 【应用样式】窗格

图2-5-7 【样式】窗格

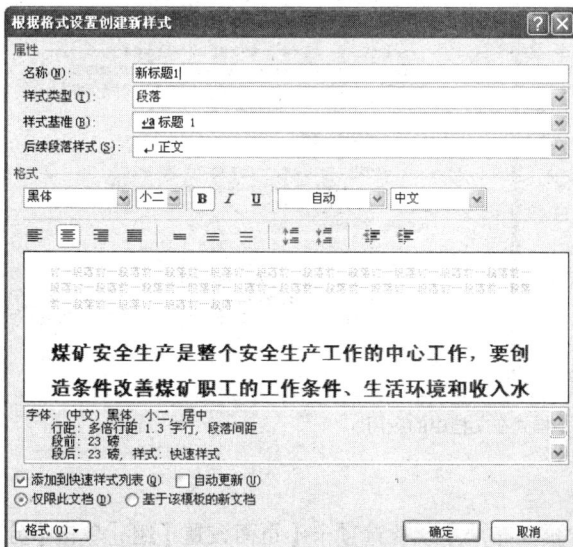

图2-5-8 【根据格式设置创建新样式】对话框

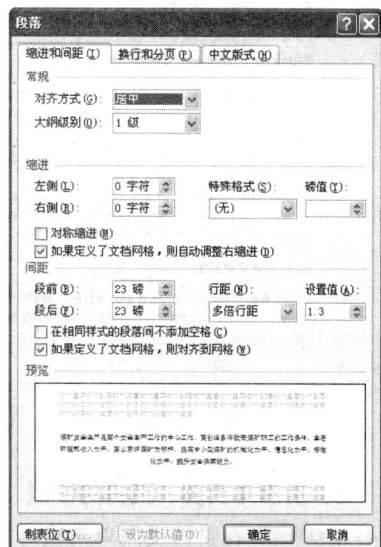

图2-5-9 【段落】对话框

STEP 2 按照以上新样式创建步骤依次创建标题 2、标题 3、标题 4 和正文的样式。并分别将这些样式为：标题 2 为字体"黑体"、字号"三号"、对齐方式"左对齐"、段间距"段前段后 12 磅"、行间距"1.3 倍"，标题 3 为字体"黑体"、字号"四号"、对齐方式"左对齐"、段间距"段前段后 9 磅"、行间距"1.3 倍"，标题 4 为字体"黑体"、字号"小四号"、对齐方式"左对齐"、段间距"段前段后 9 磅"、行间距"1.3 倍"，正文为字体"宋"、字号"小四号"、对齐方式"左对齐"、段间距"段前段后 9 磅"、特殊格式"首行缩进 2 字符"，行间距"1.3 倍"，如图 2-5-10 所示。

图2-5-10　各级标题样式设置

STEP 3 在文档中分别在相应的位置应用样式，如图 2-5-11 所示。

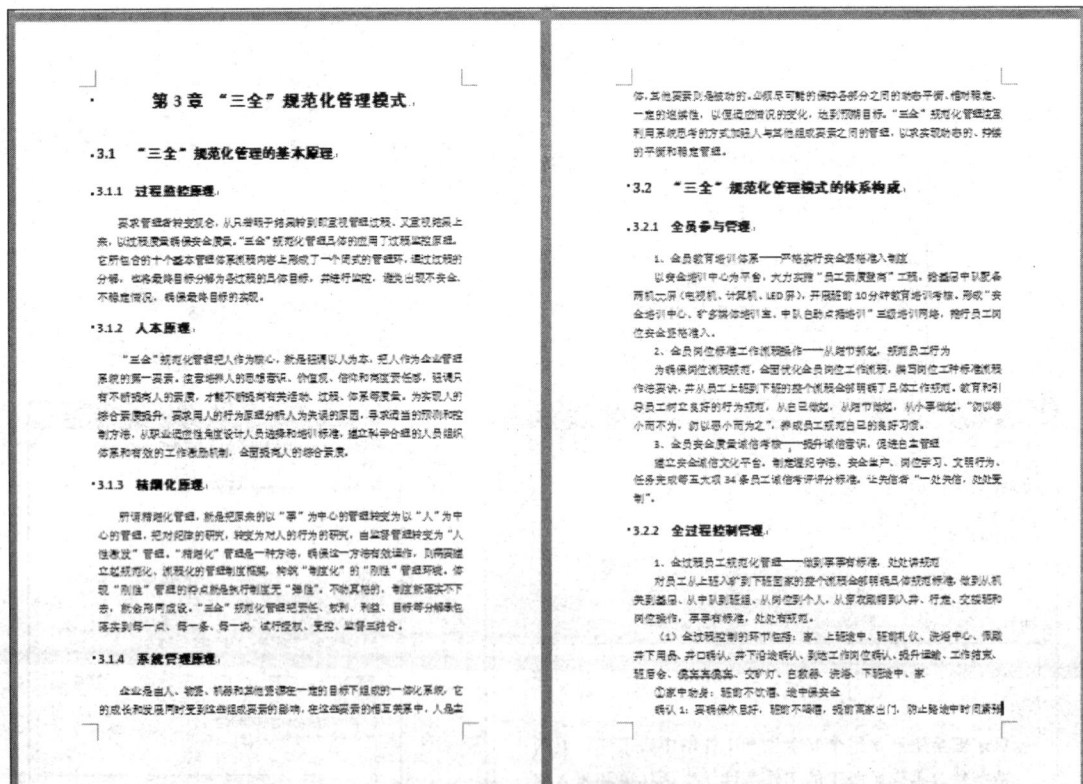

图2-5-11　样式在文档中的应用

3. 页面与页脚、页码的设置

STEP 1 在封面页尾单击鼠标，选择【页面布局】功能选项卡【页面设置】组，单击【分隔符】命令选项按钮，选择【下一页】，如图 2-5-12 所示。

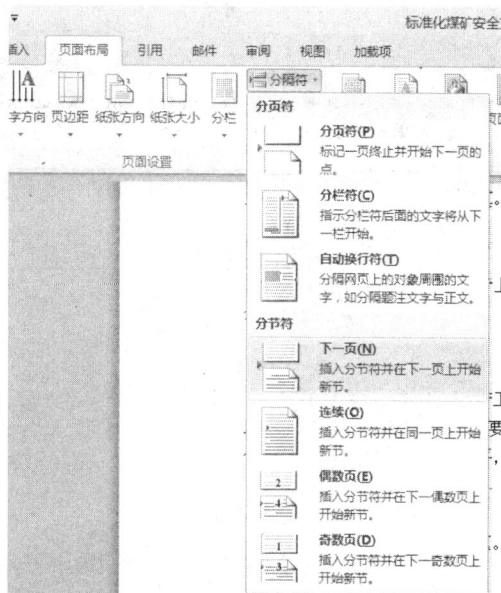

图2-5-12 【分节符】选项

STEP 2 按照以上操作在每个章节后面添加分节符。

STEP 3 鼠标单击【第一章首页】，选择【插入】功能选项卡，单击【页面和页脚】组中【页眉】命令按钮，选择页面类型为【空白】，如图 2-5-13 所示。文档进入【页眉】编辑页面，在页眉上录入文字"中平能化集团"，如图 2-5-14 所示。单击【关闭页眉和页脚】命令按钮，这时整篇文档都显示已录入的页眉内容，最终效果如图 2-5-15 所示。

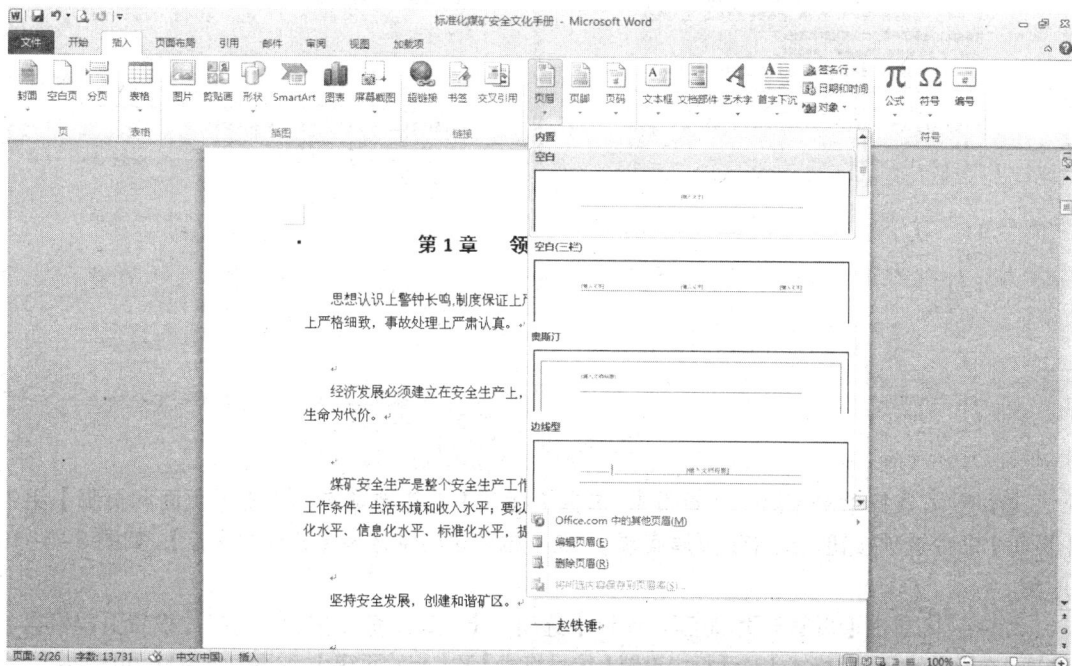

图2-5-13 【页眉】命令按钮

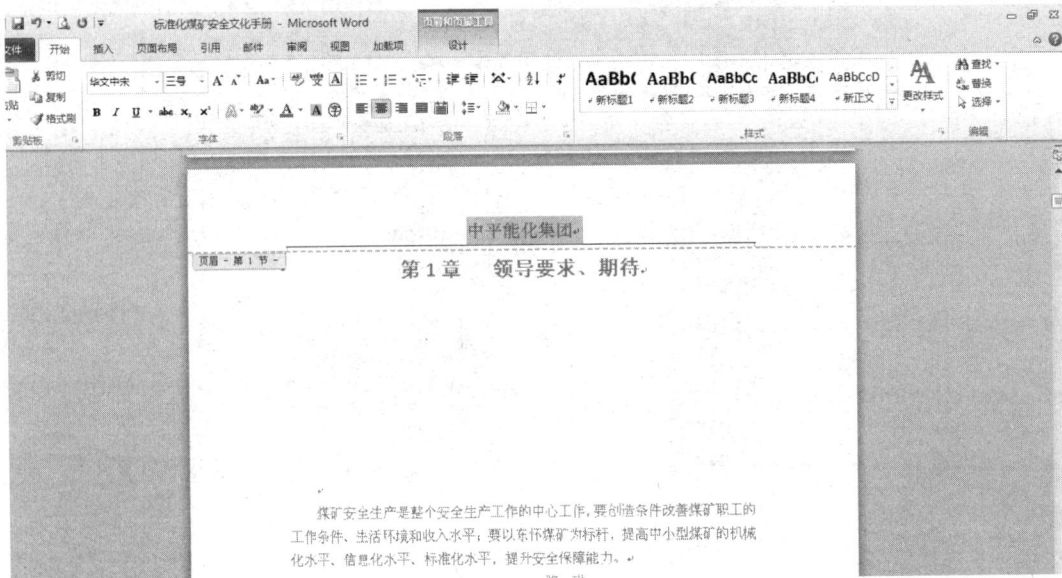

图2-5-14 设置页眉

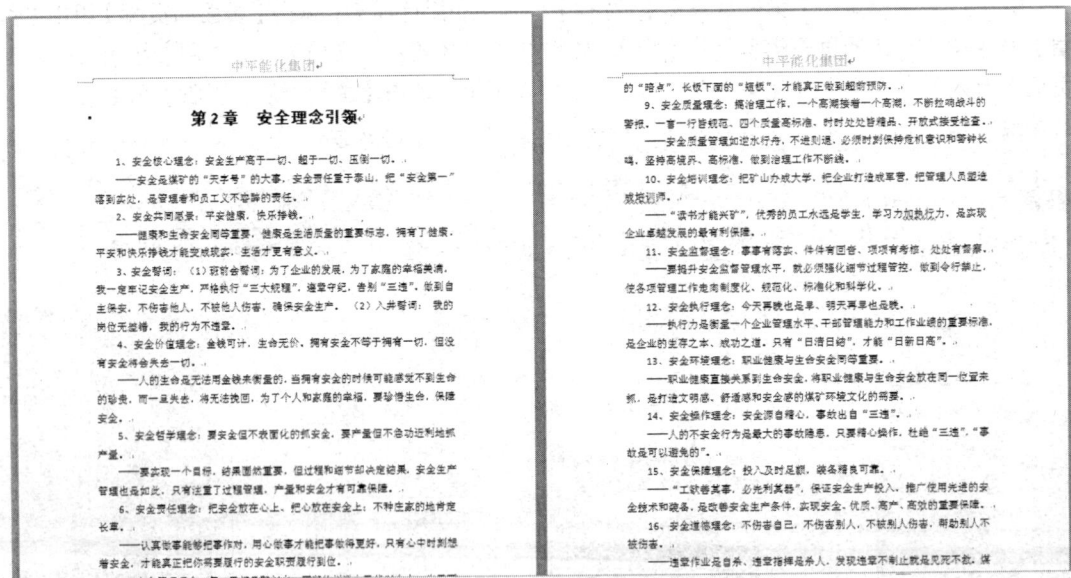

图2-5-15 文档页眉

STEP 4 鼠标单击【第一章首页】，选择【插入】功能选项卡，单击【页面和页脚】组中【页码】命令选项按钮，选择【页眉底端】，在下拉菜单项中选择【普通数字2】，如图2-5-16所示。

STEP 5 单击【页眉与页脚工具 设计】选项卡【页码】命令按钮，选择【设置页码格式】选项，在弹出的【页码格式】对话框中设置【编号格式】及【起始页码】，如图2-5-17和图2-5-18所示。

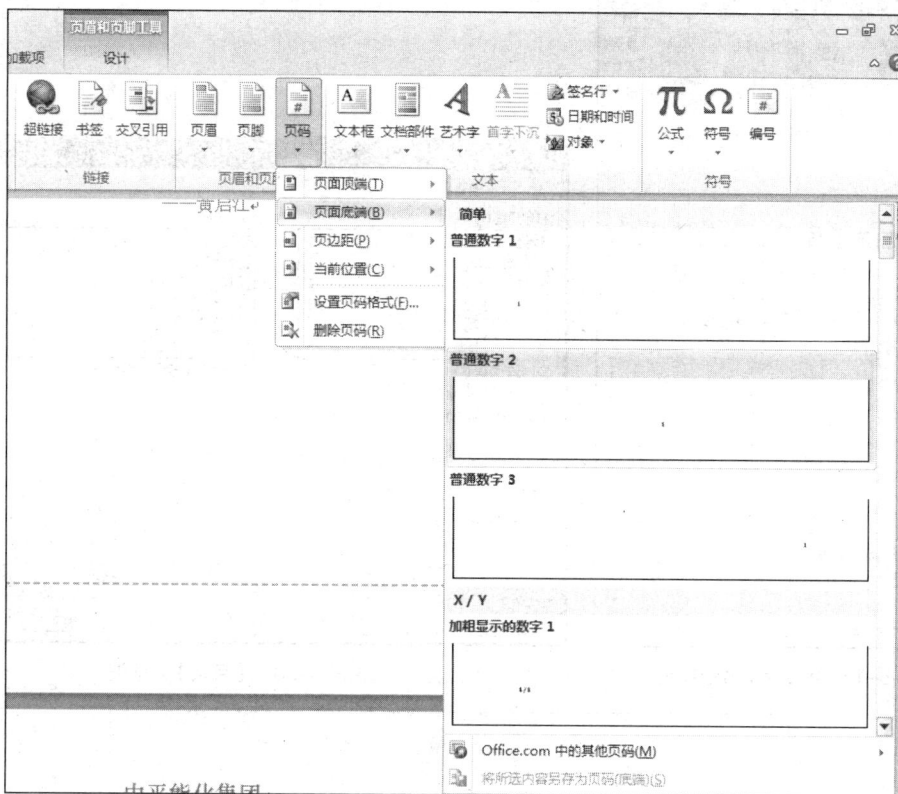

图2-5-16 【页码】命令选项按钮

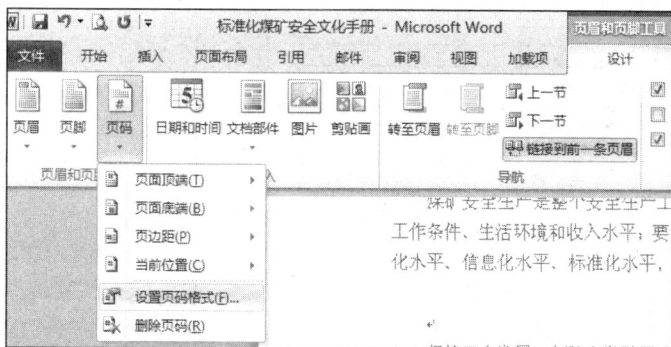

图2-5-17 【页码】命令按钮

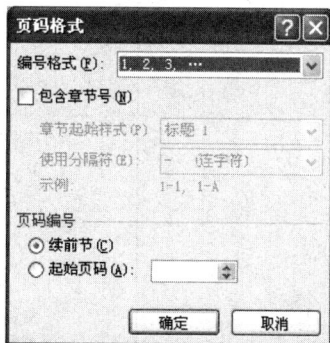

图2-5-18 【页码格式】对话框

4. 目录的应用

STEP 1 在封面页尾单击鼠标，选择【页面布局】功能选项卡【页面设置】组，单击【分隔符】命令选项按钮，在其下拉列表项中，选择【下一页】。

STEP 2 在要插入目录位置单击鼠标，选择【引用】功能选项卡中【目录】功能组。单击【插入目录】命令选项，如图 2-5-19 所示，选择【目录】对话框中目录模板，设置目录显示级别，如图 2-5-20 所示。目录生成最终效果如图 2-5-21 所示。

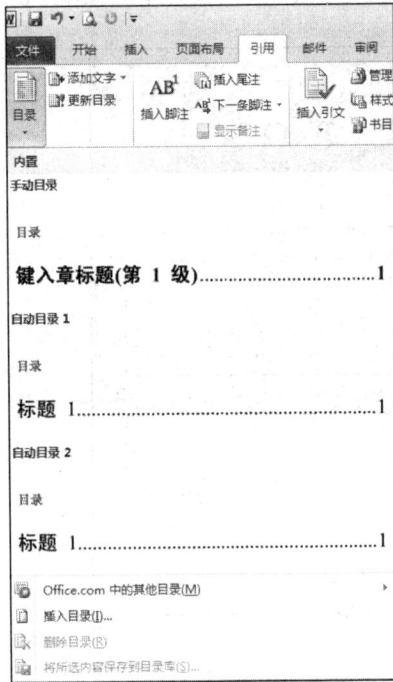

图2-5-19 【目录】命令按钮

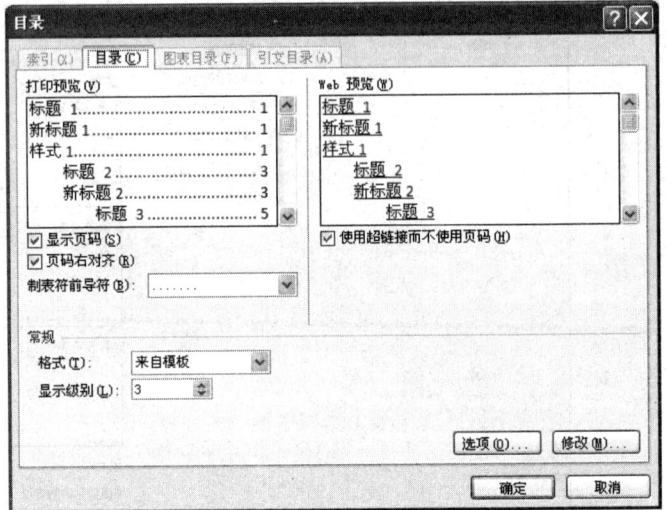

图2-5-20 【目录】对话框

图2-5-21 生成目录

5. 文档预览

STEP 1 保存文档。

STEP 2 单击【快速访问工具栏】中【打印预览】命令按钮，如图 2-5-22 所示。进入打印预览界面，在此界面中可以浏览制作好的文档，如图 2-5-23 所示。

图2-5-22 【快速访问工具栏】

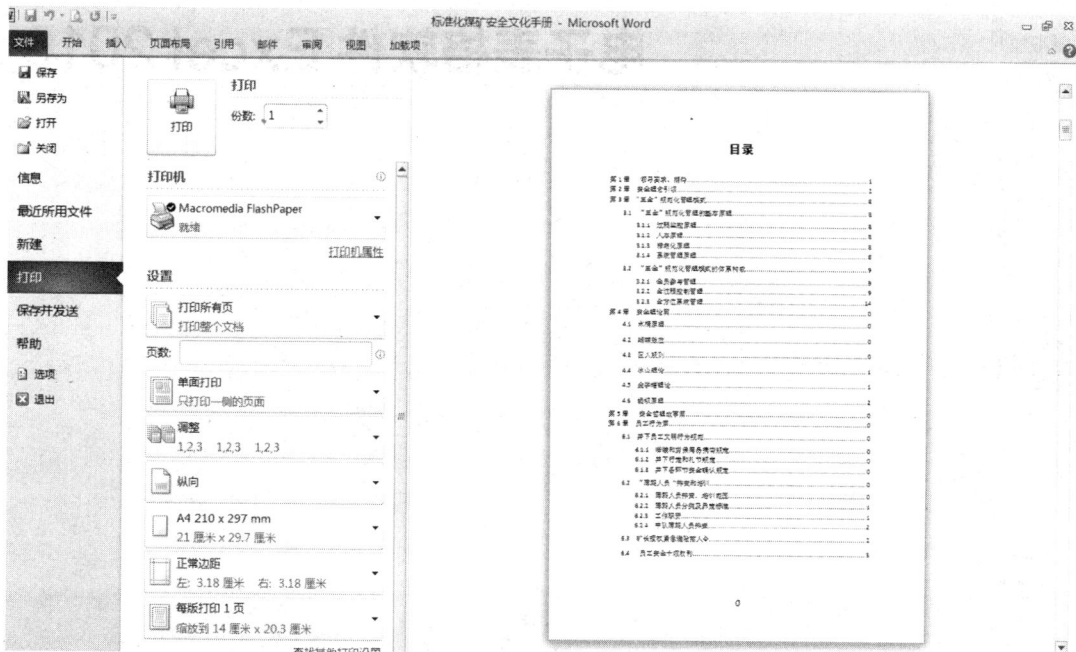

图2-5-23 打印预览界面

2.5.5 任务小结

通过本任务学习，了解 Word 中的邮件合并功能。能完成邮件合并操作，能在 Word 中用邮件合并功能批量制作煤矿知识讲座邀请函。

项目小结

Word 2010 是一个功能强大的文字处理软件，能完成各种文档、书报、杂志、信函等文档的文字录入、编辑、排版，而且还可以对各种图像、表格、声音等文件进行处理。它是集文字处理、表格处理、图文排版于一身的办公软件，尤其擅长文字图形。

3 Project

项目三
电子表格软件 Excel 2010

Windows 7+Office 2010

Excel 2010 是 Microsoft Office 2010 办公软件套装中的核心组件之一，使用它可以轻松地完成计算数据、创建图表和分析数据等操作，被广泛应用于学习、工作和生活的各个领域。比之以往的 Excel 可以有更多的方法分析、管理和共享信息，从而帮助用户做出更好、更明智的决策。全新的分析和可视化工具可帮助用户跟踪和突出显示重要的数据趋势。可以在移动办公室从几乎所有 Web 浏览器或 Smartphone 访问用户的重要数据。

3.1 任务 1 煤矿基层生产数据录入

3.1.1 任务情景

在煤矿安全生产管理过程中，煤矿基层生产数据的统计工作对煤矿适应新时期市场经济的要求，提高企业经济效益，具有重大和深远的意义。从煤矿企业自身的发展和规划来讲，煤矿管理是一个科学的、系统化的工程，如果缺失了统计工作，特别是统计错误，对于企业的决策是致命的。通过对煤矿基层搜集、汇总的数据进行分析，揭示事物之间在特定时间特定空间的内外特征以及发展态势，帮助企业的管理者进行定量以及定性分析，从而在生产管理中做出正确的决策。

3.1.2 任务分析

为了便于煤矿生产数据统计，中平能化集团九矿各个采煤队需将各月计划采煤量和实际采煤量上报生产科，生产科再根据上报基础生产数据进行汇总。本任务最终效果如图 3-1-1 所示。

中平能化九矿2012年上半年生产计划与完成情况

上报时间：	2012年7月1日			
单位编号	单位名称	月份	计划	完成
090001	综 采 队	1月	30000	30000
090002	一 分 队	1月	40000	40000
090003	采 准 队	1月	10000	11000
090004	掘 进 煤	1月	10000	9000
090001	综 采 队	2月	26000	26000
090002	一 分 队	2月	34000	34000
090003	采 准 队	2月	10000	10000
090004	掘 进 煤	2月	10000	10000
090001	综 采 队	3月	30000	30500
090002	一 分 队	3月	40000	40500
090003	采 准 队	3月	10000	11000
090004	掘 进 煤	3月	10000	8000
090001	综 采 队	4月	25000	24000

图3-1-1 生产计划与完成情况表

从生产计划与完成情况表来观察分析有以下相关内容需要注意。

① 煤矿基层各个采煤队生产计划与完成情况表主要展示了各月计划采煤量和实际采煤量情况。

② 汇总表中有上报时间、单位编号、单位名称、月份、计划及完成等信息内容。

③ 生产计划与完成情况表显示 5 列 16 行。

3.1.3　知识提炼

1. Microsoft Excel 2010 概述

Excel 2010 是微软办公软件的一个重要部分，是电子表格界首屈一指的软件。可完成表格输入、统计、分析等多项工作，可生成精美直观的表格、图表，大大提高企业员工的工作效率，目前大多数企业使用 Excel 对大量数据的计算分析，为公司相关政策、决策、计划的制定，提供有效的参考。而 Excel 2010 又增加了更多实用的功能，如图 3-1-2 所示。如果你正在学校、企业、工厂、银行等单位从事会计、统计、文员、数据分析、仓管等与数据有关的工作，Excel 2010 一定是用户不可多得的好帮手。

图3-1-2　Microsoft Excel 2010

2. 启动和退出 Excel 2010

（1）启动 Excel 2010

启动 Excel 2010 的方法与常规应用程序启动方法相同，常用的方法有四种。

① 通过"开始"菜单启动

选择"开始"菜单中的"程序"，在列表中单击"Microsoft Office"选项，在弹出的子菜单中选中"Microsoft Excel 2010"命令，即可启动 Excel 2010 应用程序，如图 3-1-3 所示。

图3-1-3　从程序中启动Excel 2010

② 通过桌面快捷方式启动

双击桌面上"Microsoft Excel 2010"的快捷图标，即可启动 Excel 2010 应用程序。

③ 通过"运行"对话框启动

选择"开始"菜单中的【运行】命令，弹出"运行"对话框，如图 3-1-4 所示。在"打开"文本框中输入"Excel.exe"，单击【确定】按钮，即可启动 Excel 2010 应用程序。

④ 从资源管理器中启动

打开"资源管理器"窗口，如图 3-1-5 所示，在左侧目录树窗口中查找并打开 Microsoft Office 目录下的

图3-1-4 【运行】对话框

Office14 目录，在右侧窗口中单击 EXCEL.EXE 图标，即可启动 Excel 2010 应用程序。

图3-1-5　从"资源管理器"中启动Excel 2010

（2）退出 Excel 2010

Excel 2010 的退出方法与其他应用程序相同，可任选以下方法中的一种。

① 直接单击 Excel 2010 窗口标题栏右上角的【关闭】按钮。

② 单击【文件】选项卡标签，在下拉列表中选中【退出】命令。

③ 双击 Excel 2010 窗口左上角的【控制菜单】按钮。

④ 按【Alt+F4】组合键。

⑤ 单击【控制菜单】按钮，选择【关闭】命令。

⑥ 右击"任务栏"中相应的 Excel 2010 图标，选择【关闭】命令。

注意

如果在退出 Excel 2010 之前没有保存当前文档，系统就会出现一个消息框询问用户是否存盘，单击【是】按钮，保存当前文档后退出 Excel 2010；单击【否】按钮，则表示不保存当前文档并退出 Excel 2010；单击【取消】按钮，表示既不存盘也不退出 Excel 2010，可以继续编辑 Excel 文档。如果对打开的 Excel 2010 文档做了任何形式的修改，则在退出 Excel 时，系统会提示对文件的保存，按照提示操作即可，如图 3-1-6 所示。

3. Excel 2010 操作界面

Excel 2010 启动后，进入操作界面窗口（如图 3-1-7 所示）。Excel 2010 的操作界面主要由自定义快速访问工具栏、标题栏、功能区、编辑栏、工作表编辑区、工作表标签、滚动条和状态栏等部分组成。

图3-1-6　Excel 2010保存文件提示框

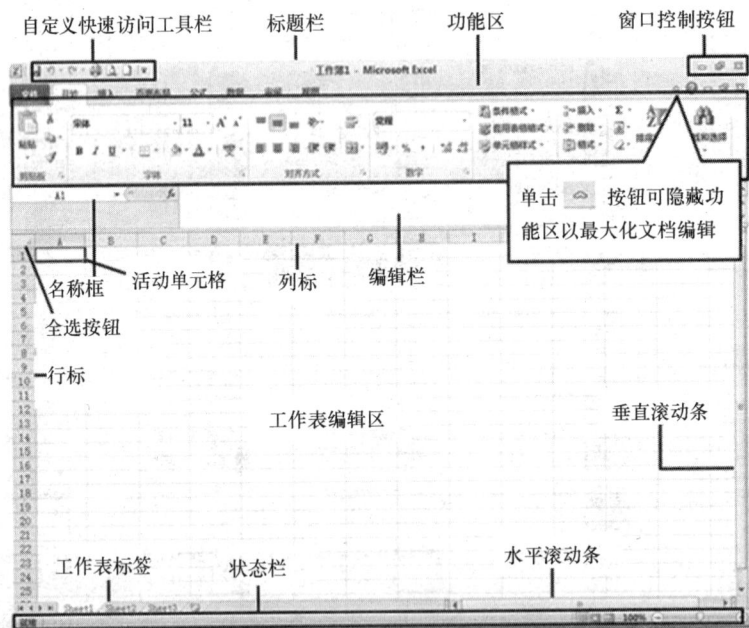

图3-1-7　Excel 2010操作界面

（1）快速访问工具栏

该工具栏位于工作界面的左上角，包含一组用户使用频率较高的工具，如【保存】、【撤销】和【恢复】按钮。用户可单击【快速访问工具栏】右侧的倒三角按钮 ，在展开的列表中选择要在其中显示或隐藏的工具按钮。另外，通过该下拉列表，我们可以设置快速访问工具栏的显示位置。

（2）标题栏

位于 Excel 2010 操作界面的最顶端，其中显示了当前编辑的工作簿名称及程序名称。标题栏的最右侧有 3 个窗口控制按钮，分别用于对 Excel 2010 的窗口执行【最小化】、【最大化/还原】

和【关闭】操作。

（3）功能区

位于标题栏的下方，是一个由 9 个选项卡组成的区域。Excel 2010 将用于处理数据的所有命令组织在不同的选项卡中。单击不同的选项卡标签，可切换功能区中显示的工具命令。在每一个选项卡中，命令又被分类放置在不同的组中。组的右下角通常都会有一个对话框启动器按钮，用于打开与该组命令相关的对话框，以便用户对要进行的操作做更进一步的设置。

（4）编辑栏

编辑栏主要用于输入和修改活动单元格中的数据。当在工作表的某个单元格中输入数据时，编辑栏会同步显示输入的内容。

（5）工作表编辑区

用于显示或编辑工作表中的数据。

（6）工作表标签

位于工作簿窗口的左下角，默认名称为 Sheet1、Sheet2、Sheet3……单击不同的工作表标签可在工作表间进行切换。

4. 认识工作簿、工作表与单元格

在 Excel 中，用户接触最多的就是工作簿、工作表和单元格，工作簿就像是我们日常生活中的账本，而账本中的每一页账表就是工作表，账表中的一格就是单元格，工作表中包含了数以百万计的单元格。

工作簿、工作表与单元格是组成 Excel 文件的三大元素，在 Excel 中的操作主要是针对它们进行的。在 Excel 中，单元格是存储数据的最小单位，由单元格组成工作表，再由工作表组成工作簿，即 Excel 文件。它们之间的关系如图 3-1-8 所示。

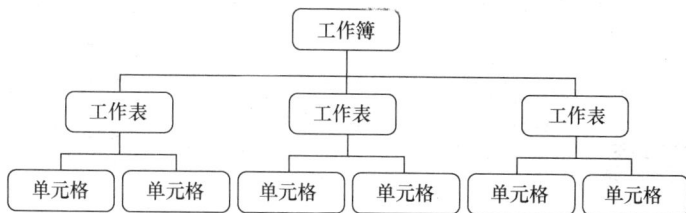

图3-1-8　工作簿、工作表与单元格之间的关系

（1）工作簿

在 Excel 中生成的文件就叫作工作簿，Excel 2010 的文件扩展名是.xlsx。也就是说，一个 Excel 文件就是一个工作簿。每个工作簿可以包含多张工作表，每张工作表可以存储不同类型的数据，因此可在一个工作簿文件中管理多种类型的相关信息。

（2）工作表

工作表是显示在工作簿窗口中由行和列构成的表格。它主要由单元格、行标、列标和工作表标签等组成。行标显示在工作簿窗口的左侧，依次用数字 1，2…1048576 表示；列标显示在工作簿窗口的上方，依次用字母 A、B…XFD 表示。在默认情况下，一个工作簿包含 3 个工作表，用户可以根据需要添加或删除工作表。

（3）单元格

单元格是 Excel 工作簿的最小组成单位，所有的数据都存储在单元格中。工作表编辑区中每

一个长方形的小格就是一个单元格，每一个单元格都可用其所在的行号和列号标识，如 A1 单元格表示位于第 A 列第 1 行的单元格。

5. 单元格区域

单元格区域：单元格区域是指多个单元格的集合，它是由许多个单元格组合而成的一个范围。单元格区域可分为连续单元格区域和不连续单元格区域。在数据运算中，经常会对一个单元格区域中的数据进行计算。在单元格的表示中，如果单元格名称与单元格名称之间是冒号（ : ），则表示一个连续的单元格区域；若中间是逗号（ , ），则表示不连续的单元格区域。例如：SUM（A1：B2），表示对 A1 单元格到 B2 单元格之间的所有单元格数据进行求和计算；而 SUM（A1，B2），则表示只对 A1 单元格和 B2 单元格中的数据进行求和计算。

6. 工作簿的新建、保存、打开与关闭

工作簿的扩展名为.xlsx，用于保存表格中的内容。在 Excel 中，工作簿的基本操作主要包括新建、保存、打开和关闭工作簿等。下面分别进行介绍。

（1）新建工作簿

在通常情况下，启动 Excel 2010 时，系统会自动新建一个名为"工作簿 1"的空白工作簿。若要再新建空白工作簿，可按【Ctrl+N】组合键，或单击"文件"选项卡，在打开的界面中单击【新建】项，在窗口中的【可用模板】列表中单击【空白工作簿】项，然后单击【创建】按钮。用户也可以在中间的文件列表中选择某个模板，利用模板创建具有特定格式和内容的工作簿，如图 3-1-9 所示。

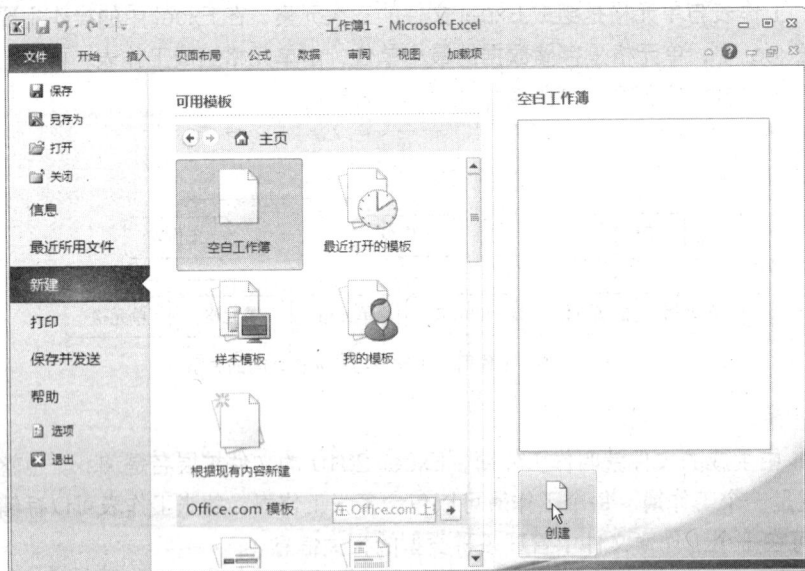

图3-1-9　创建工作簿

（2）保存工作簿

当对工作簿进行了编辑操作后，为防止数据丢失，需将其保存。要保存工作簿，可单击【快速访问工具栏】上的【保存】按钮，按【Ctrl+S】组合键，或单击【文件】选项卡，在打开的界面中选择【保存】项，打开【另存为】对话框，在其中选择工作簿的保存位置，输入工作簿名称，然后单击【保存】按钮，如图 3-1-10 所示。若在【保存类型】下拉列表中选择【Excel 97-2003

工作簿】项，可让 Excel 2010 用低版本的 Excel（如 Excel 2003）顺利打开制作的文件。

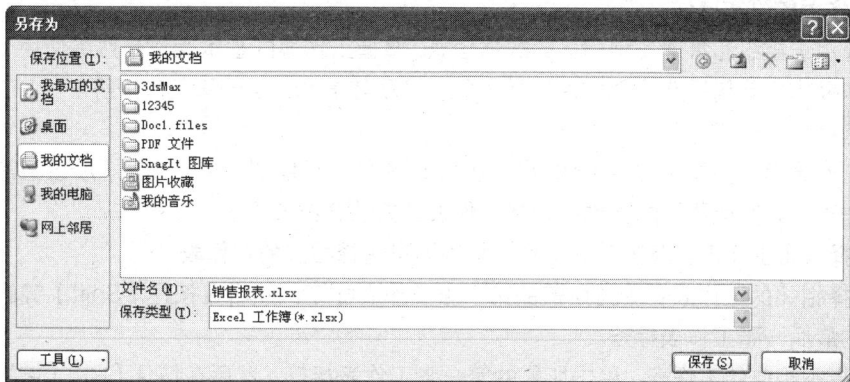

图3-1-10　【另存为】对话框

当对工作簿执行第二次保存操作时，不会再打开【另存为】对话框。若要将工作簿另存，可在【文件】界面中选择【另存为】项，在打开的"另存为"对话框中重新设置工作簿的保存位置或工作簿名称等，然后单击【保存】按钮即可。

（3）打开工作簿

保存工作簿是为了便于下次对其进行查看或编辑等操作，而在查看或编辑工作簿之前，用户首先需要将其打开。下面打开已保存在计算机中的工作簿，具体操作如下。

在【文件】界面中选择【打开】项，然后在打开的【打开】对话框中找到工作簿的放置位置，选择要打开的工作簿，单击【打开】按钮，如图 3-1-11 所示。此外，在【文件】界面中列出了用户最近使用过的 25 个工作簿，单击某个工作簿名称即可将其打开。

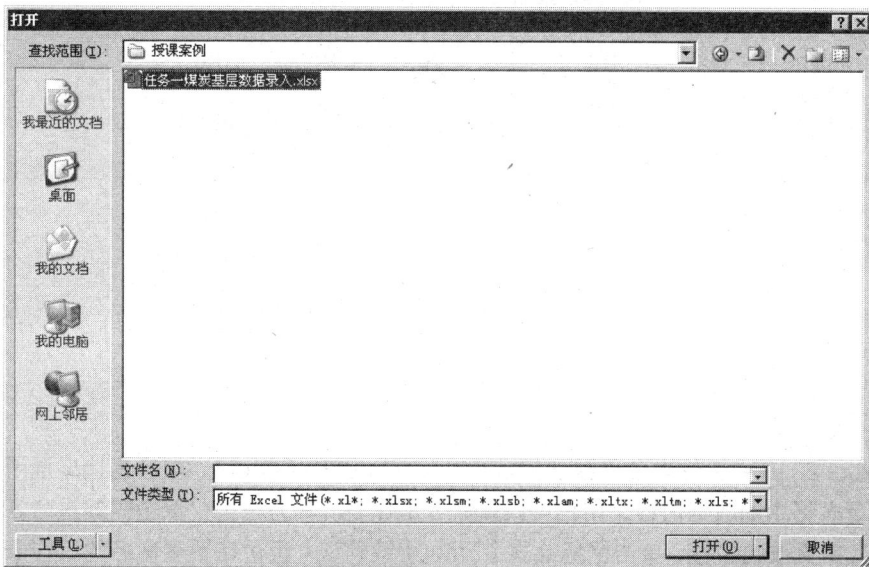

图3-1-11　【打开】对话框

（4）关闭工作簿

单击工作簿窗口右上角的【关闭窗口】按钮或在【文件】界面中选择【关闭】项。若工作簿尚未保存，此时会打开一个提示对话框，用户可根据提示进行相应操作。

7. 工作表的基本操作

工作表用于组织和管理各种相关的数据信息，掌握工作表的基本操作是熟练使用 Excel 的基础，其基本操作主要包括选择、插入、重命名、移动与复制以及删除工作表等。

（1）选择工作表

每张工作簿通常都是由许多工作表构成的，但它们不可能同时显示出来，所以经常需要选择不同的工作表，以完成不同的工作。选择工作表的方法介绍如下。

① 选择一张工作表：单击某一工作表标签即可选择相应的工作表。

② 选择相邻的工作表：单击所需的第一张工作表标签，然后在按住【Shift】键的同时单击需要选择的最后一张工作表标签。

③ 选择不相邻的工作表：单击所需的第一张工作表标签，然后在按住【Ctrl】键的同时单击需要选择的其他工作表标签。

④ 选择全部工作表：在任意一个工作表标签上单击鼠标右键，在弹出的快捷菜单中选择"选定全部工作表"命令即可选择全部工作表。

（2）插入工作表

在实际操作中，工作簿默认的 3 张工作表有时不能满足需要，此时用户可以根据需要插入工作表。插入工作表的方法很简单，单击工作表标签 按钮即可。也可在工作表标签上单击鼠标右键，在弹出的快捷菜单中选择"插入"命令，弹出"插入"对话框，默认选择"工作表"选项，单击【确定】按钮，如图 3-1-12 所示。返回工作簿后即可看到插入名为 Sheet4 的工作表，如图 3-1-13 所示。

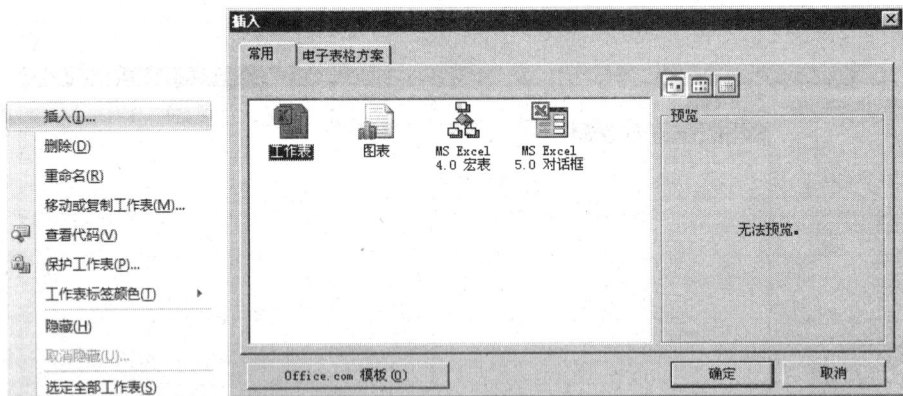

图3-1-12 "插入"对话框

（3）重命名工作表

在 Excel 2010 中工作表名称默认为 Sheet1、Sheet2、Sheet3…很容易造成混淆。此时为了快速查看表格中的数据内容，用户可以重命名工作表。其方法为：双击需要重命名的工作表标签，输入要更改的名称，单击鼠标或按【Enter】键确认。也可在要重命名的工作表标签上单击鼠标右键，在弹出的快捷菜单中选择"重命名"命令，当工作表标签以黑底白字显示时输入新的名称，然后按【Enter】键或单击任意单元格即可完成工作表重命名操作，如图 3-1-14 所示。

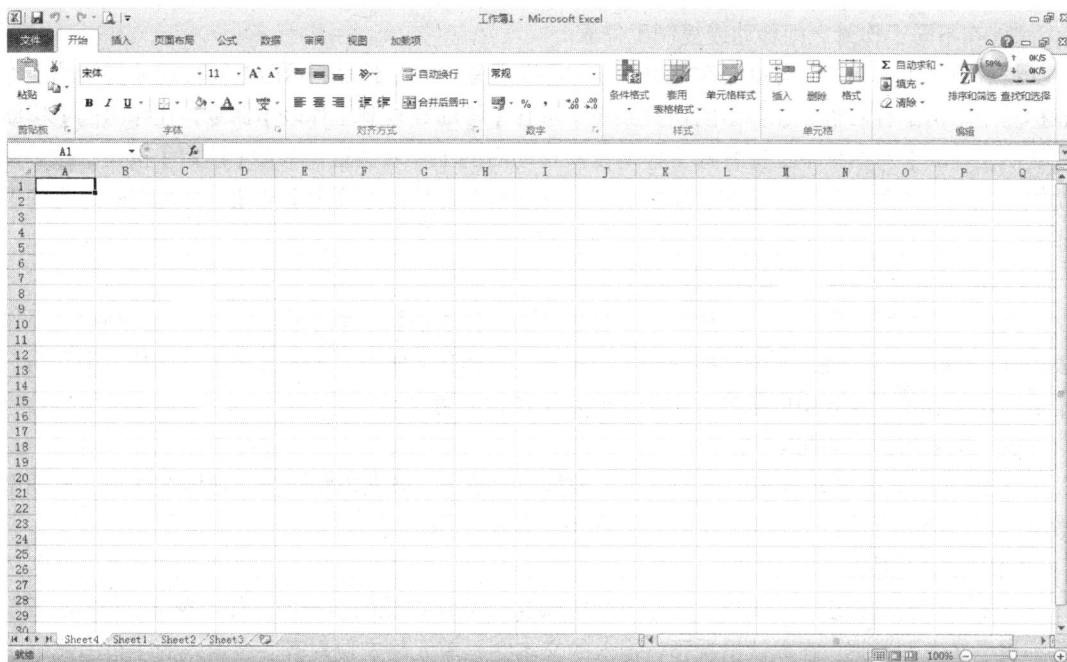

图3-1-13 插入工作表

图3-1-14 重命名工作表

（4）移动与复制工作表

熟练掌握移动与复制工作表操作可以提高工作效率，快速完成任务。移动或复制工作表可以在同一工作簿中进行，也可以在不同工作簿之间进行。

① 在同一工作簿中移动或复制工作表

移动工作表最简单的方法是单击工作表标签拖曳到需要移动的位置即可。复制工作表是在拖曳的同时按住【Ctrl】键即可完成。另一种方法是在需移动或复制的工作表标签上单击鼠标右键，在弹出的快捷菜单中选择"移动或复制工作表"命令，在弹出的【移动或复制工作表】对话框中设置移动后的位置，然后单击【确定】按钮，即可移动被选定的工作表，如图3-1-15所示。若同时选中【建立副本】复选框，再单击【确定】按钮，将复制被选定的工作表。

图3-1-15 "移动或复制工作表"对话框

② 在不同工作簿之间移动或复制工作表

打开目标工作簿，在当前工作簿中选定需移动或复制的工作表，然后在需移动或复制的工作表标签上单击鼠标右键，在弹出的快捷菜单中选择【移动或复制工作表】命令，在弹出的【移动或复制工作表】对话框中选择目标工作簿以及移动后的工作表位置，单击【确定】按钮，即可移动被选定的工作表。若同时选中"建立副本"复选框，再单击【确定】按钮，将复制被选定的工作表。

（5）删除工作表

为了有效地管理工作簿，用户还可以将多余的工作表删除。其方法很简单，在要删除的工作表标签上单击鼠标右键，在弹出的快捷菜单中选择【删除】命令，将弹出提示对话框，询问用户是否要永久删除工作表中的数据，单击【确定】按钮即可。

8. 常用数据类型录入

在 Excel 2010 的单元格中可以输入多种类型的数据，如文本型数据、数值型数据、日期型数据和时间型数据等，下面简单介绍这几种类型数据的输入。

（1）文本型数据

文本型数据是指汉字、英文，或由汉字、英文、数字组成的字符串，如"季度 1""AK47"等都属于文本型数据。在默认情况下，输入的文本会延单元格左侧对齐。当输入的字符串超出了当前单元格的宽度时，如果右侧相邻单元格里没有数据，那么字符串会往右延伸；如果右侧单元格有数据，超出的那部分数据就会隐藏起来，只有把单元格的宽度变大后才能显示出来。

如果要输入的字符串全部由数字组成，如邮政编码、电话号码、存折账号等，为了避免 Excel 把它按数值型数据处理，在输入时可以先输一个单引号"'"（英文符号），再接着输入具体的数字。例如，要在单元格中输入电话号码"28316653"，先输入单引号"'"然后输入"28316653"，按【Enter】键，出现在单元格里的就是"28316653"，并自动左对齐，如图 3-1-16 所示。

如果在输入数据的过程中出现错误，可以使用【Backspace】键删除错误的文本。如果确认输入过后才发现错误，则需双击需要修改的单元格，然后在该单元格中进行修改。也可单击单元格，然后将光标定位在编辑栏中修改数据。如果单击某个有数据的单元格，然后直接输入数据，则单元格中原来的数据将被替换。

此外，单击某个单元格，然后按【Delete】键或【Backspace】键，可删除该单元格中的全部内容。在输入数据时，还可以通过单击编辑栏中的【取消】按钮，或按【Esc】键取消本次输入。

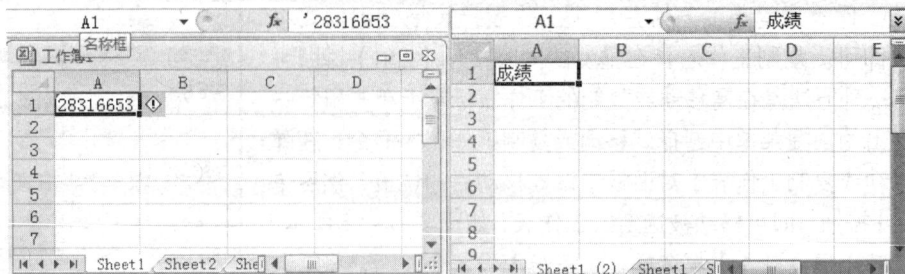

图3-1-16　输入文本

（2）数值型数据

在 Excel 中，数值型数据包括数值、日期和时间，它是使用最多，也是最为复杂的数据类型。一般由数字 0~9、正号、负号、小数点、分数号"/"、百分号"%"、指数符号"E"或"e"、货币符号"$"或"￥"和千位分隔符","等组成。

输入大多数数值型数据时，直接输入即可，Excel 会自动将数值型数据延单元格右侧对齐。当输入的数据位数较多时，如果输入的数据是整数，则数据会自动转换为科学计数表示方法，如图 3-1-17 所示。

如果输入的是小数，在单元格能够完全显示，则不会进行任何调整；如果小数不能完全显示，系统会根据情况进行四舍五入调整，如图 3-1-18 所示。

	A	B	C		A
1	132434345455768687889898			1	1.32434E+23
2				2	

图3-1-17　科学计数表示

	A	B	C		A
1	145.456456464564564			1	145.4565
2				2	

图3-1-18　四舍五入调整

在输入过程中，有以下两种比较特殊的情况要注意。

① 负数：在数值前加一个"-"号或把数值放在括号里，都可以输入负数，例如要在单元格中输入"-15"，可以输入"-15"或"(15)"，然后按【Enter】键都可以在单元格中出现"-15"，如图 3-1-19 所示。

② 分数：要在单元格中输入分数形式的数据，应先在编辑栏中输入"0"和一个空格，然后再输入分数，否则 Excel 会把分数当作日期处理。例如，要在单元格中输入分数"3/4"，在编辑栏中输入"0"和一个空格，然后接着输入"3/4"，按一下【Enter】键，单元格中就会出现分数"3/4"，如图 3-1-20 所示。

	A	B
1		
2		-15
3		

	A	B
1		
2		(15)
3		

图3-1-19　负数的输入

	A	B
1		
2		0 3/4
3		

	A	B
1		
2		3/4
3		

图3-1-20　分数的输入

（3）日期型数据

在人事管理中，经常需要录入一些日期型的数据，在录入过程中要注意：输入日期时，年、月、日之间要用"/"号或"-"号隔开，首先输入年份，然后输入 1~12 数字作为月，再输入 1~31 数字作为日，如"2002-8-16""2002/8/16"。

（4）时间型数据

在 Excel 中输入时间时，可用冒号（:）分开时间的时、分、秒。系统默认输入的时间是按 24 小时制的方式输入的。如"10:29:36"。按【Ctrl+;】组合键，可在单元格中插入当前日期；按【Ctrl+Shift +;】组合键，可在单元格中插入当前时间。如果要同时输入日期和时间，则应在日期与时间之间用空格加以分隔。

3.1.4　任务实施

1. 收集各个采煤队基础资料信息

2. 建立煤矿基层生产数据表

打开 Excel 2010，新建"煤矿基层生产数据"工作簿，如图 3-1-21 所示。

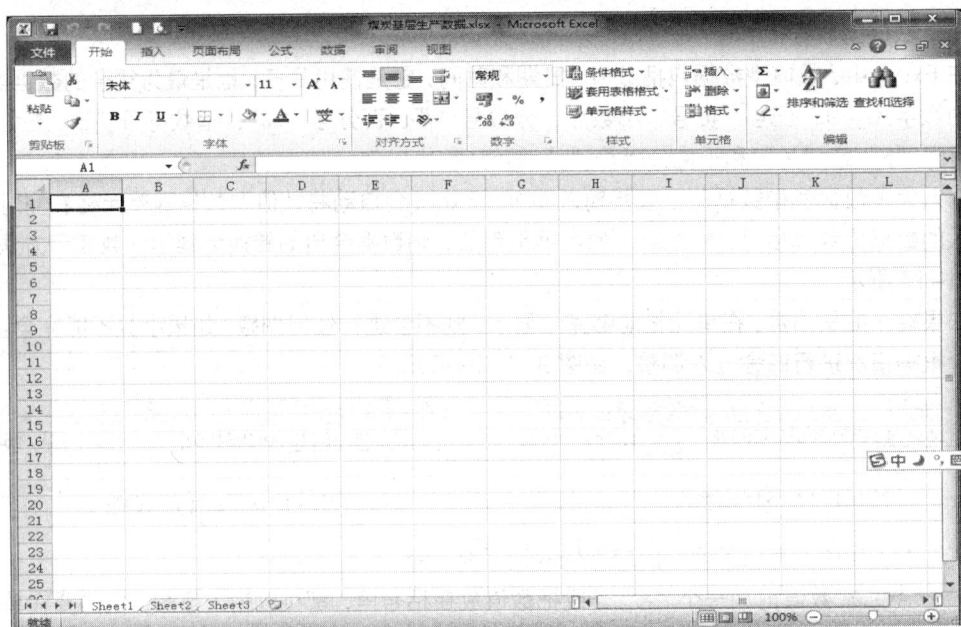

图3-1-21 新建"煤矿基层生产数据"工作簿

3. 录入各生产队上报生产数据

① 录入文本型数据，在各单元格分别输入"单位编号"等字段名，如图 3-1-22 所示。

② 录入文本型数值数据。操作如下：先输入英文状态下的单撇号"'"，再输入数据"090001"，如图 3-1-23 所示。

图3-1-22 录入文本型数据

图3-1-23 录入文本型数值数据

③ 快速填充文本型数值，如图 3-1-24 所示。

选中数据"090001"所在的单元格后，移动鼠标光标到该单元格的右下角，当其变成➕形状时，按住鼠标左键不放并拖动鼠标光标至目标单元格后释放即可。

图3-1-24 快速填充文本型数值

④ 录入单位名称和月份，如图 3-1-25 所示。

⑤ 快速填充单位名称和月份，如图 3-1-26 所示。

选中单位名称和月份单击"复制"，然后粘贴到目标单元格，并对相应的月份再进行修改。

单位编号	单位名称	月份	计划	完
090001	综 采 队	1月		
090002	一 分 队	1月		
090003	采 准 队	1月		
090004	掘 进 煤	1月		
090001				
090002				
090003				
090004				
090001				
090002				
090003				
090004				
090001				
090002				
090003				
090004				
090001				
090002				
090003				
090004				

图3-1-25 录入单位名称和月份

单位编号	单位名称	月份	计划	完成
090001	综 采 队	1月		
090002	一 分 队	1月		
090003	采 准 队	1月		
090004	掘 进 煤	1月		
090001	综 采 队	2月		
090002	一 分 队	2月		
090003	采 准 队	2月		
090004	掘 进 煤	2月		
090001	综 采 队	3月		
090002	一 分 队	3月		
090003	采 准 队	3月		
090004	掘 进 煤	3月		
090001	综 采 队	4月		
090002	一 分 队	4月		
090003	采 准 队	4月		
090004	掘 进 煤	4月		
090001	综 采 队	5月		
090002	一 分 队	5月		
090003	采 准 队	5月		
090004	掘 进 煤	5月		
090001	综 采 队	6月		
090002	一 分 队	6月		
090003	采 准 队	6月		
090004	掘 进 煤	6月		

图3-1-26 快速填充单位名称和月份

⑥ 录入生产和计划产煤量数值型数据，如图 3-1-27 所示。

⑦ 添加标题和上报时间，如图 3-1-28 所示。

在"单位编号"等字段名上方插入两行，分别添加标题和上报时间。

单位编号	单位名称	月份	计划	完成
090001	综 采 队	1月	30000	30000
090002	一 分 队	1月	40000	40000
090003	采 准 队	1月	10000	11000
090004	掘 进 煤	1月	10000	9000
090001	综 采 队	2月	26000	26000
090002	一 分 队	2月	34000	34000
090003	采 准 队	2月	10000	10000
090004	掘 进 煤	2月	10000	10000
090001	综 采 队	3月	30000	30500
090002	一 分 队	3月	40000	40500
090003	采 准 队	3月	10000	11000
090004	掘 进 煤	3月	10000	8000
090001	综 采 队	4月	25000	24000
090002	一 分 队	4月	40000	42000
090003	采 准 队	4月	10000	12000
090004	掘 进 煤	4月	10000	7000
090001	综 采 队	5月	30000	32000
090002	一 分 队	5月	30000	30000
090003	采 准 队	5月	10000	12000
090004	掘 进 煤	5月	10000	6000
090001	综 采 队	6月	39000	37000
090002	一 分 队	6月	0	0
090003	采 准 队	6月	12000	5000
090004	掘 进 煤	6月	15000	3000

图3-1-27 录入生产和计划产煤量数值型数据

中平能化九矿2012年上半年生产计划与完成情况

上报时间： 2012年7月1日

单位编号	单位名称	月份	计划	完成
090001	综 采 队	1月	30000	30000
090002	一 分 队	1月	40000	40000
090003	采 准 队	1月	10000	11000
090004	掘 进 煤	1月	10000	9000
090001	综 采 队	2月	26000	26000
090002	一 分 队	2月	34000	34000

图3-1-28 添加标题和上报时间

4. 美化表格

选中要设置表格区域，单击【开始】选项卡，单击【字体】选项组中的" ▦ ▾ "右侧的小三角，在弹出的命令中选中【所有框线】，需要制作的表格就设置上表格线了，如图 3-1-29 所示。

图3-1-29　美化表格

5．保存文档。

3.1.5　任务小结

通过在 Excel 2010 环境下编辑完成基本数据的录入，熟悉 Excel 2010 操作界面，掌握工作簿、工作表、单元格的基本操作，在学习的过程中熟悉了常用数据类型录入，并能够掌握快速填充数据，完成美化工作表的基本能力。

3.2 任务 2　煤矿生产数据简单计算

Excel 2010 作为一个电子表格系统，除了进行一般的表格处理处，最主要的还是它的数据计算能力。公式是对数据进行分析与计算的等式，在 Excel 2010 中，可以用公式对数值进行计算。例如，求总和、平均值、最大最小值等。函数是公式的重要组成部分。

3.2.1　任务情景

为了便于煤矿实际产量统计分析，每个月中平能化集团九矿生产科需要对全矿各个采煤队采煤量下达生产计划，并对实际采煤量进行统计。另外在下个月生产计划的同时需要对每日计划采煤量进行计算，本任务最终效果如图 3-2-1 所示。

中平能化九矿 12年1月份生产计划完成及12年2月份生产计划安排

月 份 项 目 单 位	一月份生产计划预计完成						二月份生产计划安排			
	月计划 （吨）	月末预计 完成 （吨）	超欠 （吨）	计划 推进 （米）	实际 推进 （米）	超欠 （米）	月计划		日产量 （吨）	生产 天数 （天）
							产量 （吨）	推进 （米）		
综采队	30000	3000	0	50	49	-1	26000	50	897	29
综采准备队	10000	11000	1000	40	41	1	10000	55	345	29
一分队	40000	40000	0				34000		1172	29
回采煤	80000	81000	1000	90	90	0	70000		2414	29
掘进煤	10000	9000	-1000				10000		345	29
全矿	90000	90000	0	90	90	0	80000		2759	29

图3-2-1　生产计划完成及生产计划安排情况表

3.2.2　任务分析

从生产计划完成及生产计划安排情况表来观察分析有以下相关内容需要注意。

① 根据准备资料，录入一月份及二月份基础数据。根据输入数据类型，正确输入数据。

② 完成任务中表格美化，合并单元格，设置单元格字体、字号，使用绘图工具添加表头，添加表格边框。

③ 根据样表展示，按照 Excel 单元格基本操作完成格式设置。使用 SUM 函数进行全矿一月份及二月份的"月计划"和"月末计划"求和计算。

④ 使用算术运算符"/"和"-"进行全矿一月份及二月份"超欠"和"日产量"的计算。

⑤ 根据打印预览结果对表格进行调整。

3.2.3 知识提炼

1. 公式

在 Excel 中，公式是对工作表中的数据进行计算的表达式。利用公式可对同一工作表的各单元格、同一工作簿中不同工作表的单元格，以及不同工作簿的工作表中单元格的数值进行加、减、乘、除、乘方等各种运算。

要输入公式必须先输入"="，然后在其后输入表达式，否则 Excel 会将输入的内容作为文本型数据处理。公式输入到单元格后，Excel 会自动进行运算，然后将结果显示在存储公式的单元格中，而公式则显示在编辑栏中。公式中的单元格引用，可以引用同一工作表中的其他单元格、同一工作簿不同工作表中的单元格，或者其他工作簿的工作表中的单元格。

公式是按照特定的顺序进行数值计算的，这一特定顺序就是语法。公式的语法描述了计算的过程，或者说描述了公式中元素的结构或顺序。在 Excel 中公式遵循特定的语法，就是最前面是"="，后面是参与运算的元素（运算数）和运算符。元素可以是常量数值、单元格引用、标志名称以及工作表函数等。

（1）创建公式

要创建公式，可以直接在单元格中输入，也可以在编辑栏中输入，输入方法与输入普通数据相似。

单击要输入公式的单元格，然后输入等号"="，接着输入操作数和运算符，按【Enter】键得到计算结果，如图 3-2-2 所示。

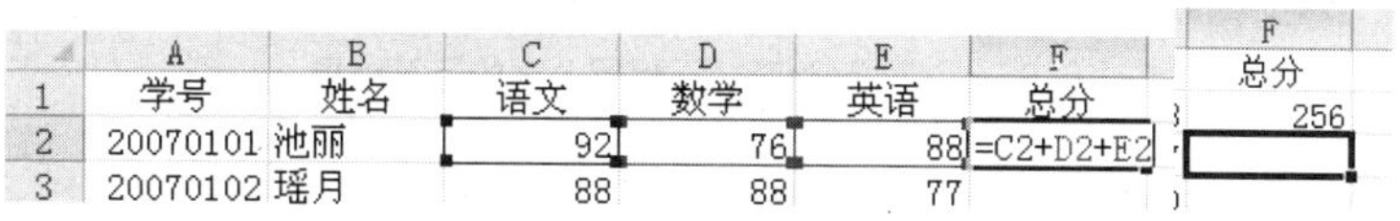

图3-2-2 利用公式计算所得结果

也可在输入等号后单击要引用的单元格，然后输入运算符，再单击要引用的单元格（引用的单元格周围会出现不同颜色的边框线，它与单元格地址的颜色一致，便于用户查看）。

（2）移动与复制公式

移动和复制公式的操作与移动、复制单元格内容的操作方法是一样的。所不同的是，移动公式时，公式内的单元格引用不会更改，而复制公式时，单元格引用会根据所用引用类型而变化，即系统会自动改变公式中引用的单元格地址。

将鼠标指针移到要复制公式的单元格右下角的填充柄处，按住鼠标左键不放进行拖动，如图 3-2-3 所示。

图3-2-3 利用填充柄复制公式计算所得结果

（3）修改或删除公式

要修改公式，可单击含有公式的单元格，然后在编辑栏中进行修改，或双击单元格后直接在单元格中进行修改，修改完毕按【Enter】键确认。

删除公式是指将单元格中应用的公式删除，而保留公式的运算结果，如图 3-2-4 所示。

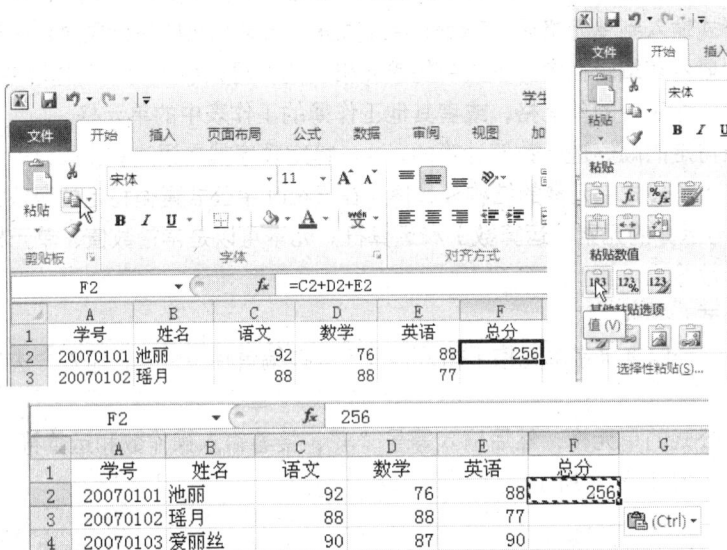

图3-2-4 删除公式而保留公式的运算结果

2. 函数

在 Excel 2010 中提供了 200 多个应用函数，覆盖数据库函数、日期与时间函数、外部函数、工程函数、财务函数、信息函数、逻辑运算函数、查找和引用函数、数学和三角函数、统计函数、文本和数据函数等。

（1）函数概述

函数是预先定义好的表达式，它必须包含在公式中。每个函数都由函数名和参数组成，其中函数名表示将执行的操作（如求平均值函数 AVERAGE），参数表示函数将要作用值的单元格地址，通常是一个单元格区域（如 A2：B7 单元格区域），也可以是更为复杂的内容。在公式中合理地使用函数，可以完成诸如求和、逻辑判断和财务分析等众多数据处理功能。

函数由函数名和参数组成，其形式为：函数名（参数 1，参数 2，…）

其中：函数名不区分大小写，当有两个以上的参数时，参数之间要用逗号隔开。参数可以是文本、数字、逻辑值或单元格引用等。

例如：SUM（B2，C2），其中 SUM 就是函数名，B2，C2 是参数，表示函数取出的数据。

（2）函数的分类

在使用 Excel 处理工作表时，经常要用函数和公式来自动处理大量的数据。在 Excel 中提供了大量的函数，这些函数按功能可以分为以下几种类型，如表 3-2-1 所示。

表 3-2-1　函数类别与功能简述

函数类别	函数功能简述
数字和三角函数	用于进行数学上的计算
文本函数	用于处理字符串
逻辑函数	用于判断真假值或者进行符号的检验
查找和引用函数	用于在表格中查找特定的数据或者查找一个单元格中的引用
信息函数	用于确定存储在单元格中的数据类型
时间和日期函数	用于在公式中分析处理日期和时间值
统计函数	用于对选定的单元格区域进行统计
财务函数	用于进行简单的财务计算
工程函数	用于进行工程分析
数据库函数	用于分析数据清单中的数值是否符合特定条件
外部函数	这些函数使用加载项程序加载，用于连接一个外部数据源并从工作表中运行查询，然后将查询的结果以数值的形式返回，无须进行宏编辑

（3）输入函数

如果要在工作表中使用函数，那么首先要输入函数。输入函数与输入公式的过程类似，函数的输入可以采用手工和函数向导两种方法来实现。如果能记住函数的名称、参数和作用，直接在单元格中手工输入函数是最快捷的方法。如果不能确定函数的拼写或者参数，可以使用函数向导输入。

① 手工输入

对于一些比较简单的函数，可以采用手工输入法，手工输入函数的方法和在单元格中输入公式的方法相同，先在编辑栏中输入等号"="，然后直接输入函数即可。

例如，要求工作表中 A1 ~ A5 单元格中数值的平均值，可在其他任意单元格中输入函数"=AVERAGE(A1:A5)"，然后按【Enter】键即可，如图 3-2-5 所示。

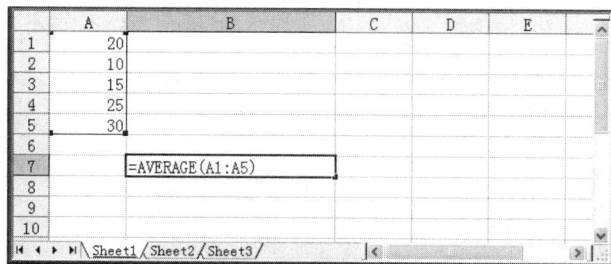

图 3-2-5　输入函数

② 利用函数向导输入

如果要输入比较复杂的函数，或者为了避免在输入过程中产生错误，可以通过向导来输入。如图 3-2-6 所示为某班学生的成绩表，在成绩表中的"E9"单元格中输出"总分"的最高分。

图3-2-6 成绩表

STEP 1 选择要输入结果的单元格 E9。

STEP 2 在"公式"选项卡中的"函数库"选项卡中单击【插入函数】按钮，弹出"插入函数"对话框，如图 3-2-7 所示。

STEP 3 在"选择函数"列表框中选择"MAX"选项，单击【确定】按钮，弹出"函数参数"对话框，如图 3-2-8 所示。

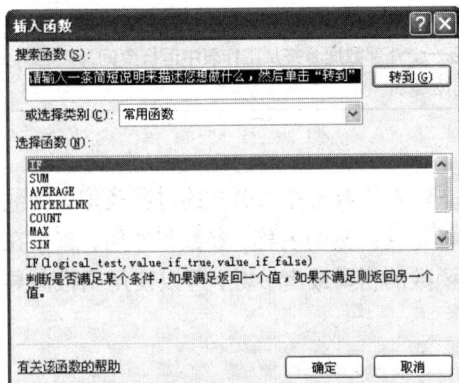

图3-2-7 "插入函数"对话框

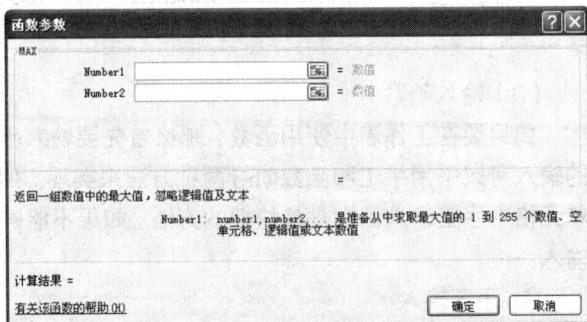

图3-2-8 "函数参数"对话框

STEP 4 在"MAX"设置区域的"Number1"文本框中输入要计算最大值的单元格区域，本例输入"E2:E6"。

STEP 5 输入完成后单击【确定】按钮，即可在 E9 单元格中显示计算结果，如图 3-2-9 所示。

图3-2-9 显示计算结果

3.2.4 任务实施

1. 收集各个采煤队基础资料信息

2. 新建文档

打开 Excel 2010，新建"九矿煤矿生产数据"工作簿，如图 3-2-10 所示。

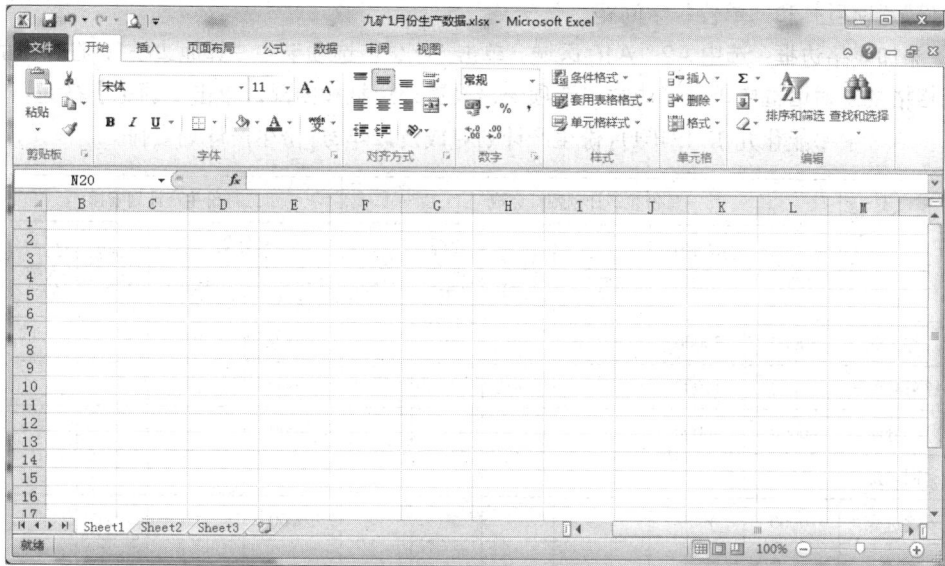

图3-2-10 新建"九矿煤矿生产数据"工作簿

3. 录入基础数据

根据准备资料，正确输入一月份、二月份基础数据，如图 3-2-11 所示。

中平能化九矿 12年1月份生产计划完成及12年2月份生产计划安排

| | 一月份生产计划预计完成 | | | | | | 二月份生产计划安排 | | | |
| | 月计划
（吨） | 月末预计
完成
（吨） | 超欠
（吨） | 计划
推进
（米） | 实际
推进
（米） | 超欠
（米） | 月计划 | | 日产量
（吨） | 生产
天数
（天） |
							产量 （吨）	推进 （米）		
综采队	30000	30000		50	49		26000	50		
综采准备队	10000	11000		40	41		10000	55		
一分队	40000	40000					34000			
回采煤										
掘进煤	10000	9000					10000			
全矿	10000	9000								

图3-2-11 输入一月份、二月份基础数据

4. 美化表格

根据样表展示，按照 Excel 单元格基本操作完成格式设置，如图 3-2-12 所示，基本操作如下。

① 标题设置：选中 A1:K1 区域，合并单元格，设置单元格字体为"宋体"、字号"16 磅"，"加粗"。

② 其他字体设置：字段名字体设置为"新宋体"，字号"10 磅"，"加粗"，其他数据区字体为"宋体"，字号"10 磅"。

③ 使用绘图工具添加表头：选中 A2:A4，合并单元格，单击"插入"选项卡，"插图"选项组中的"形状"，单击直线，画两条斜线，输入文字"月份"，按【Alt+Enter】组合键，输入文字"项目"，按【Alt+Enter】组合键，输入文字"单位"，按【Alt+Enter】组合键，按空格键分别调整"月份""项目"和"单位"字间距。

④ 添加表格边框：选中 A2：A10 区域，单击"字体"选项卡中"其他边框"，在弹出的"设置单元格格式"对话框中单击"边框"选项卡，设置外边框和内部，单击【确定】按钮。

中平能化九矿 12年1月份生产计划完成及12年2月份生产计划安排

月份 项目 单位	一月份生产计划预计完成						二月份生产计划安排			
	月计划 （吨）	月末预计 完成 （吨）	超欠 （吨）	计划 推进 （米）	实际 推进 （米）	超欠 （米）	月计划		日产量 （吨）	生产 天数 （天）
							产量 （吨）	推进 （米）		
综采队	30000	30000		50	49		26000	50		
综采准备队	10000	11000		40	41		10000	55		
一分队	40000	40000					34000			
回采煤										
掘进煤	10000	9000					10000			
全矿										

图3-2-12　美化表格

5. 快速统计全矿月实际产煤量

使用 SUM 函数进行求和计算，光标置于 B8 单元格，输入"=SUM(B5:B7)"，计算出一月份月计划回采煤 80000 吨，如图 3-2-13 所示。

中平能化九矿 12年1月份生产计划完成及12年2月份生产计划安排

月份 项目 单位	一月份生产计划预计完成						二月份生产计划安排			
	月计划 （吨）	月末预计 完成 （吨）	超欠 （吨）	计划 推进 （米）	实际 推进 （米）	超欠 （米）	月计划		日产量 （吨）	生产 天数 （天）
							产量 （吨）	推进 （米）		
综采队	30000	30000		50	49		26000	50		
综采准备队	10000	11000		40	41		10000	55		
一分队	40000	40000					34000			
回采煤	80000									
掘进煤	10000	9000					10000			
全矿										

图3-2-13　快速统计全矿月实际产煤量

6. 公式计算月计划产量和实际产量差

如图 3-2-14 所示。光标置于 C8 单元格，输入"=SUM(C5:C7)"，计算出一月份月末预计完成回采煤 81000 吨。光标置于 B10 单元格，输入"=SUM(B8:B9)"，计算出一月份全矿月计划 90000 吨。光标置于 C10 单元格，输入"=SUM(C8:C9)"，计算出一月份月末全矿预计完成 90000 吨。光标置于 D6 单元格，输入"=C6-B6"，计算出一月份超 1000 吨。光标置于 D6 单元格，利用填充柄复制公式计算 D 列其他单元格数据。光标分别置于 E8、F8，使用 SUM 求和函数计算计划和实际推进距离。

中平能化九矿 12年1月份生产计划完成及12年2月份生产计划安排

月份 项目 单位	一月份生产计划预计完成						二月份生产计划安排			
	月计划 (吨)	月末预计 完成 (吨)	超欠 (吨)	计划 推进 (米)	实际 推进 (米)	超欠 (米)	月计划		日产量 (吨)	生产 天数 (天)
							产量 (吨)	推进 (米)		
综采队	30000	30000	0	50	49	-1	26000	50	897	29
综采准备队	10000	11000	1000	40	41	1	10000	55	345	29
一分队	40000	40000	0				34000		1172	29
回采煤	80000	81000	1000	90	90	0	70000		2414	29
掘进煤	10000	9000	-1000				10000		345	29
全矿	90000	90000	0	90	90	0	80000		2759	29

图3-2-14　计算月计划产量和实际产量差

同理计算二月份月计划的产量。二月份日产量的计算是：产量/生产天数。

7. 保存文档

3.2.5　任务小结

通过在 Excel 2010 环境下完成生产数据的简单计算，能使用多种方法输入函数，能正确熟练使用常用的公式和函数对工作表中数据进行计算，能对不同类型数值进行计算。

3.3　任务 3　煤矿生产数据汇总处理

3.3.1　任务情景

为了便于各采煤队计划与实际采煤量情况的统计分析，每半年中平能化集团九矿生产科需要统计汇总各采煤队采煤量计划和实际生产情况，对各采煤队 1~6 月份计划和实际产煤量用图表进行展示，并使用自动筛选，查询工作表内满足条件的数据记录。

3.3.2　任务分析

通过对各采煤队计划与实际采煤量情况的统计分析，对数据进行分类汇总，并对数据进行排序，使用自动筛选按照条件查询数据记录，并对各采煤队计划和实际产煤量用图表进行展示，以便了解各采煤队采煤量计划和实际生产情况。本任务最终效果如图 3-3-1 所示。

中平能化九矿2012年上半年生产计划与完成情况

单位编号	单位名称	月份	计划	完成	超欠
	综 采 队 汇总		180000	179500	-500
	一 分 队 汇总		184000	186500	2500
	采 准 队 汇总		62000	61000	-1000
	掘 进 煤 汇总		65000	43000	-22000
	总 计		491000	470000	-21000

2012年上半年生产计划与完成总和

单位名称	计划	完成	超欠
综 采 队	184000	186500	2500
一 分 队	234000	242500	8500
采 准 队	114000	100000	-14000
掘 进 煤	581000	522000	-59000

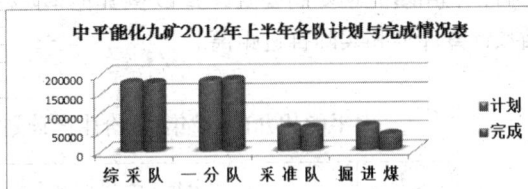

图3-3-1　各采煤队分类汇总及图表

3.3.3　知识提炼

1. 数据排序

数据排序：在 Excel 中，利用【升序排序】按钮或者【降序排序】按钮，可以按字母顺序、数字大小、日期前后及汉字的拼音排序单元格的数据。

（1）简单排序

简单排序是指对数据表中的单列数据按照 Excel 默认的升序或降序的方式排列。单击要进行排序的列中的任一单元格，再单击"数据"选项卡上"排序和筛选"组中【升序】按钮或【降序】按钮，所选列即按升序或降序方式进行排序，如图 3-3-2 所示。

图3-3-2　产品成本按降序排序

① 升序排序

数字：按从最小的负数到最大的正数进行排序。

日期：按从最早的日期到最晚的日期进行排序。

文本：按照特殊字符、数字（0~9）、小写英文字母（a~z）、大写英文字母（A~Z）、汉字（以拼音排序）排序。

逻辑值：FALSE 排在 TRUE 之前。

空白单元格：总是放在最后。

错误值：所有错误值（如#NUM!和#REF!）的优先级相同。

② 降序排序

与升序排序的顺序相反。

（2）多关键字排序

多关键字排序就是对工作表中的数据按两个或两个以上的关键字进行排序。在此排序方式下，为了获得最佳结果，要排序的单元格区域应包含列标题。

对多个关键字进行排序时，在主要关键字完全相同的情况下，会根据指定的次要关键字进行排序；在次要关键字完全相同的情况下，会根据指定的下一个次要关键字进行排序，依次类推。单击要进行排序操作工作表中的任意非空单元格，选中【排序】对话框的【数据包含标题】复选框，表示选定区域的第一行作为标题，不参加排序，始终放在原来的行位置，如图3-3-3所示。取消该复选框，表示将选定区域第一行作为普通数据看待，参与排序。设置多关键字排序选项并确定，如图3-3-4所示。

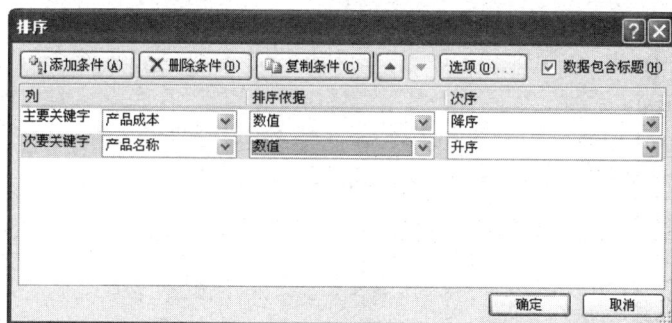

图3-3-3 选中数据包含标题复选框

图3-3-4 设置多关键字排序

2. 数据筛选

通过【数据筛选】命令对工作表中的指定数据进行查找工作。Excel 提供了【自动筛选】和【高级筛选】两种命令来筛选数据。

（1）自动筛选

在对工作表数据进行处理时，有时需要从工作表中找出满足一定条件的数据，这时可以用Excel 的数据筛选功能显示符合条件的数据，而将不符合条件的数据隐藏起来。Excel 提供了自动筛选、按条件筛选和高级筛选 3 种筛选方式，无论使用哪种方式，要进行筛选操作，数据表中必须有列标签。

自动筛选一般用于简单的条件筛选，筛选时将不需要显示的记录暂时隐藏起来，只显示符合条件的记录。选中要进行筛选操作列任一单元格，单击【排序和筛选】选项组中的【筛选】命令按钮，如图 3-3-5 所示。单击要进行筛选操作列标题右侧的筛选箭头，在展开的列表中取消不需要显示的记录左侧的复选框，只勾选需要显示的记录，如图 3-3-6 所示。筛选出成绩表中"国际贸易"成绩大于等于 90 分的记录，如图 3-3-7 所示。

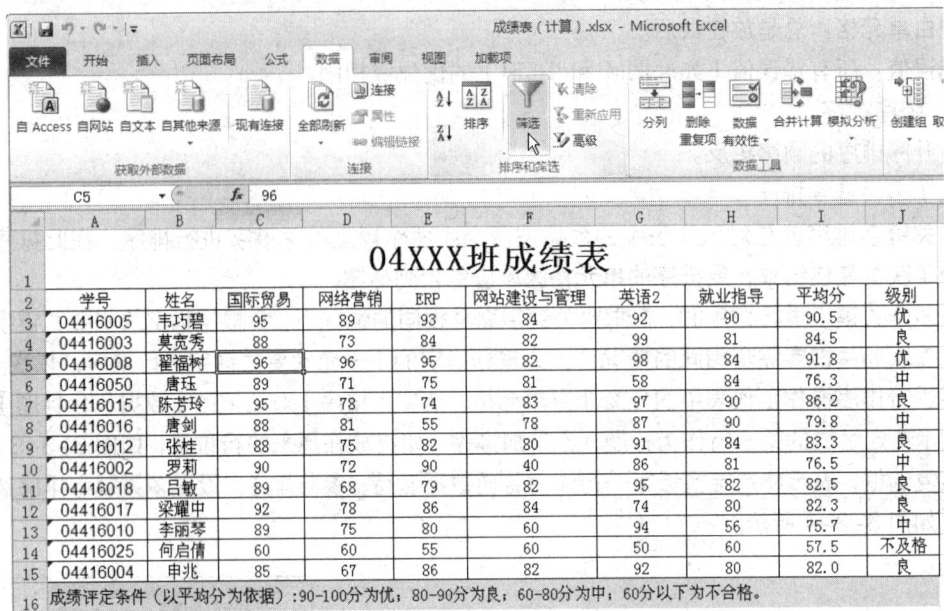

图3-3-5　单击【筛选】命令按钮

图3-3-6　选择筛选复选框

图3-3-7　筛选成绩大于等于90分的记录

（2）按条件筛选

在 Excel 中，还可按用户自定义的筛选条件筛选出符合需要的数据。显示筛选按钮后，单击要进行筛选操作标题右侧的筛选命令，从中选择要操作的选项，如图 3-3-8 所示。设置自定义自动筛选各选项，如图 3-3-9 所示。筛选出成绩表中"平均分"大于或等于 80 小于或等于 90 的记录，如图 3-3-10 所示。

（3）取消筛选

对于不再需要的筛选可以将其取消。若要取消在数据表中对某一列进行的筛选，可以单击该列列标签单元格右侧的筛选按钮，在展开的列表中选择【全选】复选框，然后单击【确定】按钮。此时筛选按钮上的筛选标记消失，该列所有数据显示出来。

图3-3-8　选择筛选命令

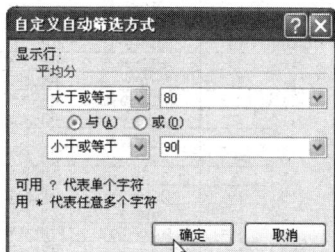

图3-3-9　设置自定义自动筛选各选项

图3-3-10　筛选出"平均分"大于或等于80小于或等于90的记录

　　若要取消在工作表中对所有列进行的筛选，可单击【数据】选项卡上【排序和筛选】组中的【清除】按钮 ，此时筛选标记消失，所有列数据显示出来；若要删除工作表中的三角筛选箭头 ，可单击"数据"选项卡上"排序和筛选"组中的【筛选】按钮 。

3. 分类汇总

　　分类汇总是指把数据表中的数据分门别类地进行统计处理，无须建立公式，Excel 将会自动对各类别的数据进行求和、求平均值、统计个数、求最大值（最小值）和总体方差等多种计算，并且分级显示汇总的结果，从而增加了工作表的可读性，使用户能更快捷地获得需要的数据并做出判断。

　　分类汇总分为简单分类汇总、多重分类汇总和嵌套分类汇总 3 种方式。无论哪种方式，要进行分类汇总的数据表的第一行必须有列标签，而且在分类汇总之前必须先对数据进行排序，以使得数据中拥有同一类关键字的记录集中在一起，然后再对记录进行分类汇总操作。

　　（1）简单分类汇总

　　简单分类汇总是指对数据表中的某一列以一种汇总方式进行分类汇总。首先要对进行分类汇总的列进行排序，如图 3-3-11 所示。然后单击【分类汇总】按钮，如图 3-3-12 所示。设置分类汇总选项，如图 3-3-13 所示。简单分类汇总结果，如图 3-3-14 所示。

　　在"分类字段"下拉列表进行选择时，该字段必须是已经排序的字段，如果选择没有排序的列标题作为分类字段，最后的分类结果是不正确的。

　　此外，在"分类汇总"对话框中做设置时，注意在"选定汇总项"列表框中选择的汇总项要与"汇总方式"下拉列表中选择的汇总方式相符合。例如，文本是不能进行平均值计算的。

进货表

编号	进货日期	进货地点	货物名称	单位	单价	数量	金额	经手人
5	2010-9-5	乙批发部	秋鹿睡衣（男款）	件	80	100	8000	李先生
6	2010-9-5	乙批发部	秋鹿睡衣（女款）	件	100	90	9000	李先生
7	2010-9-5	乙批发部	鄂尔多斯羊毛衫	件	300	150	45000	李先生
8	2010-9-5	乙批发部	达芙妮单鞋	双	150	80	12000	李先生
12	2010-9-12	丙批发部	夏克露斯	件	200	50	10000	李先生
13	2010-9-12	丙批发部	Voca外套	件	450	50	22500	李先生
14	2010-9-12	丙批发部	木真了外套	件	350	50	17500	李先生
19	2010-9-15	乙批发部	蒂爱纳外套	件	220	100	22000	李先生
20	2010-9-23	甲批发部	达芙妮单鞋	双	150	100	15000	李先生
21	2010-9-23	甲批发部	曼可妮单鞋	双	160	80	12800	李先生
1	2010-9-1	甲批发部	星期六靴子	双	560	100	56000	吴小姐
2	2010-9-1	甲批发部	百丽靴子	双	710	150	106500	吴小姐
3	2010-9-1	甲批发部	红蜻蜓靴子	双	680	80	54400	吴小姐
4	2010-9-1	甲批发部	森达靴子	双	450	200	90000	吴小姐
9	2010-9-5	乙批发部	曼可妮单鞋	双	160	80	12800	吴小姐
10	2010-9-5	乙批发部	361°运动鞋	双	180	50	9000	吴小姐
11	2010-9-5	乙批发部	红蜻蜓靴子	双	680	50	34000	吴小姐
15	2010-9-12	丙批发部	圣诺兰外套	件	520	50	26000	吴小姐
16	2010-9-15	丙批发部	爱神外套	件	450	50	22500	吴小姐
17	2010-9-15	乙批发部	秋水伊人外套	件	120	100	12000	吴小姐
18	2010-9-15	乙批发部	红袖坊外套	件	260	80	20800	吴小姐
22	2010-9-23	甲批发部	361°运动鞋	双	180	50	9000	吴小姐
23	2010-9-23	乙批发部	李宁运动鞋	双	240	120	28800	吴小姐
24	2010-9-23	乙批发部	李小双休运动外套	件	150	100	15000	吴小姐

图3-3-11　对要进行分类汇总的列进行排序

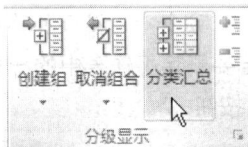

图3-3-12　单击【分类汇总】按钮　　　　　图3-3-13　设置分类汇总选项

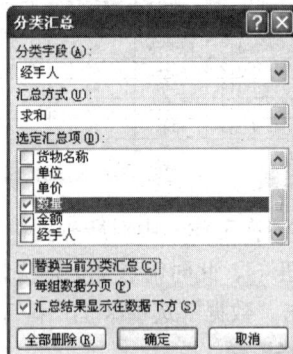

进货表

编号	进货日期	进货地点	货物名称	单位	单价	数量	金额	经手人
5	2010-9-5	乙批发部	秋鹿睡衣（男款）	件	80	100	8000	李先生
6	2010-9-5	乙批发部	秋鹿睡衣（女款）	件	100	90	9000	李先生
7	2010-9-5	乙批发部	鄂尔多斯羊毛衫	件	300	150	45000	李先生
8	2010-9-5	乙批发部	达芙妮单鞋	双	150	80	12000	李先生
12	2010-9-12	丙批发部	夏克露斯	件	200	50	10000	李先生
13	2010-9-12	丙批发部	Voca外套	件	450	50	22500	李先生
14	2010-9-12	丙批发部	木真了外套	件	350	50	17500	李先生
19	2010-9-15	乙批发部	蒂爱纳外套	件	220	100	22000	李先生
20	2010-9-23	甲批发部	达芙妮单鞋	双	150	100	15000	李先生
21	2010-9-23	甲批发部	曼可妮单鞋	双	160	80	12800	李先生
						850	173800	李先生 汇总
1	2010-9-1	甲批发部	星期六靴子	双	560	100	56000	吴小姐
2	2010-9-1	甲批发部	百丽靴子	双	710	150	106500	吴小姐
3	2010-9-1	甲批发部	红蜻蜓靴子	双	680	80	54400	吴小姐
4	2010-9-1	甲批发部	森达靴子	双	450	200	90000	吴小姐
9	2010-9-5	乙批发部	曼可妮单鞋	双	160	80	12800	吴小姐
10	2010-9-5	乙批发部	361°运动鞋	双	180	50	9000	吴小姐
11	2010-9-5	乙批发部	红蜻蜓靴子	双	680	50	34000	吴小姐
15	2010-9-12	丙批发部	圣诺兰外套	件	520	50	26000	吴小姐
16	2010-9-15	丙批发部	爱神外套	件	450	50	22500	吴小姐
17	2010-9-15	乙批发部	秋水伊人外套	件	120	100	12000	吴小姐
18	2010-9-15	乙批发部	红袖坊外套	件	260	80	20800	吴小姐
22	2010-9-23	甲批发部	361°运动鞋	双	180	50	9000	吴小姐
23	2010-9-23	乙批发部	李宁运动鞋	双	240	120	28800	吴小姐
24	2010-9-23	乙批发部	李小双休运动外套	件	150	100	15000	吴小姐
						1260	496800	吴小姐 汇总
						2110	670600	总计

图3-3-14　简单分类汇总结果

（2）取消分类汇总

要取消分类汇总，可打开【分类汇总】对话框，单击【全部删除】按钮。删除分类汇总的同时，Excel 会删除与分类汇总一起插入到列表中的分级显示，如图 3-3-15 所示。

4. 图表

图表是工作表数据的另外一种表现方式。图表的优点是使数据更清晰，更易于理解。创建图表之后，可以通过增加数据系列、图例、标题、文字、趋势线、误差线以及网格线等来美化图表或者突出某些信息，也可以用图案、颜色、对齐、字体以及其他格式属性来设置图表项的格式。

（1）图表的组成

图表由许多部分组成，每一部分就是一个图表项，如图表区、绘图区、标题、坐标轴、数据系列等。其中图表区表示整个图表区域；绘图区位于图表区域的中心，图表的数据系列、网络线等位于该区域中，如图 3-3-16 所示。

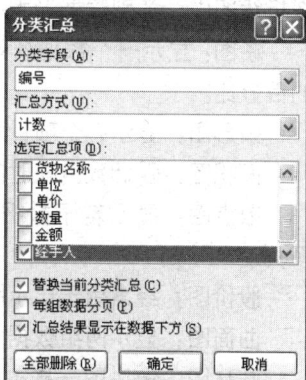

图3-3-15　删除分类汇总

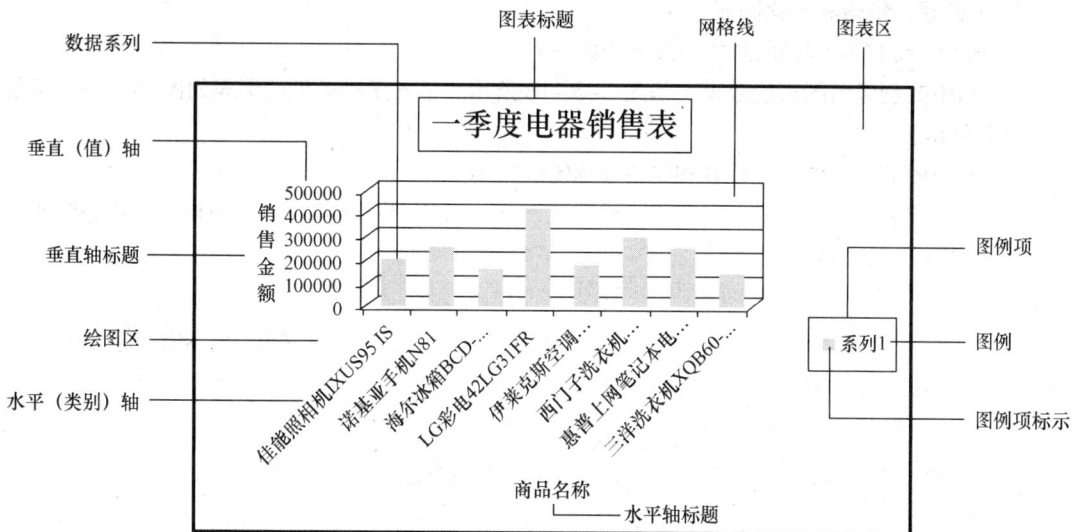

图3-3-16　图表的组成

（2）图表类型

Excel 2010 支持各种类型的图表，如柱形图、折线图、饼图、条形图、面积图、散点图等，从而帮助我们以多种方式表示工作表中的数据。一般我们用柱形图比较数据间的多少关系；用折线图反映数据的变化趋势；用饼图表现数据间的比例分配关系。对于大多数图表，如柱形图和条形图，可以将工作表的行或列中排列的数据绘制在图表中；而有些图表类型，如饼图，则需要特定的数据排列方式，如图 3-3-17 所示。

图3-3-17　图表类型

柱形图：用于显示一段时间内的数据变化或显示各项之间的比较情况。在柱形图中，通常沿水平轴组织类别，而沿垂直轴组织数值。

折线图：可显示随时间而变化的连续数据，非常适用于显示在相等时间间隔下数据的趋势。在折线图中，类别数据沿水平轴均匀分布，所有值数据沿垂直轴均匀分布。

饼图：显示一个数据系列中各项的大小与各项总和的比例。饼图中的数据点显示为整个饼图的百分比。

条形图：显示各个项目之间的比较情况。

面积图：强调数量随时间而变化的程度，也可用于引起人们对总值趋势的注意。

散点图：显示若干数据系列中各数值之间的关系，或者将两组数绘制为 xy 坐标的一个系列。

股价图：经常用于显示股价的波动。

曲面图：显示两组数据之间的最佳组合。

圆环图：像饼图一样，圆环图显示各个部分与整体之间的关系，但是它可以包含多个数据系列。

气泡图：排列在工作表列中的数据可以绘制在气泡图中。

雷达图：比较若干数据系列的聚合值。

（3）创建、编辑和美化图表

在 Excel 2010 中创建图表的一般流程如下。

① 选中要创建为图表的数据，如图 3-3-18 所示。插入某种类型的图表如图 3-3-19 和图 3-3-20 所示。

② 设置图表的标题、坐标轴和网格线等图表布局。

③ 根据需要分别对图表的图表区、绘图区、分类（X）轴、数值（Y）轴和图例项等组成元素进行格式化，从而美化图表。

图3-3-18 选中创建图表的数据

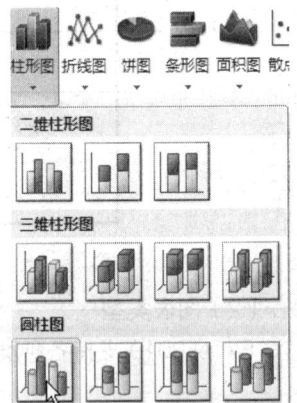

图3-3-19 插入柱形图

创建图表后，将显示"图表工具"选项卡，其包括"设计""布局"和"格式"三个子选项卡，用户可以使用这些选项中的命令修改图表，以使图表按照用户所需的方式表示数据。如更改图表类型、调整图表大小、移动图表、向图表中添加或删除数据、对图表进行格式化等。如图 3-3-21 至图 3-3-23 所示。

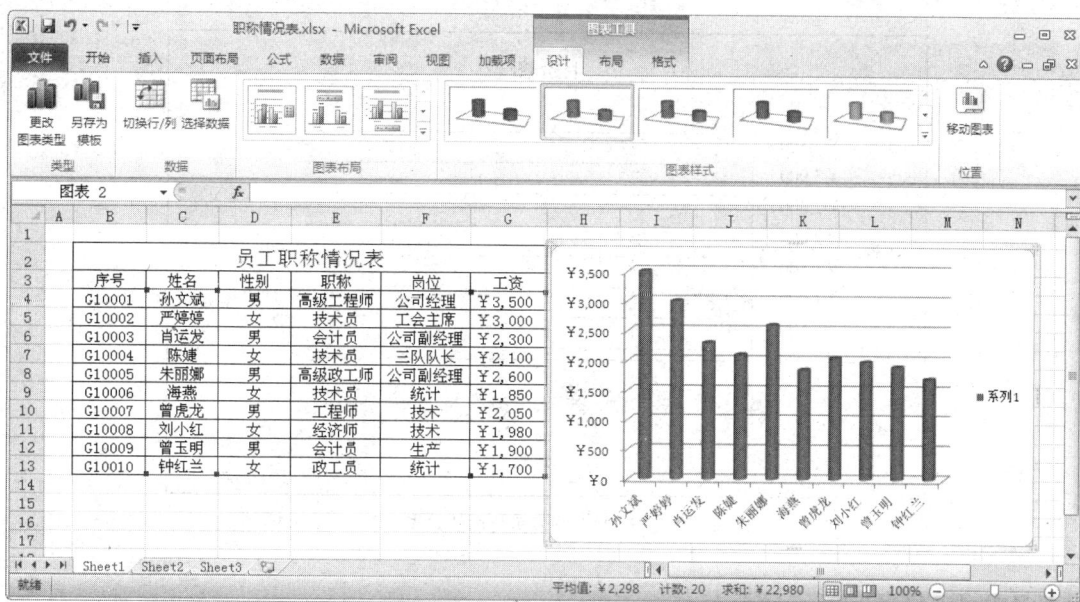

图3-3-20　嵌入式图表

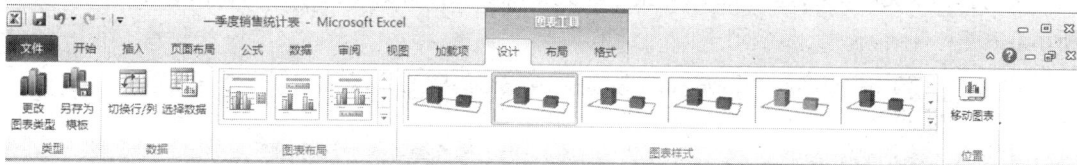

图3-3-21　"图表工具"选项卡中"设计"子选项卡

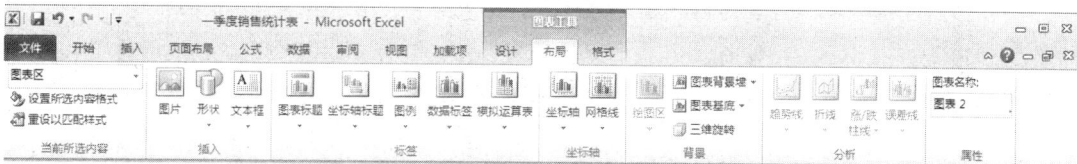

图3-3-22　"图表工具"选项卡中"布局"子选项卡

图3-3-23　"图表工具"选项卡中"格式"子选项卡

　　利用"图表工具"的三个子选项卡是为图表添加图表标题、坐标轴标题,设置图表区、绘图区填充,为图表添加背景墙,设置图表基底填充后的效果,如图3-3-24所示。

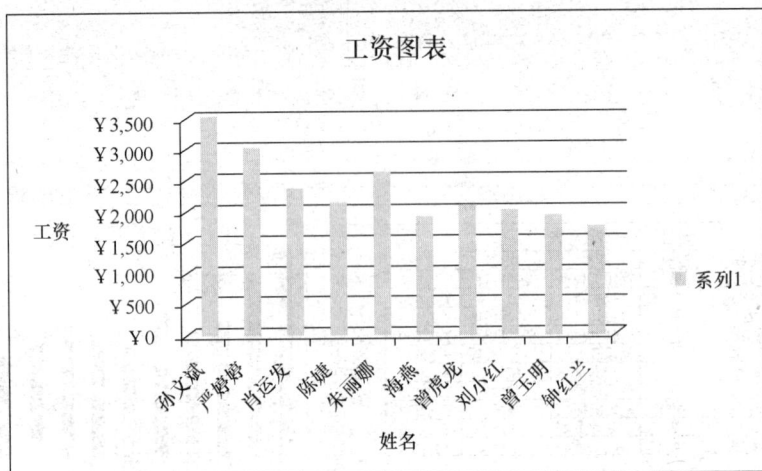

图3-3-24　图表美化后的效果

3.3.4　任务实施

① 收集基础资料信息。

② 打开Excel 2010,建立2012年上半年九矿煤炭生产计划与完成情况数据表,如图3-3-25所示。

图3-3-25　新建煤炭生产计划与完成情况数据表

③ 录入各采煤队计划和完成等基础数据。

④ 美化表格:标题合并单元格,字体"宋体,14号字,加粗"。首行字"加粗",如图3-3-26所示。

中平能化九矿2012年上半年生产计划与完成情况

单位编号	单位名称	月份	计划	完成	超欠
090001	综 采 队	1月	30000	30000	0
090002	一 分 队	1月	40000	40000	0
090003	采 准 队	1月	10000	11000	1000
090004	掘 进 煤	1月	10000	9000	−1000
090001	综 采 队	2月	26000	26000	0
090002	一 分 队	2月	34000	34000	0
090003	采 准 队	2月	10000	10000	0
090004	掘 进 煤	2月	10000	10000	0
090001	综 采 队	3月	30000	30500	500
090002	一 分 队	3月	40000	40500	500
090003	采 准 队	3月	10000	11000	1000
090004	掘 进 煤	3月	10000	8000	−2000
090001	综 采 队	4月	25000	24000	−1000
090002	一 分 队	4月	40000	42000	2000
090003	采 准 队	4月	10000	12000	2000
090004	掘 进 煤	4月	10000	7000	−3000
090001	综 采 队	5月	30000	32000	2000
090002	一 分 队	5月	30000	30000	0
090003	采 准 队	5月	10000	12000	2000
090004	掘 进 煤	5月	10000	6000	−4000
090001	综 采 队	6月	39000	37000	−2000
090002	一 分 队	6月	0	0	0
090003	采 准 队	6月	12000	5000	−7000
090004	掘 进 煤	6月	15000	3000	−12000

图3-3-26 美化表格效果图

⑤ 按照单位名称进行排序：光标置于单位名称列任一单元格内，单击"数据"选项卡排序和筛选选项组，按降序排序，如图3-3-27所示。

中平能化九矿2012年上半年生产计划与完成情况

单位编号	单位名称	月份	计划	完成	超欠
090001	综 采 队	1月	30000	30000	0
090001	综 采 队	2月	26000	26000	0
090001	综 采 队	3月	30000	30500	500
090001	综 采 队	4月	25000	24000	−1000
090001	综 采 队	5月	30000	32000	2000
090001	综 采 队	6月	39000	37000	−2000
090002	一 分 队	1月	40000	40000	0
090002	一 分 队	2月	34000	34000	0
090002	一 分 队	3月	40000	40500	500
090002	一 分 队	4月	40000	42000	2000
090002	一 分 队	5月	30000	30000	0
090002	一 分 队	6月	0	0	0
090003	采 准 队	1月	10000	11000	1000
090003	采 准 队	2月	10000	10000	0
090003	采 准 队	3月	10000	11000	1000
090003	采 准 队	4月	10000	12000	2000
090003	采 准 队	5月	10000	12000	2000
090003	采 准 队	6月	12000	5000	−7000
090004	掘 进 煤	1月	10000	9000	−1000
090004	掘 进 煤	2月	10000	10000	0
090004	掘 进 煤	3月	10000	8000	−2000
090004	掘 进 煤	4月	10000	7000	−3000
090004	掘 进 煤	5月	10000	6000	−4000
090004	掘 进 煤	6月	15000	3000	−12000

图3-3-27 按单位名称排序

⑥ 上半年各采煤队计划和完成情况总和分类汇总：光标置于数据区任一单元格，单击"数据"选项卡"分级显示"选项组，单击【分类汇总】按钮，弹出"分类汇总"对话框，在"分类字段"项选"单位名称"，"汇总方式"选"求和"，"选定汇总项"选中"计划""完成""超欠"，

单击【确定】，如图 3-3-28 所示，分类汇总结果如图 3-3-29 所示。

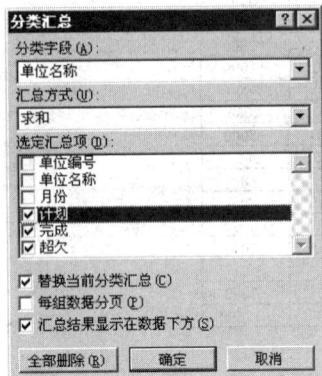

1 2 3		A	B	C	D	E	F	G
	1	中平能化九矿2012年上半年生产计划与完成情况					
	2	单位编号	单位名称	月份	计划	完成	超欠
	3	090001	综 采 队	1月	30000	30000	0
	4	090001	综 采 队	2月	26000	26000	0
	5	090001	综 采 队	3月	30000	30500	500
	6	090001	综 采 队	4月	25000	24000	-1000
	7	090001	综 采 队	5月	30000	32000	2000
	8	090001	综 采 队	6月	39000	37000	-2000
	9		综 采 队 汇总		180000	179500	-500
	10	090002	一 分 队	1月	40000	40000	0
	11	090002	一 分 队	2月	34000	34000	0
	12	090002	一 分 队	3月	40000	40500	500
	13	090002	一 分 队	4月	40000	42000	2000
	14	090002	一 分 队	5月	30000	30000	0
	15	090002	一 分 队	6月	0	0	0
	16		一 分 队 汇总		184000	186500	2500
	23		采 准 队 汇总		62000	61000	-1000
	24	090004	掘 进 煤	1月	10000	9000	-1000
	25	090004	掘 进 煤	2月	10000	10000	0
	26	090004	掘 进 煤	3月	10000	8000	-2000
	27	090004	掘 进 煤	4月	10000	7000	-3000
	28	090004	掘 进 煤	5月	10000	6000	-4000
	29	090004	掘 进 煤	6月	15000	3000	-12000
	30		掘 进 煤 汇总		65000	43000	-22000
	31		总 计		491000	470000	-21000

图3-3-28 "分类汇总"对话框　　　　图3-3-29 按单位名称分类汇总结果

⑦ 自动筛选符合条件的数据记录

（a）按单位名称、月份筛选数据，如图 3-3-30 所示。

单位编	单位名称	月份	计划	完成	超欠
090001	综 采 队	1月	30000	30000	0
090002	一 分 队	1月	40000	40000	0
090003	采 准 队	1月	10000	11000	1000
090004	掘 进 煤	1月	10000	9000	-1000

图3-3-30 按月份筛选数据

（b）筛选"计划产量大于或等于30000吨"的数据记录，如图 3-3-31 所示。

	A	B	C	D	E	F
2	单位编	单位名称	月份	计划	完成	超欠
3	090001	综 采 队	1月	30000	30000	0
5	090001	综 采 队	3月	30000	30500	500
7	090001	综 采 队	5月	30000	32000	2000
8	090001	综 采 队	6月	39000	37000	-2000
9	090002	一 分 队	1月	40000	40000	0
10	090002	一 分 队	2月	34000	34000	0
11	090002	一 分 队	3月	40000	40500	500
12	090002	一 分 队	4月	40000	42000	2000
13	090002	一 分 队	5月	30000	30000	0

图3-3-31 筛选计划产量大于或等于30000吨

（c）筛选"除去超欠产量为负数的数据"记录，如图 3-3-32 所示。

单位编▼	单位名称 ▼	月份 ▼	计划 ▼	完成 ▼	超欠 ▼
	中平能化九矿2012年上半年生产计划与完成情况				
090001	综 采 队	1月	30000	30000	0
090001	综 采 队	2月	26000	26000	0
090001	综 采 队	3月	30000	30500	500
090001	综 采 队	5月	30000	32000	2000
090002	一 分 队	1月	40000	40000	0
090002	一 分 队	2月	34000	34000	0
090002	一 分 队	3月	40000	40500	500
090002	一 分 队	4月	40000	42000	2000
090002	一 分 队	5月	30000	30000	0
090002	一 分 队	6月	0	0	0
090003	采 准 队	1月	10000	11000	1000
090003	采 准 队	2月	10000	10000	0
090003	采 准 队	3月	10000	11000	1000
090003	采 准 队	4月	10000	12000	2000
090003	采 准 队	5月	10000	12000	2000
090004	掘 进 煤	2月	10000	10000	0

图3-3-32 筛选除去超欠产量为负数的数据

⑧ 用图表分析各采煤队上半年计划和完成情况总和。

（a）完成"2012 年九矿上半年生产计划与完成总和"表：利用 SUM 求和公式分别计算出综采队、一分队、采准队、掘进煤计划、完成及超欠总量，如图 3-3-33 所示。

（b）图表分析"2012 年九矿上半年生产计划与完成总和"表：选中"单位名称""计划"及"完成"三列数据，单击【插入】选项卡【图表】选项组"柱形图"中的"簇状圆柱图"，形成图表，然后选中图表，单击【布局】选项卡【标签】选项组中的"图表标题"，单击"图表上方"，插入图表标题，"中平能化九矿 2012 年上半年生产各队计划与完成情况表"，如图 3-3-34 所示，图表效果图如图 3-3-35 所示。

2012年上半年九矿生产计划与完成总和			
单位名称	计划	完成	超欠
综 采 队	180000	179500	-500
一 分 队	184000	186500	2500
采 准 队	62000	61000	-1000
掘 进 煤	65000	43000	-22000

图3-3-33 2012年九矿上半年生产计划与完成总和

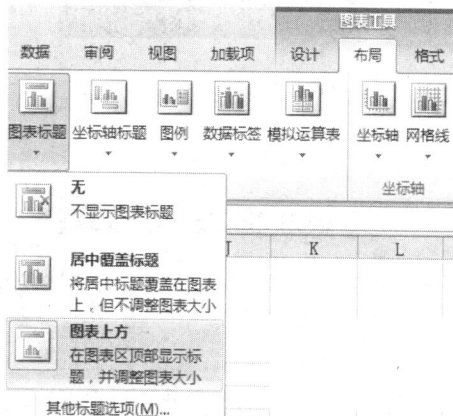

图3-3-34 插入图表标题

⑨ 保存文档

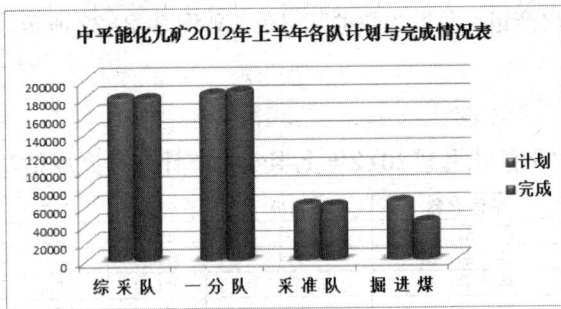

图3-3-35　图表效果图

3.3.5　任务小结

通过在 Excel 2010 环境下完成对生产数据进行排序，能对数据进行分类汇总，能熟练使用自动筛选按照条件查询数据记录，能熟练使用图表对数据进行分析。

3.4　任务 4　煤矿生产数据多表操作

3.4.1　任务情景

中平能化集团九矿生产科每年需要将各采煤队上报的每月生产计划完成情况汇总，并在年底把汇总报表上报集团公司。因此，为了便于年底汇报方便，九矿生产科编制了"九矿煤矿生产数据申报表"，各采煤队根据申报表中内容逐月进行填报，最后自动生成上报的汇总表。

3.4.2　任务分析

图 3-4-1 展示了煤矿生产计划完成情况申报表、目录表及各月生产情况汇总表。通过对工作表进行界面设计，能使用超级链接，使用多表查询，并进行多表操作，最终能制作数据透视表。

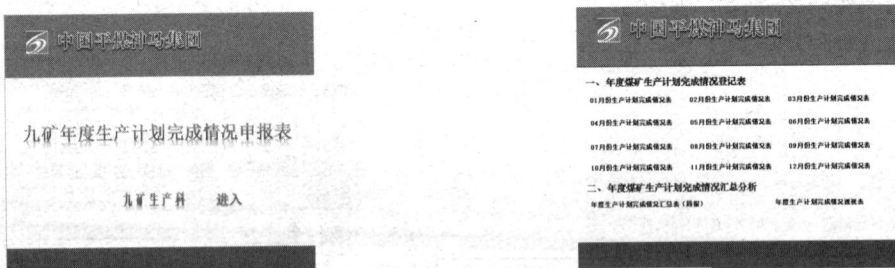

图3-4-1　生产计划和完成情况表

3.4.3 知识提炼

1. VLOOKUP 函数

主要功能：查询和引用。

使用格式：VLOOKUP（lookup_value, table_array, col_index_num, range_lookup）

参数说明:lookup_value 为需要在数据表第一列中进行查找的数值。lookup_value 可以为数值、引用或文本字符串。table_array 为需要在其中查找数据的数据表。使用对区域或区域名称的引用。col_index_num 为 table_array 中待返回的匹配值的列序号。range_lookup 为一逻辑值，指明函数 VLOOKUP 查找时是精确匹配，还是近似匹配。如果为 true 或省略，则返回近似匹配值。

例如：如图 3-4-2 所示，已知表 sheet1 中的数据如下，如何在数据表二 sheet2 中如下引用：当 A 列学号随机出现的时候，如何在 B 列显示其对应的物理成绩？

	A	B	C	D	E	F
1	学号	专业	语文	数学	英语	物理
2	200601	52	98	85	52	40
3	200602	54	99	83	51	50
4	200603	56	100	81	50	60
5	200604	58	101	79	49	70
6	200605	60	102	77	48	80
7	200606	62	103	75	47	90
8	200607	64	104	73	46	100
9	200608	66	105	71	45	110
10	200609	68	106	69	44	120
11	200610	70	107	67	43	130
12	200611	72	108	65	42	140
13	200612	74	109	63	41	150

图3-4-2 sheet1数据表

首先我们知道需要用到 VLOOKUP 函数，那么先介绍一下使用 VLOOKUP 函数的几个参数，VLOOKUP 是判断引用数据的函数，它总共有四个参数，依次是：

（1）判断的条件

（2）跟踪数据的区域

（3）返回第几列的数据

（4）是否精确匹配

根据以上参考，和上述在 sheet2 表的 B 列显示问题的实际需求，在 sheet2 表的 B2 单元格输入这个公式是：

=VLOOKUP(A2,sheet1!$A$2:f100,6,true)

详细说明一下，在此 VLOOKUP 函数例子中各个参数的使用说明。

（1）a2 是判断的条件，也就是说 sheet1 表和 sheet2 表中学号相同者，即 sheet2 表 A 列对应的数据和 sheet1 表中学号列 A 列的数据相同方能引用。

（2）sheet1!$A$2:$F$100 是数据跟踪的区域，因为需要引用的数据在 F 列，所以跟踪的区域至少在 F 列，sheet1!是不同表间引用所用的表名称，和标志是表间引用的!符号，$是绝对引用，$A$2:$F$100 表明从 A2 到 F100 单元格的数据区域，如果数据区域不止 100，那么可以直接使用 A:F，这样虽然方便但是有风险，因为如果 sheet1 表的下方还有其他数据，就有可能出现问题。

（3）6 这是返回什么数的列数，图 3-4-2 的物理是第 6 列，所以应该是 6，如果要求英语的数值，那么此处应该是 5。

（4）是否绝对引用，如果是就输入 true，如果是近似即可满足条件，那么输入 false（近似值主要用于带小数点的财务、运算等）。

（5）VLOOKUP 是垂直方向的判断，如果是水平方向的判断可使用 HLOOKUP 函数。

2. 数据透视表和数据透视图

数据透视表是一种对大量数据快速汇总和建立交叉列表的交互式表格，可以转换行和列以查看源数据的不同结果。可以设置不同的行标签来筛选数据，或者显示所关注区域的明细数据，它集筛选、分类汇总与一体，用户只需对字段进行适当的拖放操作，就可以在数据清单中重新组织和统计数据。它是 Excel 强大数据处理能力的具体体现。

3.4.4　任务实施

1. 收集基础资料信息

2. 新建文档

打开 Excel 2010，建立九矿生产计划完成情况申报表，如图 3-4-3 所示。

图3-4-3　新建生产计划完成情况申报表

3. 录入各采煤队申报基础数据

如图 3-4-4 所示是工作表"11 月份"的数据。

4. 制作申报表封面及目录

选中 A1：I7 和 A27：I29 单元格区域，单击【合并单元格后居中】按钮，填充颜色为蓝色，分别插入艺术字"中国平煤神马集团""九矿年度生产计划完成情况申报表""九矿生产科"和"进入"二字，插入徽标，如图 3-4-5 所示。

同上选中 A1：I7 和 A27：I29 单元格区域，单击【合并单元格后居中】按钮，填充颜色为蓝色，插入文本框，如图 3-4-6 所示分别填上"年度煤矿生产计划完成情况登记表"和"年度煤矿生产计划完成情况汇总分析"及 01～12 月份生产计划完成情况表等信息，选中"01 月份生产计划完成情况表"，单击【插入】选项卡【超链接】按钮，弹出【编辑超链接】对话框，如图 3-4-7 所示，选中链接的月份，单击【确定】按钮，这样申报表目录和对应的月份就链接起来了，单击"01月份生产计划完成情况表"，马上就跳转到"1月份"工作表。

图3-4-4　录入各采煤队申报基础数据

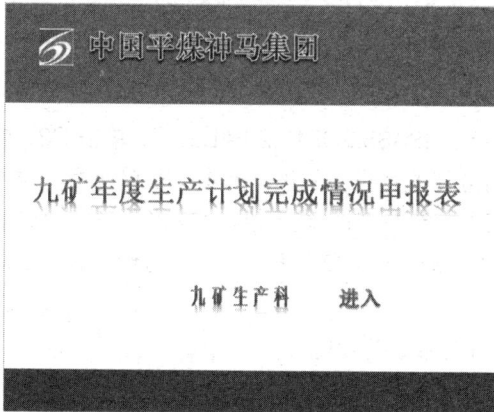

图3-4-5　制作申报表封面

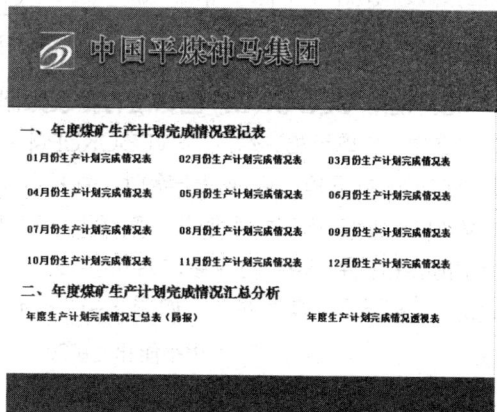

图3-4-6　制作申报表目录

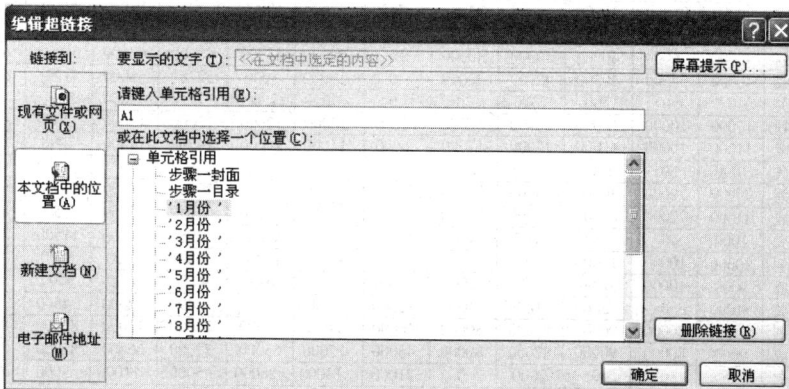

图3-4-7　编辑超链接对话框

5. 设计上报汇总表格式

选中 A1:O1 单元格，单击合并后居中，输入标题"中平能化九矿 2012 年度生产计划和完成情况表"，字体"华文中宋"，字号"18 磅"，"加粗"。其他字段名字体为"华文中宋"，字号"10磅"，"加粗"，如图 3-4-8 所示。

中平能化九矿2012年度生产计划和完成情况表

单位 \ 项目 \ 月份		1月	2月	3月	4月	5月	6月	7月	8月	9月	10月	11月	12月	总计
综采队	计划													
	完成													
	超欠													
一分队	计划													
	完成													
	超欠													
综采准备队	计划													
	完成													
	超欠													
回采煤	计划													
	完成													
	超欠													
掘进煤	计划													
	完成													
	超欠													
全矿	计划													
	完成													
	超欠													

图3-4-8　上报汇总表

6. 使用 VLOOKUP 函数进行多表数据查询

选中 C3 单元格，输入"=VLOOKUP($A$3,'1 月份 '!$A$5:$D$10,2,FALSE)"，单击 C3，鼠标放在 C3 右下角，变成黑十字时，拖拉到 N3，对应修改月份。同理，选中 C4 单元格，输入"=VLOOKUP($A$3,'1 月份 '!$A$5:$D$10,3,FALSE)"，单击 C4，鼠标放在 C4 右下角，变成黑十字时，拖拉到 N4，对应修改月份。在 C5 单元格输入"=VLOOKUP($A$3,'1 月份 '!$A$5:$D$10,4,FALSE)"，其他同上，如图 3-4-9 所示。

中平能化九矿2012年度生产计划和完成情况表

单位 \ 项目 \ 月份		1月	2月	3月	4月	5月	6月	7月	8月	9月	10月	11月	12月	总计
综采队	计划	30000	26000	30000	25000	30000	39000	33000	26000	0	0	10000	15000	239000
	完成	30000	26000	30500	24000	32000	37000	37000	18000	0	0	14141	25500	274141
	超欠	0	0	500	-1000	2000	-2000	4000	-8000	0	0	4141	10500	10141
一分队	计划	40000	34000	40000	40000	30000	0	28000	45000	60000	60000	55000	60000	492000
	完成	40000	34000	40500	42000	30000	0	19000	30000	52781	51000	57261	60000	456542
	超欠	0	0	500	2000	0	0	-9000	-15000	-7219	-9000	2261	0	-35458
综采准备队	计划	10000	10000	10000	10000	10000	12000	12000	12000	12000	12000	12000	0	122000
	完成	11000	10000	11000	12000	12000	5000	14000	13000	14268	12000	7098	0	121366
	超欠	1000	0	1000	2000	2000	-7000	2000	1000	2268	0	-4902	0	-634
回采煤	计划	80000	70000	80000	75000	70000	51000	73000	83000	72000	67049	67000	60000	853000
	完成	81000	70000	82000	78000	74000	42000	70000	61000	67049	63000	78500	85500	852049
	超欠	1000	0	2000	3000	4000	-9000	-3000	-22000	-4951	-9000	11500	25500	-951
掘进煤	计划	10000	10000	10000	10000	10000	15000	15000	10000	5000	5000	8000	8000	116000
	完成	9000	10000	8000	9000	6000	3000	5000	4000	4951	3000	3500	3500	68951
	超欠	-1000	0	-2000	-1000	-4000	-12000	-10000	-6000	-49	-2000	-4500	-4500	-47049
全矿	计划	90000	80000	90000	85000	80000	66000	88000	93000	77000	77000	85000	83000	994000
	完成	9000	80000	90000	87000	80000	45000	75000	65000	72000	66000	82000	89000	921000
	超欠	0	0	0	2000	0	-21000	-13000	-28000	-5000	-11000	-3000	6000	-73000

图3-4-9　使用VLOOKUP函数

7. 使用 SUM 函数制作计划生产完成情况汇总表

选中 B4 单元格，输入"=SUM('步骤三——各月生产情况汇一览表表'!C3:N3)"，综采队年度计划数据就显示出来了，单击 B4，鼠标放在 B4 右下角，变成黑十字字时，拖拉到 B6，综采队完成和超欠数据汇总结果就显示在 B5 和 B6 单元格内。同上，可汇总其他队及全矿完成情况，如图 3-4-10 所示。

项 目	综采队	综采准备队	一分队	回 采 煤	掘 进 煤	全 矿
年度计划（吨）	239000	122000	492000	853000	106000	994000
完 成（吨）	274141	121366	456542	852049	68951	921000
超 欠（吨）	10141	-634	-35458	-951	-47049	-73000

图3-4-10 使用SUM函数

8. 制作数据透视表

打开上述计划生产与完成情况汇总表，选中 A2:G6，单击【插入】选项卡【表格】选项组中的【数据透视表】命令，弹出【创建数据透视表】对话框，如图 3-4-11 所示。单击【确定】按钮，弹出【数据透视表字段列表】对话框，选择要添加到报表的字段，"项目"放在列标签，"数值"放在行标签，"求和项"放在数值区，如图 3-4-12 所示。设置完毕，出现图 3-4-13 所示的效果。

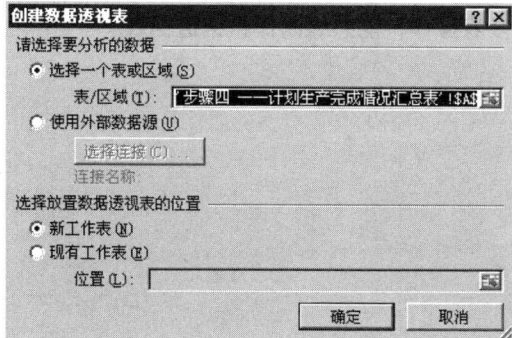

图3-4-11 "创建数据透视表"对话框

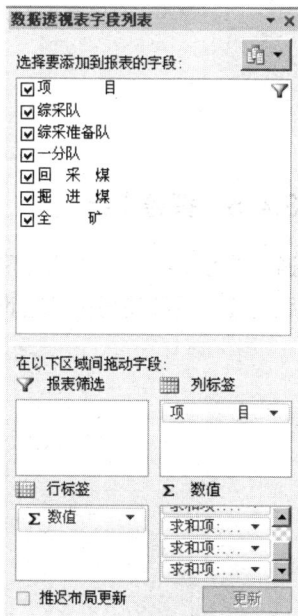

图3-4-12 "数据透视表字段列表"对话框

行标签	求和项:综采队	求和项:综采准备队	求和项:一分队	求和项:掘 进 煤	求和项:全 矿
超 欠 （吨）	10141	-634	-35458	-47049	-73000
年度计划 （吨）	239000	122000	492000	106000	994000
完 成 （吨）	274141	121366	456542	68951	921000
总计	**523282**	**242732**	**913084**	**127902**	**1842000**

图3-4-13　数据透视表

9．打印预览与打印工作表

单击【文件】选项卡中的【打印】命令，工作表打印预览就显示在窗口右侧，如图 3-4-14 所示，然后打印所有工作表。

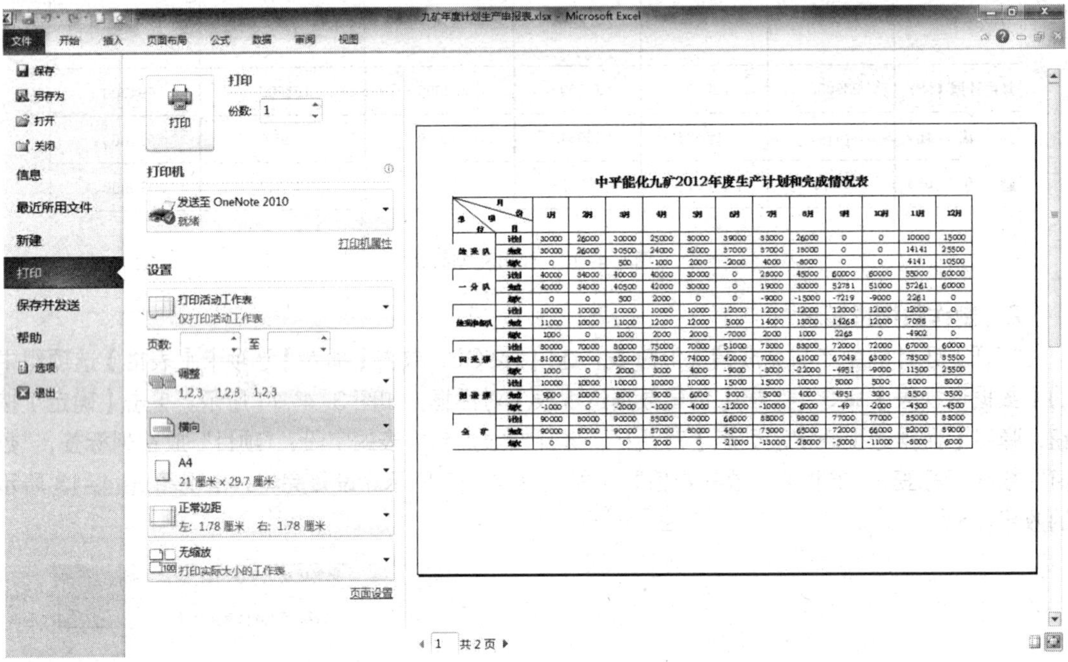

图3-4-14　打印预览

3.4.5　任务小结

通过在 Excel 2010 环境下完成对生产数据多表操作，能熟练对工作表进行界面设计，会使用超级链接，熟练使用多表查询，能熟练进行多表操作，能熟练制作数据透视表。

4 Project

项目四
演示文稿软件 PowerPoint 2010

Windows 7+Office 2010

　　PowerPoint 是具有专业水准的演示文稿制作软件。利用它可以把用户的意图、方案和其他需要展示的内容，用文字、图片、表格、图表、声音以及视频片段等，组成图文并茂、形象生动的幻灯片。创作好的演示文稿不仅可以在计算机或大屏幕投影上动态地展示出来，还可以方便地将其发布到 Internet 上。

4.1　任务 1　煤矿职工职业生涯规划

4.1.1　任务情景

　　为了更好地帮助广大煤矿青年职工树立正确的人生观、学习观、成才观，以及正确的奋斗目标，中平能化集团举办了青年职工职业生涯设计规划大赛。通过此次大赛，积极引导广大青年职工爱岗敬业，传播和普及企业职工职业规划理念，帮助青年职工学习、了解职业规划的基本方法，使职工理清了对未来的规划，对未来有了一个清晰的定位，总结出适合自己今后的发展方向，并结合实际对自我分析、家庭情况、企业状况、职业兴趣、岗位分析、短期目标、长期目标、未来职业分析和自己未来职业的调整等方面展开描述。为了使比赛变得更生动活泼、引人入胜，所以我们用 PowerPoint 制作一个精致的演示文稿。PowerPoint 适用于制作材料展示，例如演讲、论文答辩、产品介绍、会议议程、公司简介等。

4.1.2　任务分析

　　制作演示文稿用户可以遵循四大要素：目的明确、逻辑性强、风格独特、简明低调。
　　（1）目标明确
　　PPT 永远是为观众服务，不同的观众制作不同的层次内容。
　　在目标明确的同时，还要做好准备素材的工作。
　　① 创建一个以要演示文件命名的文件夹。这个文件夹中再包含 3 个子文件夹，分别为："文字资料""图片资料""音视频资料"。用户把从计算机、网络等途径搜集的资料分类放入文件夹中。素材的准备过程也是激发灵感的过程。
　　② 文字资料的准备尤为重要。在制作 PowerPoint 2010 演示文稿时，要摒弃以往长篇大论，大段文字往幻灯片里粘的想法，用户最好把通篇文字都按照编号层次整理。文字资料可以先在 Word 中进行设计排版，然后粘贴到 PowerPoint 中即可。为了让文字更有感染力，最好用图片来代替文字。总之要做到主题鲜明，文字精炼。
　　③ 设计演示文稿的整体构架。用户可以把在 Word 中整理好的标题性文字先粘贴入各张幻灯片中，这样可以让整体构架更清晰明确。然后再把其余文字内容及图片等对象插入相应的幻灯片中。
　　④ 美化修饰处理。修饰处理各张幻灯片中的对象，包括字体、大小、图片、音频、视频等，相同级别的文字或图片样式要保持一致大小。
　　⑤ 幻灯片放映预览。演示文稿最终是要通过投影仪放映出来给观众看的，所以通过以上步骤制作完成后，还要经过多次的放映预览来做最后的细节调整，满意后可正式输出播放。
　　（2）逻辑性强
　　PPT 要逻辑清晰，可通过对不同的标题分层，标明整个 PPT 的逻辑关系（最好不超过 3 层）。

同时，演示的时候顺序播放，避免混淆。

（3）风格独特

PPT 的设计风格要配合主题，文字内容配色清晰易读，动画、声音适量，不能喧宾夺主，效果要赏心悦目，有视觉冲击力，引人入胜。

（4）简明低调

因为不希望背景或设计分散观众对信息的注意力，所以我们选择一个具有吸引力并且一致但又不太显眼的模板或主题。同时能在背景颜色和文本颜色之间形成对比。PowerPoint 2010 中的内置主题可以设置浅色背景与深色文本或者深色背景与浅色文本之间的对比度。要让整篇演示文稿醒目，即使坐在后排的人也能看得清楚，达到良好的交流目的，如图 4-1-1 所示。

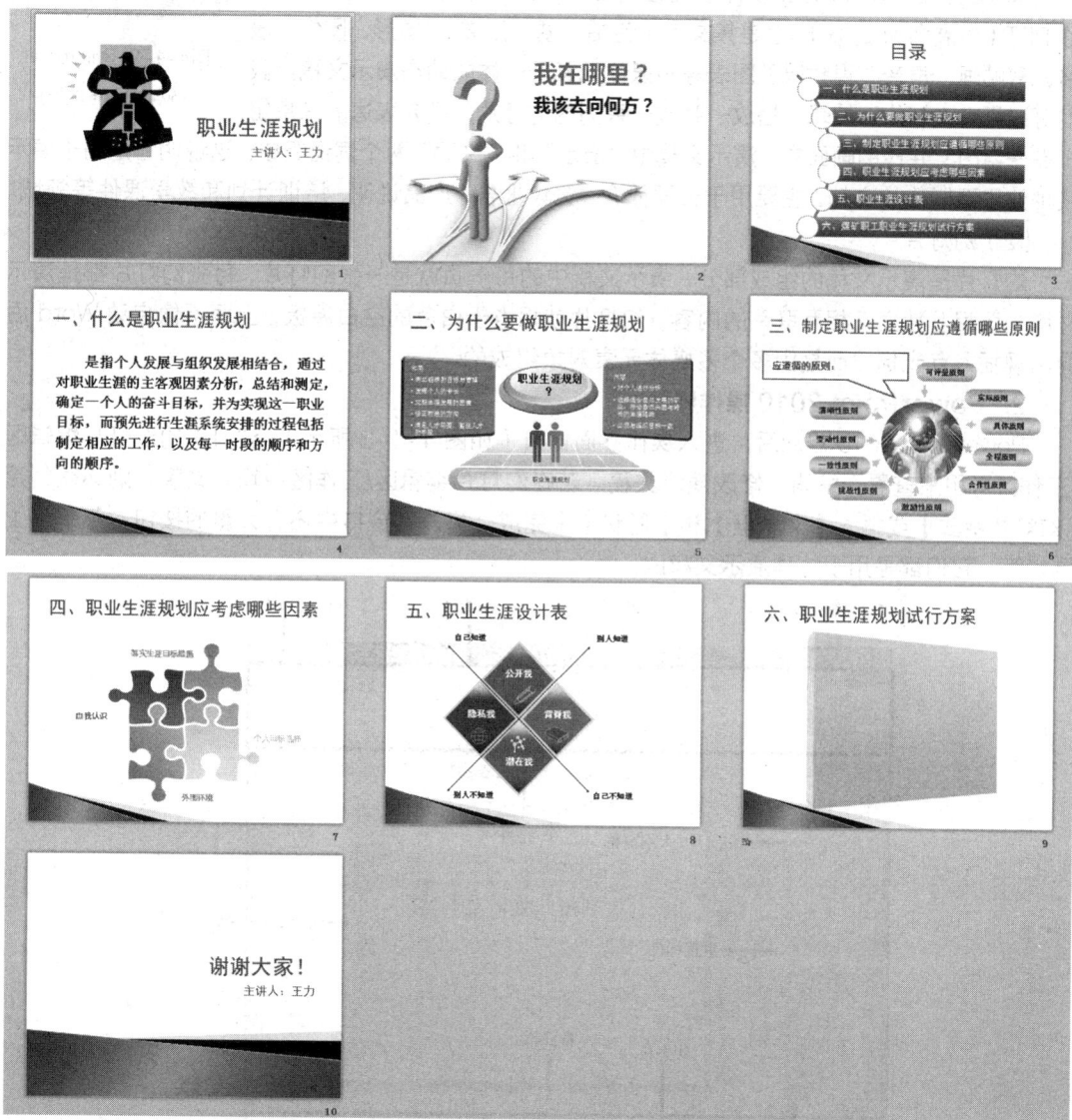

图4-1-1 "煤矿职工职业生涯规划"演示文稿

4.1.3 知识提炼

1. Microsoft PowerPoint 2010 概述

Microsoft PowerPoint 2010 使用比以往具有更多的方式创建动态演示文稿并与观众共享。令人兴奋的新增音频和可视化功能可以帮助您讲述一个简洁的电影故事，该故事既易于创建又极具观赏性。此外，PowerPoint 2010 可使您与其他人员同时工作或联机发布您的演示文稿并使用 Web 或 Smartphone 从几乎任何位置访问它，如图 4-1-2 所示。

（1）演示文稿

演示文稿是 Office 办公软件系列组件之一，英文名为 PowerPoint，简称 PPT（扩展名为.pptx）。它是集文字（包括标题、正文）、图形、图像、表格、剪贴画、声音、视频以及图表等多媒体元素于一体的动态演示文稿。我们可以用它来制作、编辑、播放一张或一系列的幻灯片，把要表达的信息组织在一组图文并茂的画面中。演示文稿由"演示"和"文稿"两个词语组成，这说明它是用于演示某种效果而制作的文档，主要用于公司简介、会议报告、产品说明、培训计划和教学课件等领域。

图4-1-2 Microsoft PowerPoint 2010

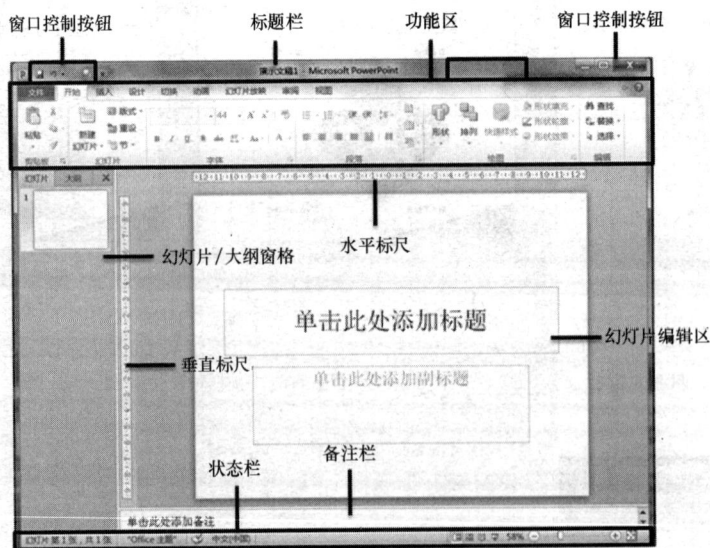

（2）幻灯片

幻灯片是演示文稿的组成部分，演示文稿中的每一页就是一张幻灯片，每张幻灯片都是演示文稿中既相互独立又相互联系的内容。幻灯片就相当于白色的空白展板，上面不像启动 Word 后会出现插入点光标，而是由多个多媒体元素对象组成的。

2. PowerPoint 2010 操作界面

PowerPoint 2010 启动后，进入操作界面窗口（如图 4-1-3 所示）。窗口中的幻灯片编辑区/工作区可用来查看、编辑、修改演示文稿。若在幻灯片编辑区/工作区中输入文字，则必须创建【幻灯片版式】或插入【文本框】和【形状】来完成。另外，窗口中还有大量的按钮、菜单、工具栏等，它们都是用于处理演示文稿的。

图4-1-3 PowerPoint 2010操作界面

（1）标题栏

位于 PowerPoint 2010 操作界面的最顶端，其中显示了当前编辑的演示文稿名称（演示文稿1）及程序的名称（Microsoft PowerPoint）。标题栏的最右侧有三个窗口控制按钮，分别用于对 PowerPoint 2010 的窗口执行【最小化】、【最大化/还原】和【关闭】操作。

（2）快速访问工具栏

用于放置一些使用频率较高的工具。在默认情况下，该工具栏包含了【保存】、【撤销键入】和【重复键入】按钮。若用户要自定义快速访问工具栏中包含的工具按钮，可单击该工具栏右侧的按钮，在展开的列表中选择要向其中添加或删除的工具按钮。另外，通过该下拉列表，我们可以设置快速访问工具栏的显示位置。

（3）功能区

位于标题栏的下方，可以完成编辑演示文稿的一些主要工作任务，功能区以选项卡的方式分类存放编辑演示文稿时所需要的工具。单击功能区中的选项卡标签，可切换功能区中显示的工具，在每一个选项卡中，工具又被分类放置在不同的组中，如图 4-1-4 所示。

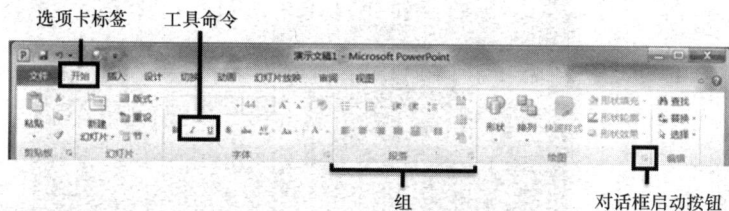

图4-1-4　文档功能区图

（4）幻灯片编辑区/工作区

新创建的 PowerPoint 2010 操作界面中的空白区域为第一张幻灯片的编辑区，它是编辑排版对象的场所。

（5）幻灯片/大纲窗格

通常在窗口左边显示，通过【幻灯片试图】或【大纲视图】可以快速查看整个演示文稿中的任意一张幻灯片。

（6）备注栏

用于编辑幻灯片的一些"备注"文本。

（7）状态栏

位于窗口的最底部，用于显示当前幻灯片的一些相关信息，如幻灯片编号（幻灯片第几张、共几张）等。此外，在状态栏的右侧还包含了一组用于切换 PowerPoint 视图模式和缩放视图的按钮和滑块如图 4-1-5 所示。

图4-1-5　状态栏

3. 主题模板的设置

制作演示文稿的前期工作之一，就是要选择能够突出文字内容的幻灯片主题模板。主题模板的选择来源主要有以下 3 个方面。

（1）系统自带的主题

PowerPoint 中提供了很多主题，这些主题都是由专业人员制作的，没有很具体的针对性，适用于各种场合。它们将幻灯片的配色方案（主题颜色）、格式（相关主题效果，如线条及填充效果）和文字（标题及正文文字）组合成各种主题，用户只需要在选定的主题下，添加对象即可，如图 4-1-6 所示。

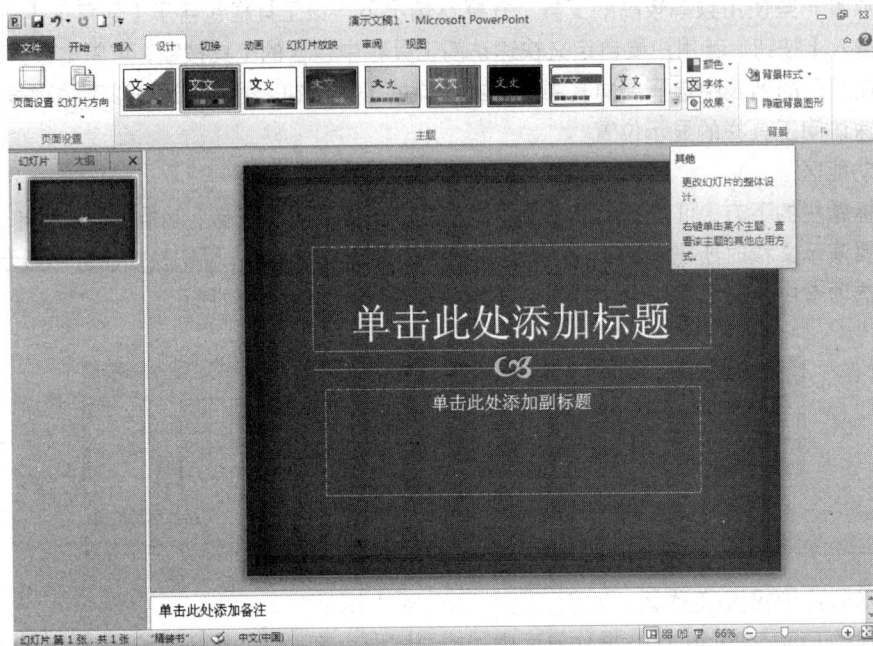

图4-1-6 【设计】选项卡

用户还可以通过改变主题的【颜色】、【字体】、【效果】等来进行进一步的调整，如图 4-1-7 所示。

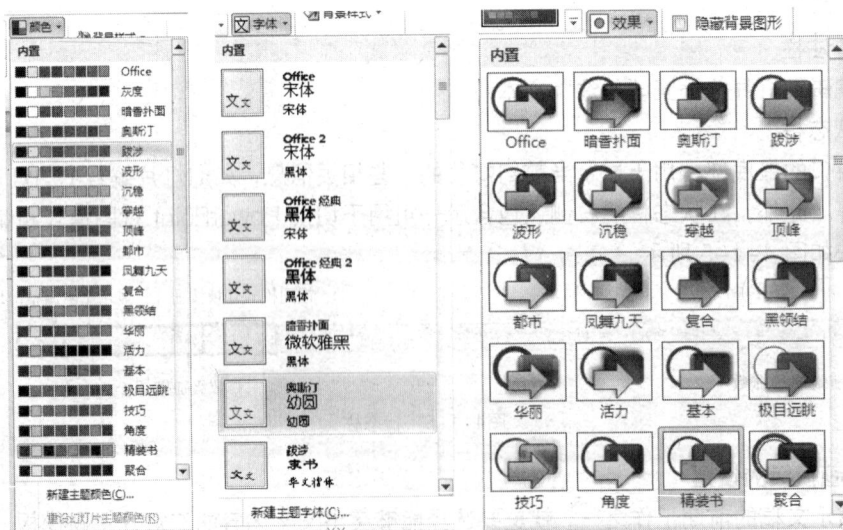

图4-1-7 【颜色】、【字体】、【效果】选项

（2）网络下载的模板

除了系统自带主题，网络上也为用户们提供了更多的选择，例如可以在百度等各大搜索引擎中输入"PPT模板"，找到适合的模板后下载，直接打开即可使用，这些模板也称为"幻灯片主题"。

（3）自己设计的模板

PowerPoint 的模板其实与普通演示文稿并没有太大区别，用户可以把自己设计好的背景、图文排版的格式以及文字的格式等，另存为 PowerPoint 模板，方便以后再次使用，扩展名为.potx，如图 4-1-8 所示。

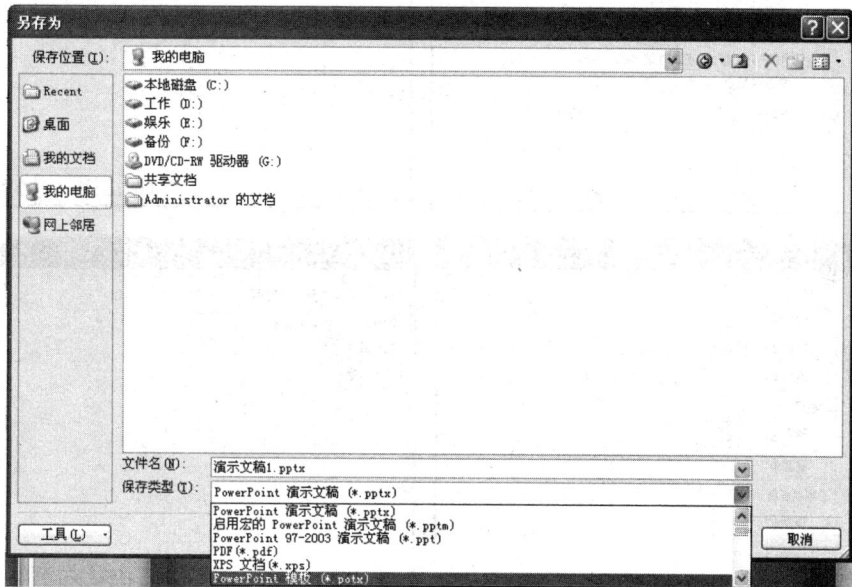

图4-1-8　【另存为】对话框

通过选择"幻灯片主题"并将其应用到演示文稿，就可以制作所有幻灯片均与相同主题保持一致的，具有专业水准、设计精美、美观时尚的设计。

4. 背景的设置

在 PowerPoint 2010 中，利用主题模板就可以自动为幻灯片添加设计好的背景。当然，如果需要某一张幻灯片背景与众不同，突出特定的文字内容，或者用户需要自己设计主题模板时，可以通过设置背景来完成，如图 4-1-9 所示。

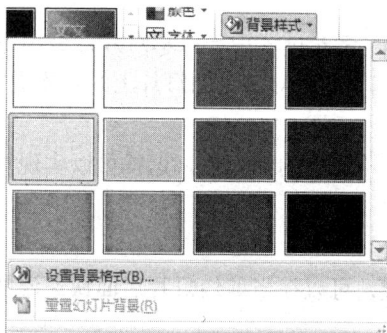

图4-1-9　【插入】选项卡

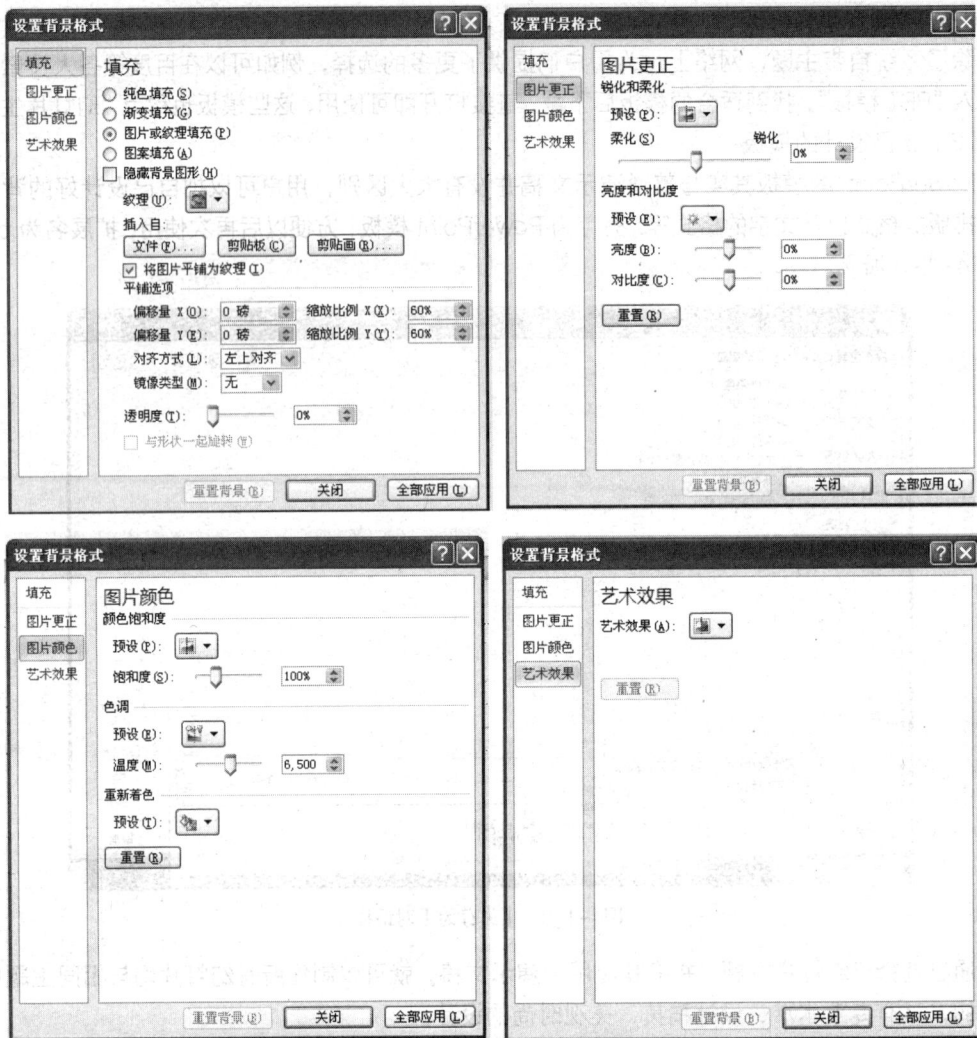

图4-1-9 【插入】选项卡（续）

5. 幻灯片的编辑

（1）选中幻灯片

① 选择一张幻灯片

在【幻灯片/大纲窗格】中单击即可选中一张幻灯片，被选中的幻灯片边框加亮显示，因此成为当前幻灯片，此时可以在编辑区中对该张幻灯片上的对象进行编辑。

② 选择多张幻灯片

按住【Ctrl】键可选择多张不连续的幻灯片，这样可以实现批量调整幻灯片位置，批量复制幻灯片等一些操作。

（2）插入新的幻灯片

方法①：【Ctrl+M】组合键，可以在当前幻灯片后面快速添加一张新的幻灯片，幻灯片编号会顺序向下自动改变。

方法②：鼠标右击【幻灯片/大纲窗格】中的某一张幻灯片，在弹出的快捷菜单中选择【新建幻灯片】,如图 4-1-10 所示。

方法③:选择【开始】选项卡下的【幻灯片】组,单击【新建幻灯片】,如图 4-1-11 所示。

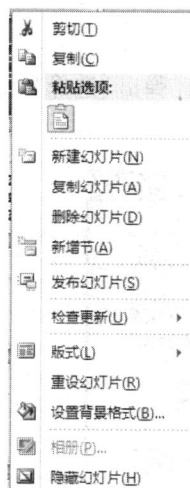

图4-1-10 快捷菜单图

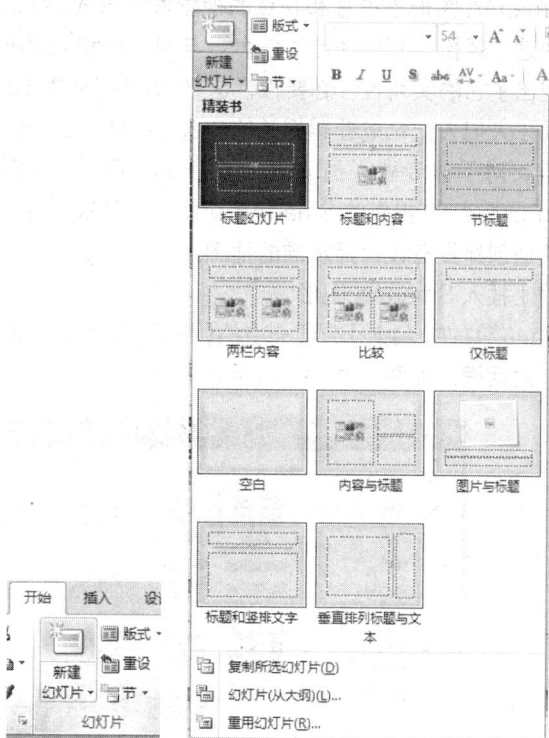

图4-1-11 幻灯片组、【新建幻灯片】下拉菜单

(3)删除幻灯片

方法①:选中要删除的幻灯片,单击键盘上【Delete】快捷键,可以快速删除幻灯片,幻灯片编号会顺序向上自动调整。

方法②:鼠标右击【幻灯片/大纲窗格】中的某一张幻灯片,在弹出的快捷菜单中选择【删除幻灯片】。

(4)复制幻灯片

方法①:选中要复制的幻灯片,按【Ctrl+C】组合键,可以快速复制幻灯片,然后单击选择要复制到的位置,按【Ctrl+V】组合键,幻灯片编号会自动调整顺序。

方法②:鼠标右击【幻灯片/大纲窗格】中的需要复制的幻灯片,在弹出的快捷菜单中选择【复制幻灯片】。

(5)移动幻灯片

方法①:在【幻灯片/大纲窗格】中,鼠标单击需要移动位置的幻灯片不松手,拖动到目标位置即可。【Ctrl+M】组合键,可以在当前幻灯片后面快速添加一张新的幻灯片,幻灯片编号会顺序向下自动改变。

方法②:选中要移动的幻灯片,按【Ctrl+X】组合键,然后单击选择要移动到的位置,按【Ctrl+V】组合键即可。

方法③:鼠标右击【幻灯片/大纲窗格】中需要移动位置的幻灯片,在弹出的快捷菜单中选择【剪切】命令，选定目标位置右击选择【粘贴】即可。

6. SmartArt 图形的插入与编辑

SmartArt 图形是信息和观点的视觉表示形式。可以从多种布局中创建不同的 SmartArt 图形，从而快速、轻松、有效地传达信息。与 Word 和 Excel 相比，SmartArt 图形在 PowerPoint 中才更体现出了它的实用性、必要性，是 PowerPoint 2010 版本最大亮点之一。众所周知，使用插图更有助于人们去记忆或理解相关的内容，但是大部分的情况下，用户还是会使用文字的内容来描述内容，对于非专业人员来说，在 PowerPoint 内创建具有设计师水准的插图是很困难的。PowerPoint 2010 提供的 SmartArt 功能充分解决了这个难题，用户只需【插入】→【SmartArt】，即可快速创建具有设计师水准的插图。

（1）插入 SmartArt 图形

STEP 1 在【插入】选项卡中的【插图】选项区中单击【SmartArt】按钮，弹出"选择 SmartArt 图形"对话框，如图 4-1-12 所示。

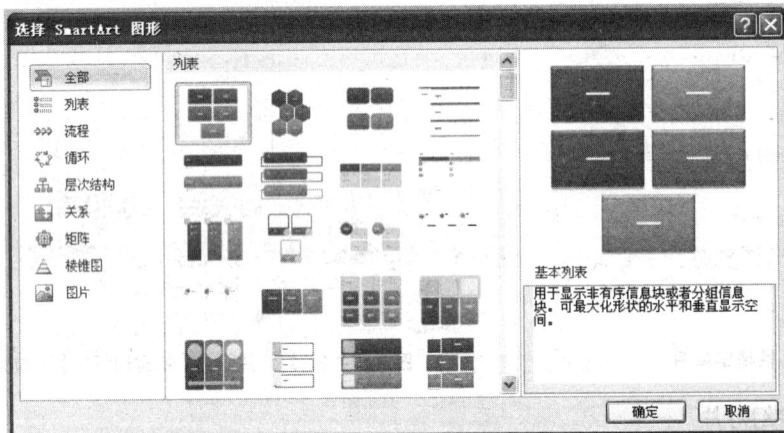

图4-1-12　"选择SmartArt图形"对话框

STEP 2 单击对话框左侧的图形分类栏，可在列表栏中选择相应的 SmartArt 图形样式，对话框右侧会显示插入后的效果，并显示文字注解，方便用户选择。单击【确定】按钮，即可在当前幻灯片中插入 SmartArt 图形，如图 4-1-12 所示。

STEP 3 SmartArt 图形插入后，按照提示位置单击即可输入文字，如图 4-1-13 所示。

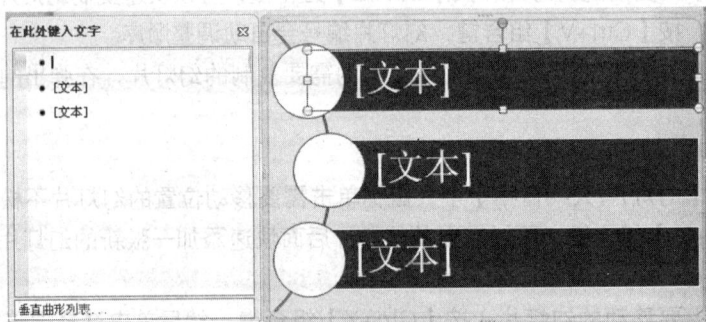

（a）输入文字

图4-1-13　SmartArt图形插入

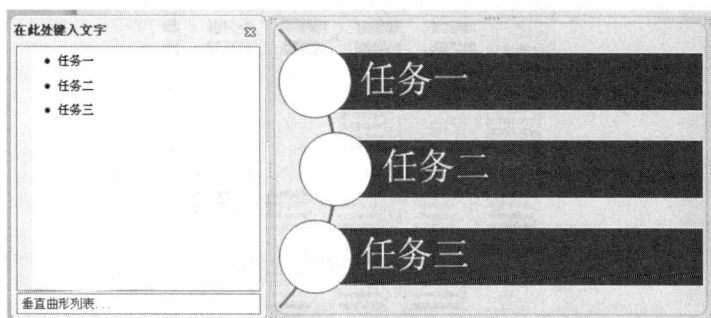

（b）完成的SmartArt图形

图4-1-13　SmartArt图形插入（续）

（2）编辑 SmartArt 图形

① 添加形状

SmartArt 图形一般默认添加 3 行内容，如果不够可以再添加。方法是：选中幻灯片中的 SmartArt 图形，单击【SmartArt 工具】→【设计】→【创建图形】→【添加形状】，如图 4-1-14 所示。

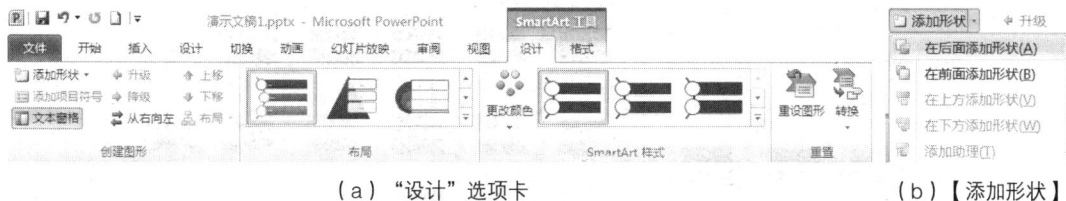

（a）"设计"选项卡　　　　　　　　　　　　　（b）【添加形状】

图4-1-14　编辑SmartArt

② 更改布局

如果用户插入 SmartArt 图形后觉得不合适，可以更改图形布局，而且已经添加的文字不会丢失。方法是：首先选中需要更换的 SmartArt 图形，然后在【设计】选项卡下的【布局】组中选择其他的图形，如图 4-1-15 所示。

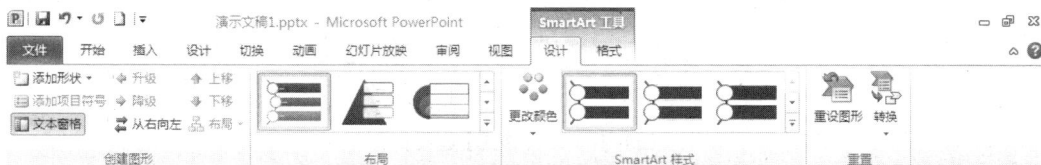

图4-1-15　选中图形可显示SmartArt工具

③ 更改颜色

SmartArt 图形布局确定好后，可自由设置颜色样式。方法是：选中幻灯片中的 SmartArt 图形，单击【SmartArt 工具】→【设计】→【更改颜色】，如图 4-1-16 所示。

图4-1-16 【更改颜色】

④ 更改 SmartArt 样式

通过更改 SmartArt 样式组内容，可以把图形变换成更具有设计感的二维和三维效果，如图 4-1-17 所示。

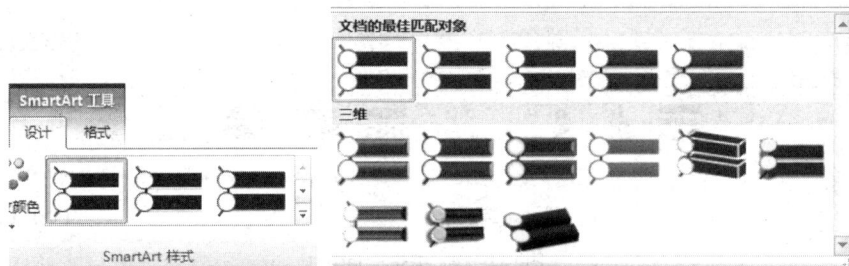

图4-1-17 【SmartArt样式】展开前、展开后

⑤ 更改形状

SmartArt 图形实际上就是把不同形状的图形进行组合来凸显文字的一种效果，所以即使通过 SmartArt 功能添加形状后，也是可以改变的形状和大小的。方法是：【SmartArt 工具】→【格式】→【形状】，如图 4-1-18 所示。

图4-1-18 【格式】选项卡

⑥ 形状样式

在 PowerPoint 2010 中，形状是可以任意更改样式效果的，比如有无线条颜色、填充颜色、阴影效果、三维立体效果等，如图 4-1-19 所示。

⑦ 艺术字样式

SmartArt 图形中的文字同样可以自由设计效果样式，可以说 PowerPoint 2010 给非专业用户提供了极大的创作空间。方法是：首先选中文字→【SmartArt 工具】→【格式】→【艺术字样式】，如图 4-1-20 所示。

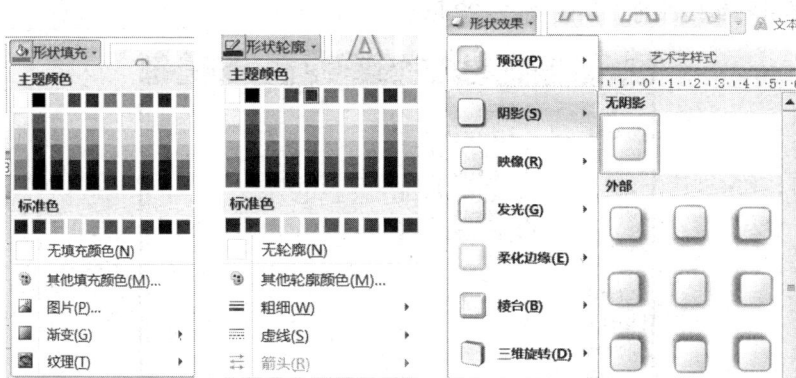

图4-1-19　【形状填充】、【形状轮廓】、【形状效果】展开后

7. 输入与编辑文字

方法①：直接输入文字。在【普通视图】下的界面左边，切换到【大纲窗格】，然后直接可以输入文字内容，输入完相关内容后，按下【Enter】键，还可以新建一张幻灯片，继续输入内容。此时文字内容为标题形式。如果希望在当前幻灯片中输入正文内容的二级标题，只需按下【Ctrl+Enter】组合键。如需继续添加二级标题，按【Enter】即可。如需添加三级标题，按下【Shift+Enter】组合键，继续添加三级标题，还是按下【Shift+Enter】组合键即可。

方法②：在占位符中输入文字。在每次新建的幻灯片上，都会自动出现两个虚线框，单击它们会出现插入点光标，可以输入文字内容，这个虚线框也叫作占位符。如果文字内容超出当前占位符的大小，那么占位符的左下角会出现【自动调整选项按钮】，单击可以展开相关的命令，用户可根据需要选择命令即可，如图 4-1-21 所示。

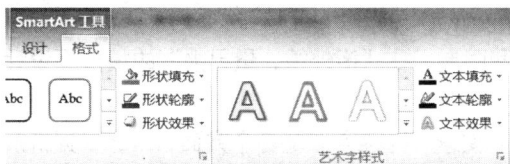

图4-1-20　【艺术字样式】

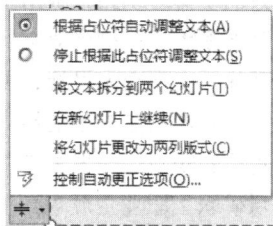

图4-1-21　【自动调整选项按钮】

方法③：插入【文本框】或【形状】。如果用户想自由设计文字所在位置，可以通过选择【插入】选项卡中的【文本框】命令和【形状】命令即可。【形状】命令不会自动出现插入点光标，需要单击选中形状，并且鼠标右击，在弹出的快捷菜单中选择【编辑文字】，如图 4-1-22 所示。

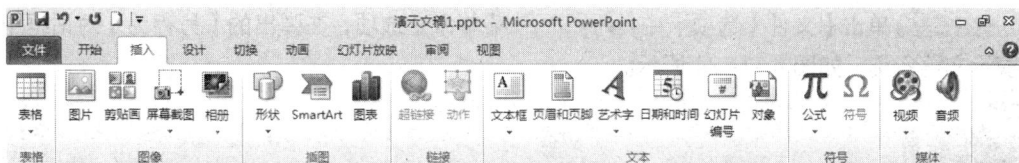

图4-1-22　【插入】选项卡

如果用户想进行更专业的深度调整设计，可以在当前幻灯片下选中"文本框"或"形状"，鼠标右击，在弹出的快捷菜单中选择【设置形状格式】命令，在弹出的【设置形状格式】对话框中，按照需要进行编辑即可，如图 4-1-23 所示。

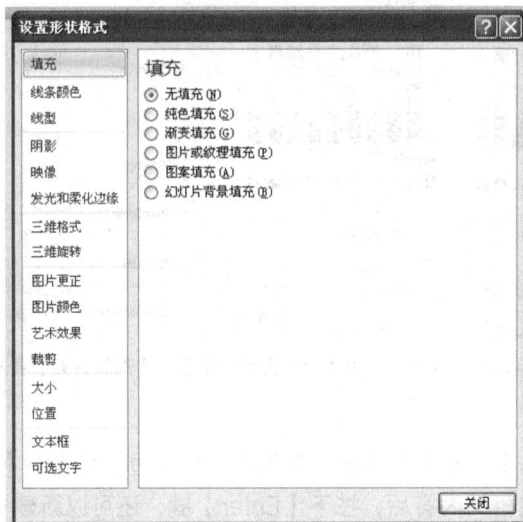

图4-1-23 【设置形状格式】对话框

4.1.4 任务实施

职业生涯规划，是指个人和组织相结合，在对个人职业生涯的主客观条件进行测定、分析、总结研究的基础上，对自己的兴趣、爱好、能力、特长、经历及不足等各方面进行综合分析与权衡，结合时代特点，根据自己的职业倾向，确定最佳的职业奋斗目标，并为实现这一目标做出行之有效的安排。例如，做出个人职业的近期和远景规划、职业定位、阶段目标、路径设计、评估与行动方案等一系列计划与行动。职业生涯设计的目的绝不只是协助个人按照自己的资历条件找一份工作，实现个人目标，更重要的是真正了解自己，为自己订下事业大计，筹划未来，拟订一生的方向，进一步详细估量内、外环境的优势和限制，在"衡外情，量己力"的情形下设计出合理且可行的职业生涯发展方向。

煤矿职工职业生涯规划演示文稿根据组织者要求，内容会涉及各个方面，因此根据讲演者表述情况会包含大量的幻灯片。本例由于篇幅有限，只对任务中讲述的关键步骤讲解详细制作过程，重复或类似部分不再赘述。

1. 新建【煤矿职工职业生涯规划】演示文稿

STEP 1 单击【开始】→【所有程序】→【Microsoft Office】→【Microsoft PowerPoint 2010】，新建演示文稿。

STEP 2 单击【文件】选项卡中 保存 菜单命令选项，在弹出的【另存为】对话框中输入演示文稿名称，如图 4-1-24 所示。

注意

在之后的编辑过程中可随时通过【Ctrl+S】组合键重复保存演示文稿，保存位置是不变的。

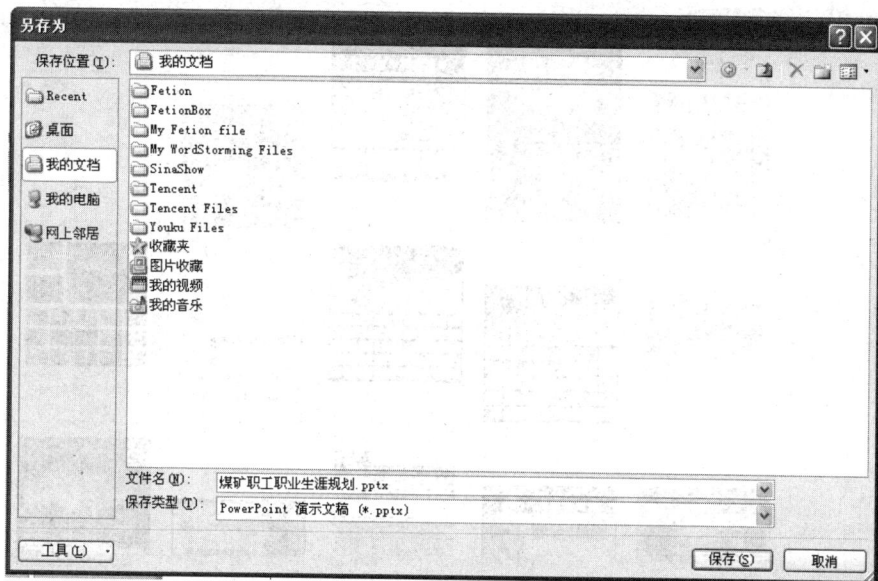

图4-1-24　保存新建演示文稿

2. 主题模板的设计

STEP 1 选择和表达内容一致的主题模板，可以使演示文稿更加吸引人，整体效果更出色。这里我们选择 PowerPoint 2010 系统自带的主题。单击【设计】选项卡，在【主题】组中选择一种主题样式。这是最简单的选择主题的方法，用户如果想让自己的主题与众不同，可以在网络上寻找搜集更理想的主题模板，如图 4-1-25 和图 4-1-26 所示。

图4-1-25　PowerPoint 2010系统自带的主题模板

图4-1-26　网络搜索的主题模板缩略图

STEP 2 单击【开始】选项卡→【新建幻灯片】，用户会发现第一张幻灯片和之后新建的幻灯片是不一样的，第一张幻灯片相当于书的封皮，第二张之后的幻灯片相当于书的正文。单击新建幻灯片的下拉三角可以展开快捷菜单，用户可以从中选择新建幻灯片的图文混排样式，如图 4-1-27 所示。

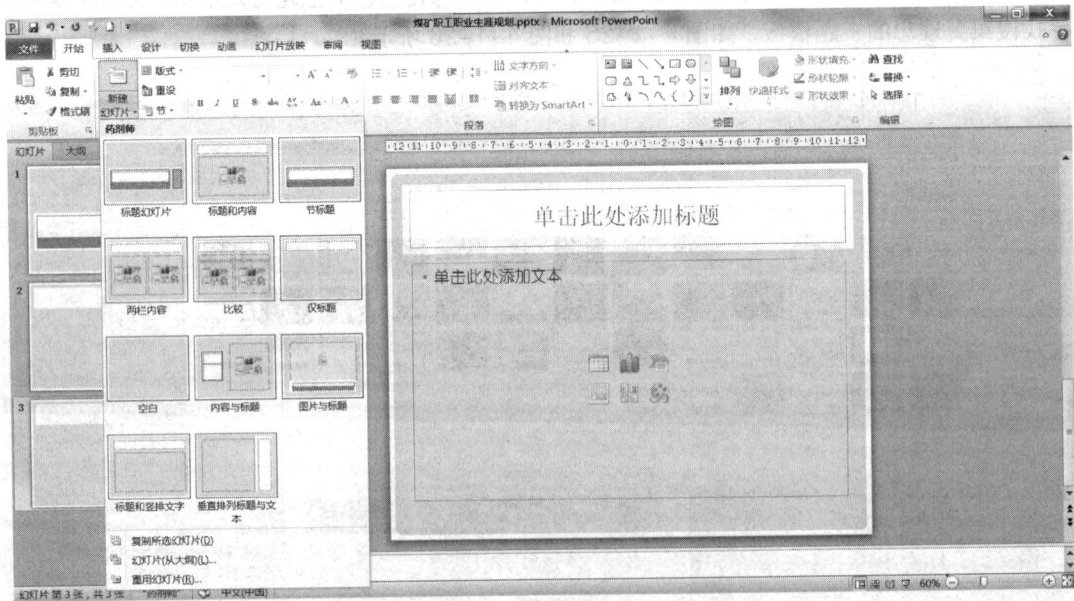

图4-1-27　新建幻灯片

3. 图形列表及流程图的制作

其具体的制作方法如下。

STEP 1 单击选择【开始】选项卡，连续创建多张幻灯片，其中第三张幻灯片为"目录"幻灯片，单击【插入】选项卡下的【插图】组，单击【SmartArt】命令，打开【选择 SmartArt 图形】对话框，可在"列表"下选择一种适合的样式，单击【确定】，如图 4-1-28 所示。

（a）步骤1

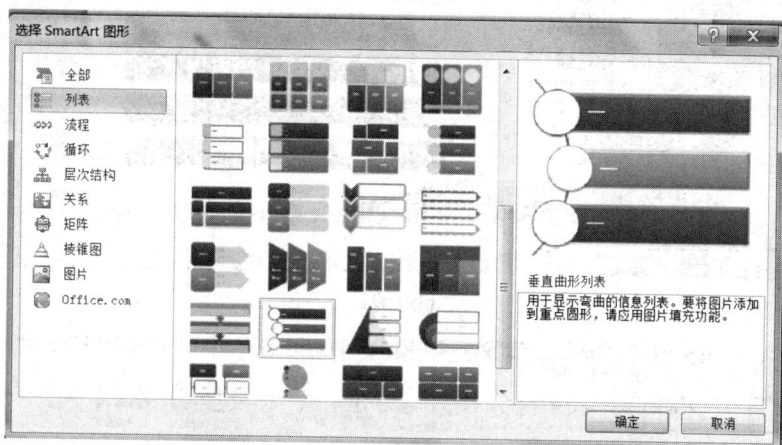

（b）步骤2

图4-1-28 插入图形

STEP 2 单击已经插入当前幻灯片的图形，输入目录文字，图形会根据文字的大小多少自动调整，这是 SmartArt 的实用灵活之处。图形的颜色和样式也可以在输入完文字后进行更改，选中图形，会显示【SmartArt 工具】下的【设计】和【格式】选项卡，从中可以改变图形的布局、SmartArt 样式、形状样式等，如图 4-1-29 所示。

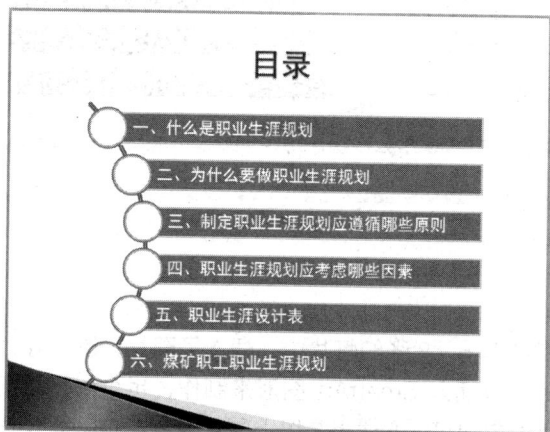

（a）正文

图4-1-29 插入并设计

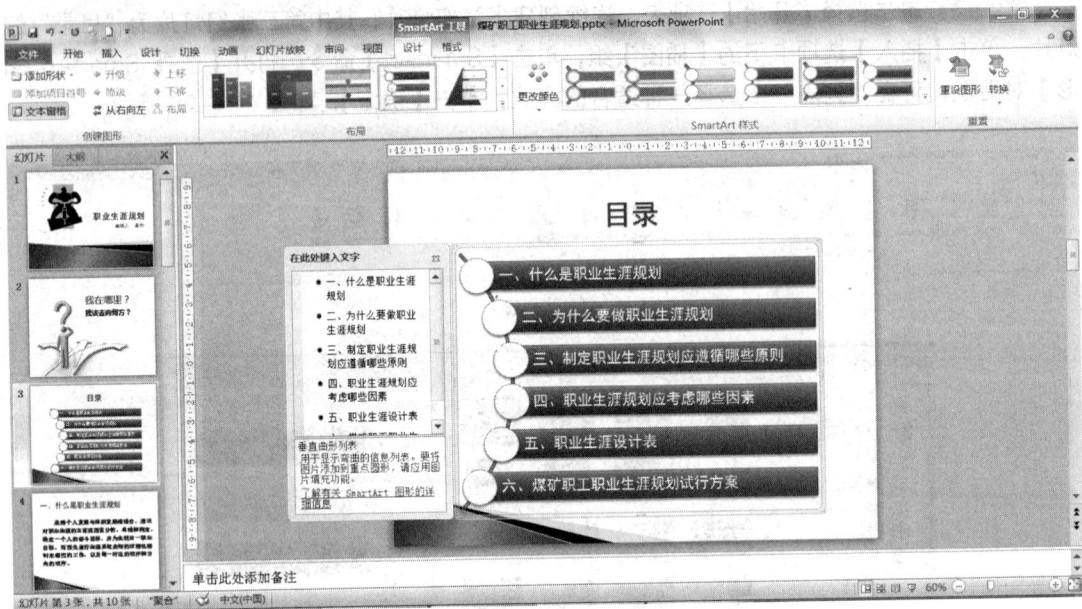

（b）设计

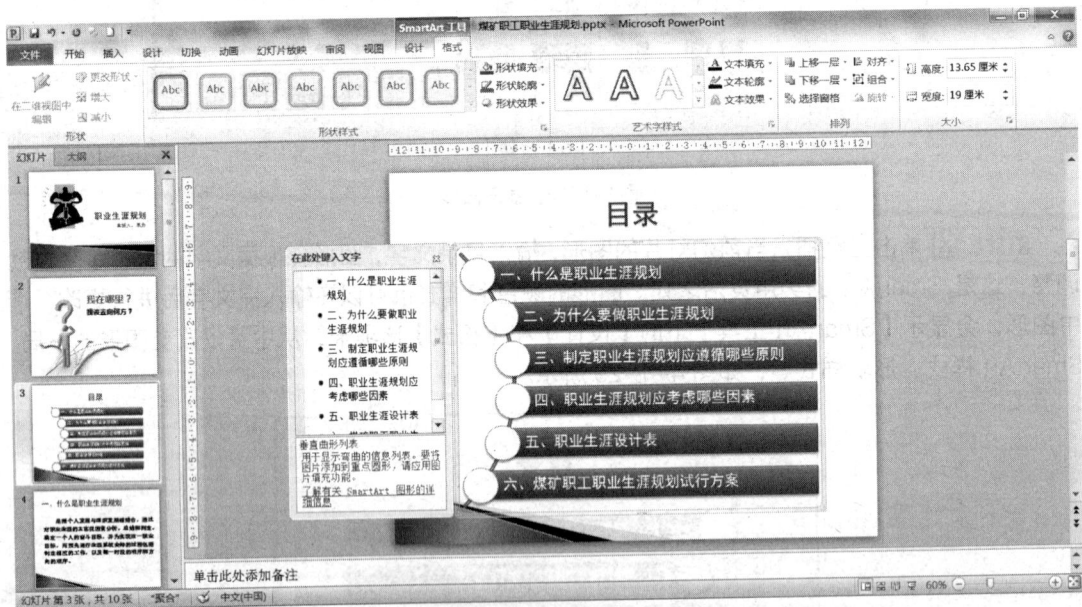

（c）格式

图4-1-29　插入并设计（续）

STEP 3 本演示文稿的第5~8张幻灯片中，插入了图片、图形等，使用了绘制工具，这里仅供参考，用户在制作时可以插入SmartArt图形来制作，也可以在网络中找到更中意的模板，直接粘贴使用，修改相关内容即可。方法也与以上制作过程类似，需要根据演示文稿的需求做耐心的调整，如图4-1-30所示。

（a）第5张幻灯片制作效果

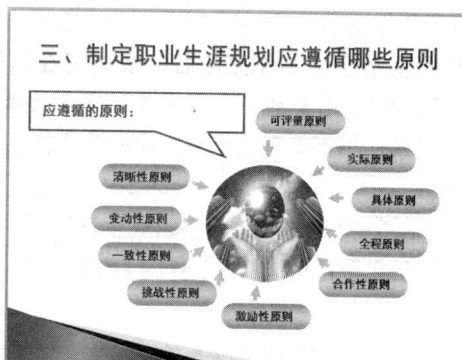
（b）第6张幻灯片制作效果

（c）第7张幻灯片制作效果

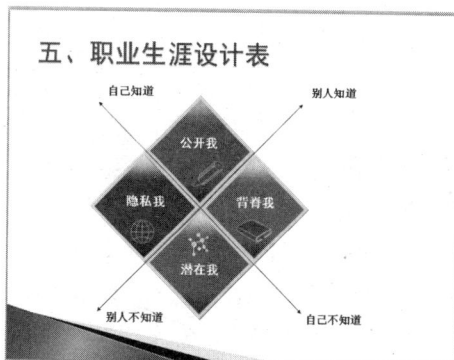
（d）第8张幻灯片制作效果

图4-1-30　第5～8张幻灯片制作简图

STEP 4 插入视频文件。在第9张幻灯片中插入一个视频文件，如图4-1-31所示，文件类型为.swf。单击【插入】选项卡→【视频】，在弹出的【插入视频文件】对话框中，找到之前准备好的视频文件，选中【插入】，【确定】。用户可以对视频文件在幻灯片中的显示格式进行调整，单击选中可进行预览。

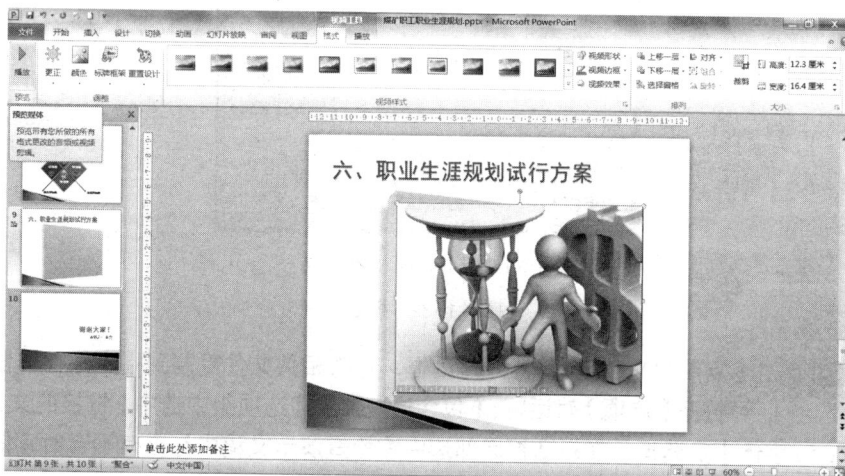

图4-1-31　第9张幻灯片制作图

4. 打包输出

演示文稿全部制作完成后，演讲者在演示时不一定能确定演示使用的计算机是否安装了 PowerPoint 2010 软件，如果只是装了低版本的 PowerPoint 也会影响放映效果。为了让演示文稿在任何条件下都能正常播放，我们需要将相关文件整体打包输出，这样能确保播放时不出现尴尬局面。

STEP 1 打开"煤矿职工职业生涯规划"演示文稿，单击【文件】选项卡→【保存并发送】→【将演示文稿打包成 CD】→【打包成 CD】命令，会弹出【打包成 CD】对话框，如图 4-1-32 所示。

（a）打包演示文稿

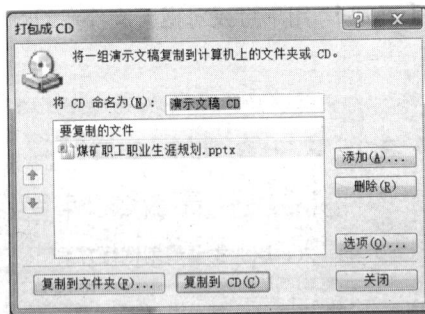

（b）【打包成CD】对话框

图4-1-32 打包

STEP 2 单击【复制到文件夹】，打开对话框，可将相关文件复制到指定保存位置的文件夹中。单击【选项】，可打开【选项】对话框，【包含这些文件】选项组中选中【链接的文件】和【嵌入的 TrueType 字体】复选框。在对话框底部选中【检查演示文稿中是否有不合时宜信息或个人信息】复选框，如图 4-1-33 和图 4-1-34 所示。

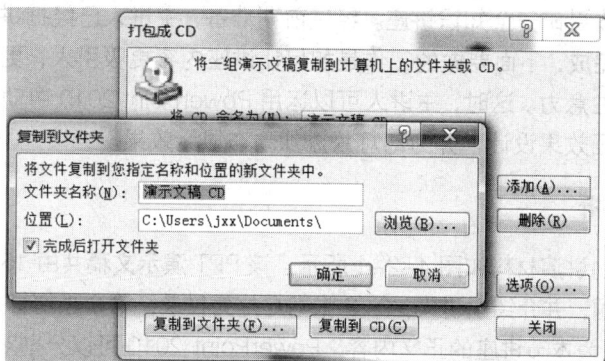

图4-1-33 【复制到文件夹】对话框

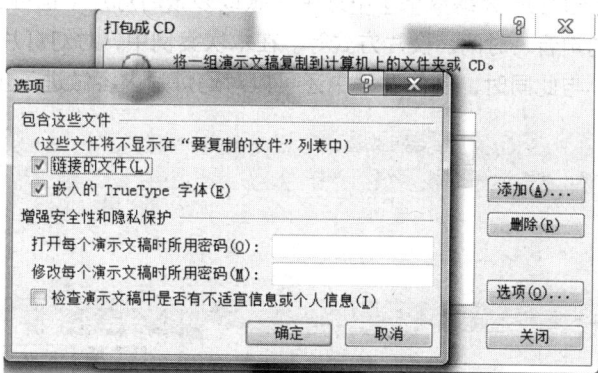

图4-1-34 【选项】对话框设置

STEP[3] 此时 PowerPoint 便自动进行打包输出的操作，完成后关闭【打包成 CD】对话框，然后进入到打包文件夹放置的位置，可看到其中链接了所有相关文件以及不借助于 PowerPoint 而能自行放映幻灯片的播放器，在其他计算机上，只需要双击其中的 Play.bat 文件，即可自动运行和放映其中的内容了。

4.1.5 任务小结

通过在 PowerPoint 2010 环境下编辑制作完成"煤矿职工职业生涯规划"演示文稿，在学习的过程中熟悉了 PowerPoint 2010 的工作环境，学会了使用 PowerPoint 中的高级动画，使用应用模板美观而便捷，使用 SmartArt 命令绘制图形，插入视频文件生动形象，以上实现了 PowerPoint 综合技能的学习与掌握。

4.2 任务 2 煤矿安全知识讲座演示文稿制作

4.2.1 任务情景

为了培养煤矿职工队伍的安全素质，提高职工对安全生产重要性的认识，增强安全生产的责任感，熟练掌握操作技术要求和预防、处理事故的能力，所以进行煤矿安全知识讲座是非常有必要的。本任务即为制作煤矿安全知识讲座。经过前期准备，主讲人已经把讲座整体框架、文字内容、相关图片等制作完成，下面要做的工作是如何让讲座内容更吸引人，更能提高大家在参加煤矿安全知识讲座时的注意力。这时，主讲人可以运用 PowerPoint 2010 中动画设计的相关功能和技巧，对对象进行动画效果设计，并为幻灯片添加动态显示效果。

4.2.2　任务分析

主讲人已经完成的讲演材料如图 4-2-1 所示，该 PPT 演示文稿共由 13 张幻灯片组成，其中第 1 张幻灯片为主标题，并介绍主讲人，第 2 张幻灯片为目录，第 3 张幻灯片为本节讲座的目录，第 4 张至 12 张幻灯片为本节讲座的正文内容。PowerPoint 2010 可以分别对整张幻灯片和每张幻灯片中的所有对象元素进行动画效果的制作。PowerPoint 提供了丰富的，极具设计感的幻灯片切换效果样式，可以在【幻灯片/大纲窗格】中选中 1 张或多张幻灯片（也可全部）直接进行套用，并且还能设置切换时的声音、时间、换片方式等。在本次案例中，对幻灯片中的对象元素进行动画设计也是重点内容。与此同时，制作过程中还可以对幻灯片内容做进一步的美化完善处理。

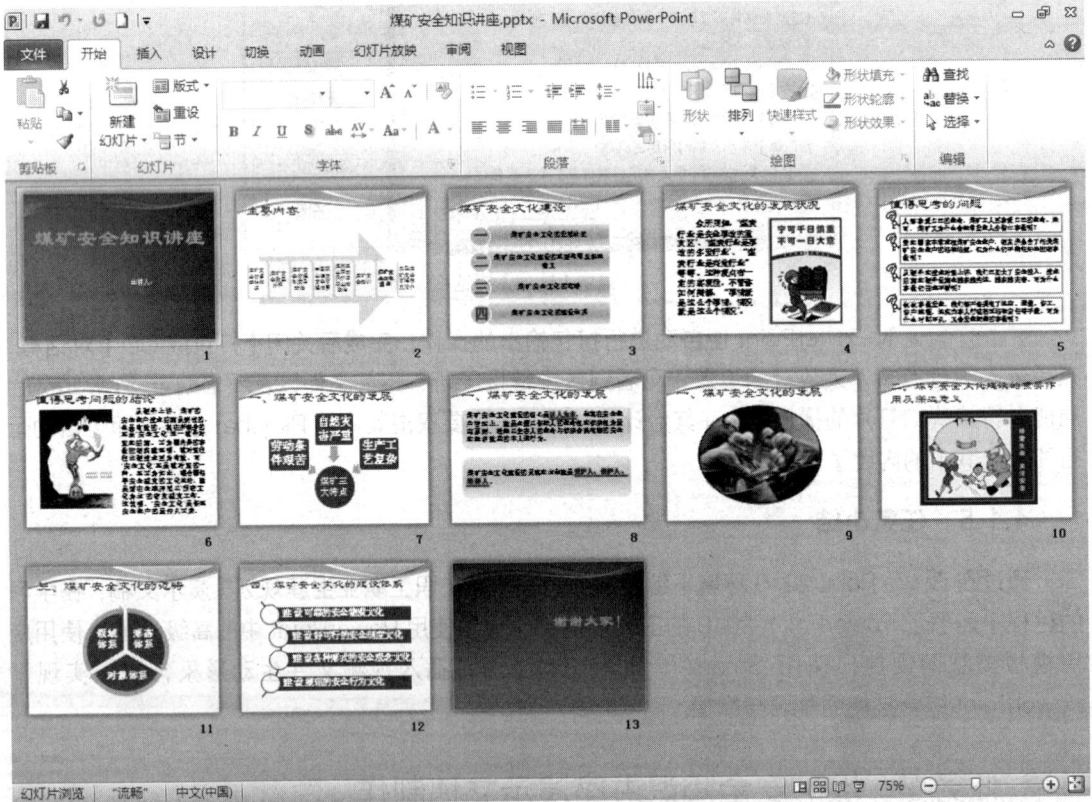

图4-2-1　"煤矿安全知识讲座"讲演材料PPT

4.2.3　知识提炼

1．设置幻灯片切换效果

PowerPoint 2010 为我们提供了更多的幻灯片切换效果，其中包括大量 3D 转换特效，以及内容转换特效，能够帮助我们轻松制作出具有视觉冲击力的幻灯片。

① 选中需要设置切换效果的幻灯片（可以多选或全部应用），单击选中【切换】选项卡→【切换到此幻灯片】组→选择切换效果，如图 4-2-2 所示。

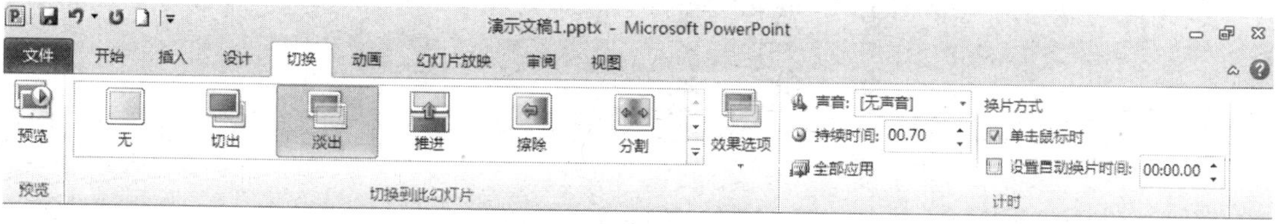

图4-2-2 【切换】选项卡

② 单击展开按钮还可以显示所有 PowerPoint 2010 自带的幻灯片切换效果，如图 4-2-3 所示。

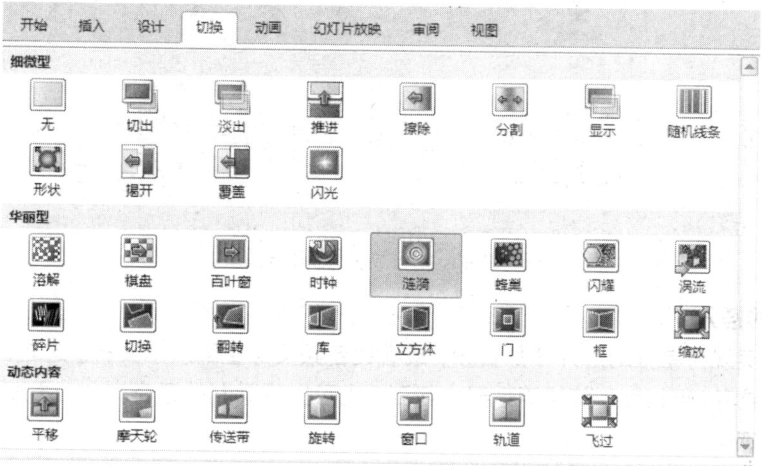

图4-2-3 展开显示更多切换效果

2. 设置对象动画效果

动画效果是指给幻灯片中的对象元素添加不同的特殊视觉效果，目的是突出强调重点内容，同时也增加了演示文稿的感染力和趣味性。在 PowerPoint 2010 中，可以对各幻灯片中的对象设置动画效果，和之前版本没有太大变化。如果我们以后经常使用 PowerPoint，就会发现，如果对幻灯片中所有对象都设置动画效果，会过多吸引观众的注意力，整体放映效果会显得很乱。所以我们只需要对个别需要强调的内容设置动画效果即可。

① 选中需要设置动画效果的对象（可以同时选中多个，设置成统一效果），单击选中【动画】选项卡→【动画】组→选择动态效果，鼠标停留在某个效果上面可以进行预览，如图 4-2-4 所示。

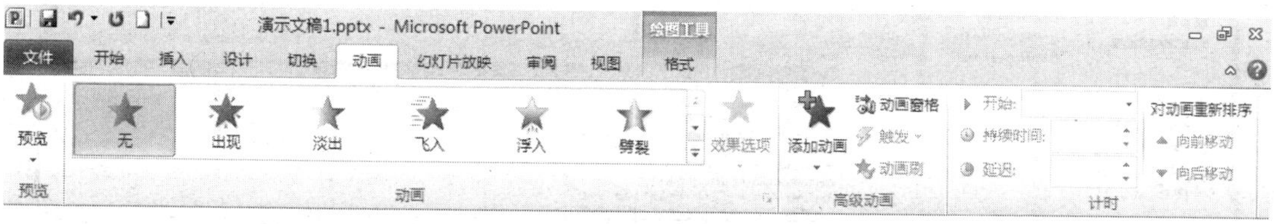

图4-2-4 展开显示更多切换效果

② 单击展开按钮还可以显示所有 PowerPoint 2010 自带的动画效果，如图 4-2-5 所示。

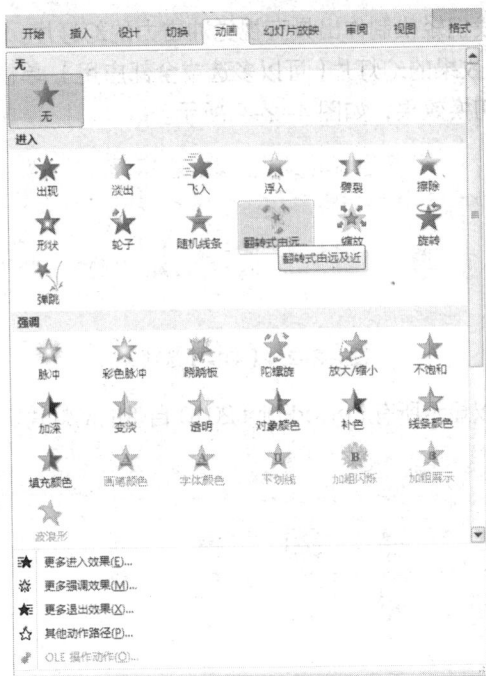

图4-2-5 展开显示更多动画效果

3. 音频的插入

用户可以实现为单张幻灯片添加音频，或者让音频贯穿整篇演示文稿。这些音频文件可以从计算机、网络或者 Microsoft 剪辑管理器中找到，也可以用录制的语音旁白，添加到演示文稿中，增强幻灯片的感染力。

① 选择【插入】选项卡→单击【音频】命令上半部分的小喇叭，可以直接打开【插入音频】对话框（相当于默认命令），从中选择之前存储好的音频资料，单击【确定】可以插入该段音频，如图 4-2-6 所示。

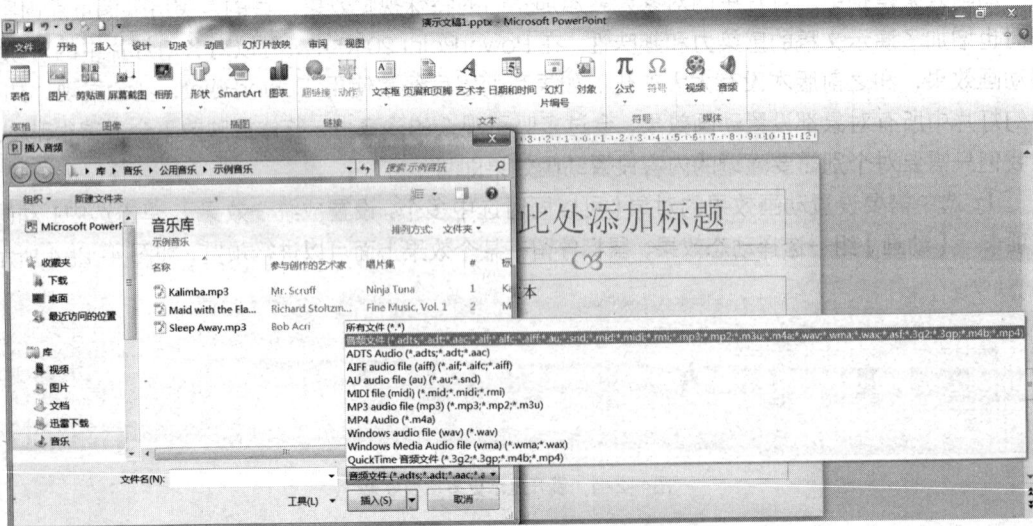

图4-2-6 【插入音频】对话框

② 选择【插入】选项卡→单击【音频】命令下半部分的下拉三角，可以弹出 3 个命令按钮：单击【文件中的音频】，同默认命令一样，会打开图 4-2-7 所示的对话框；单击【剪贴画音频】，可以打开 Microsoft Office 系统自带的音频文件，单击某一个音频文件可以直接插入，也可通过单击下拉三角实现更多操作，如图 4-2-8 所示；单击【录制音频】，可以打开【录音】对话框，当时录制的音频直接就可以插入到当前幻灯片中，如图 4-2-9 所示。

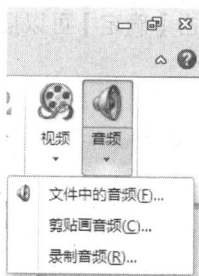

图4-2-7 【音频】命令下拉菜单

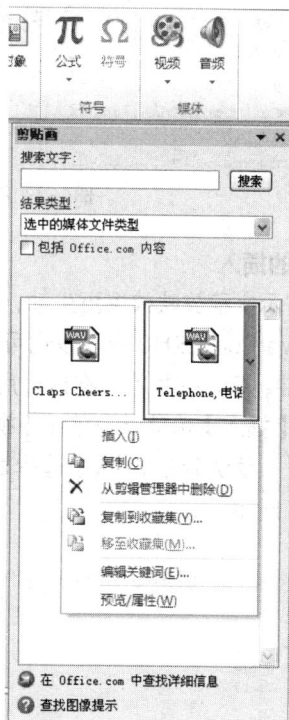

图4-2-8 音频文件下拉列表

③ 预听音频。音频文件插入后，幻灯片会出现一个喇叭样式的小图标，单击可显示播放/暂停按钮和播放进度等，单击播放按钮可在不放映幻灯片情况下预听音频，如图 4-2-10 所示。

图4-2-9 【录音】对话框

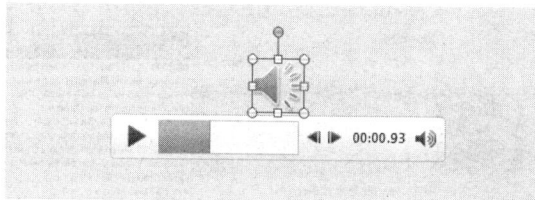

图4-2-10 音频文件下拉列表

④ 编辑音频。单击插入音频后的小喇叭图标，可显示【音频工具】的【格式】和【播放】选项卡，如图 4-2-11 和图 4-2-12 所示。通过【格式】选项卡可以把小喇叭图标更改成其他的图片来显示，同之前讲过的图片的编辑方法一致。【播放】选项卡可以预听音频、剪辑音频、淡入淡出的效果、音量大小以及设置音频仅在当前幻灯片中播放，还是贯穿整篇演示文稿等。

图4-2-11　音频工具下的【格式】选项卡

图4-2-12　音频工具下的【播放】选项卡

4.　视频的插入

为了让演示文稿放映效果更生动，PowerPoint 2010 提供了比以往版本更多、更实用的视频效果。在 PowerPoint 2010 中，我们可以这样理解，所有的动态图片统称为视频文件。如 avi 文件、flash 文件、GIF 图片等。在这里用户都可以通过插入视频文件来实现。

①　选择【插入】选项卡→单击【视频】命令上半部分的小喇叭，可以直接打开【插入视频】对话框（相当于默认命令），从中选择之前存储好的视频资料，单击【确定】可以插入该段音频，如图 4-2-13 所示。

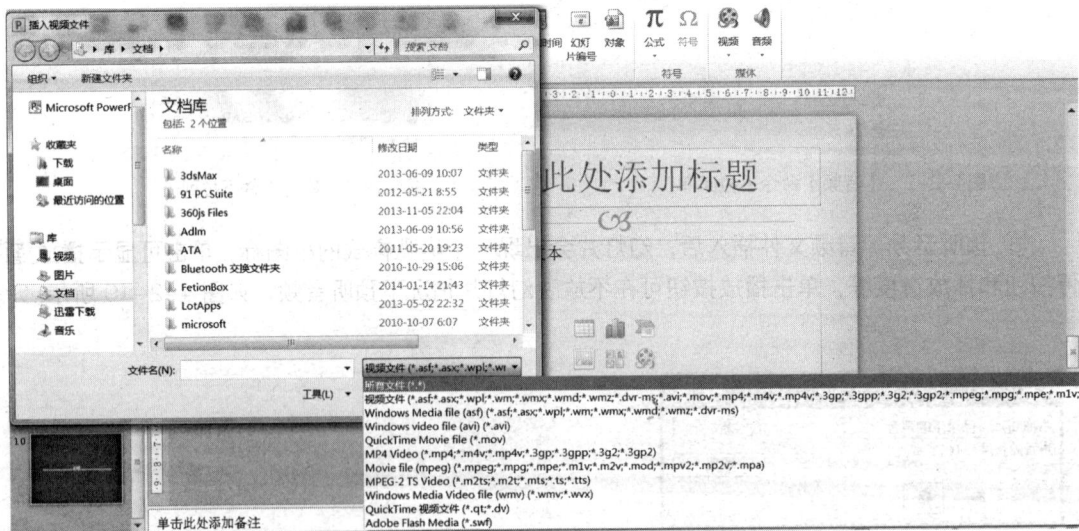

图4-2-13　【插入视频】对话框

②　选择【插入】选项卡→单击【视频】命令下半部分的下拉三角，可以弹出 3 个命令按钮：单击【文件中的视频】，同默认命令一样，会打开图 4-2-14 所示的对话框；单击【来自网站的视频】，可以打开【从网站插入视频】对话框，如图 4-2-15 所示；单击【剪贴画视频】，可以打开 Microsoft Office 系统自带的音频文件，单击某一个视频文件可以直接插入，也可通过单击下拉三角实现更多操作，如图 4-2-16 所示。

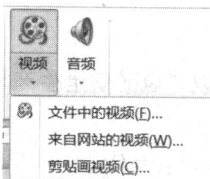

图4-2-14　【视频】命令下拉菜单

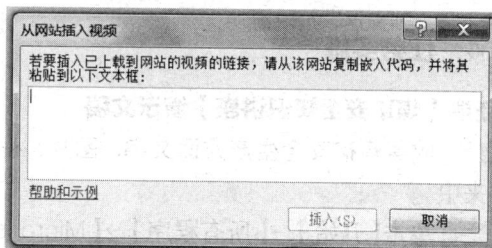

图4-2-15　从网站插入视频

③ 预览视频。视频插入后是呈静态图片显示的，单击视频图片，下方会出现播放条，可以播放/暂停、显示播放进度和播放时间等，如图 4-2-17 所示。

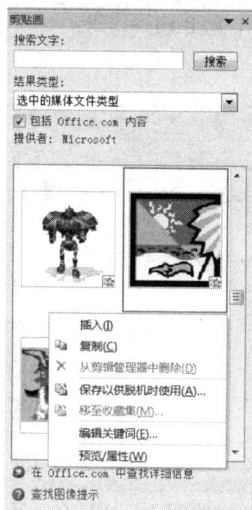

图4-2-16　剪贴画视频

图4-2-17　视频预览

④ 编辑视频。单击插入的视频，可显示【视频工具】的【格式】和【播放】选项卡。通过【格式】选项卡可以更改视频的显示效果，同之前讲过的图片的编辑方法类似。【播放】选项卡可以预览视频、剪辑视频、淡入淡出的效果、音量大小以及设置视频在当前幻灯片中是自动播放或单击时播放等，如图 4-2-18 所示。

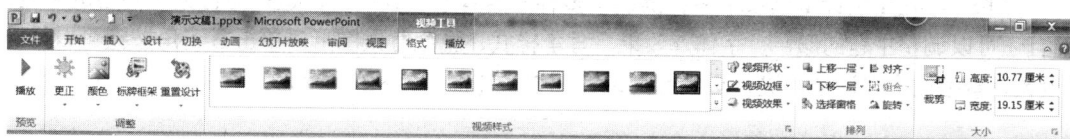

（a）【格式】选项卡

（b）【播放】选项卡

图4-2-18　视频工具下的选项卡

4.2.4　任务实施

1．新建【煤矿安全知识讲座】演示文稿

STEP 1 收集煤矿安全生产方面文字、图片、视频资料。存储在以"煤矿安全生产培训"命名的文件夹中。

STEP 2 单击【开始】→【所有程序】→【Microsoft Office】→【Microsoft PowerPoint 2010】，新建演示文稿。单击【文件】选项卡中 保存 菜单命令选项，在弹出的【另存为】对话框中输入演示文稿名称，如图 4-2-19 所示。

> **注意**
>
> 在之后的编辑过程中可随时通过【Ctrl+S】组合键重复保存演示文稿，防止内容丢失。

图4-2-19　保存新建演示文稿

2．主题模板的设计

STEP 1 在【设计】选项卡中，提供了多种主题背景，我们可以选择适合文字内容的主题，而且还可以调整主题的颜色、字体、效果、背景样式、隐藏背景图形。单击右下角按钮可以打开【设置背景格式】对话框，进行更细腻的设计调整，如图 4-2-20 所示。

图4-2-20　【设计】选项卡

STEP 2 单击【开始】选项卡→【新建幻灯片】，单击新建幻灯片的下拉三角可以展开快捷菜单，用户可以从中选择新建幻灯片的图文混排样式，如图 4-2-21 所示。

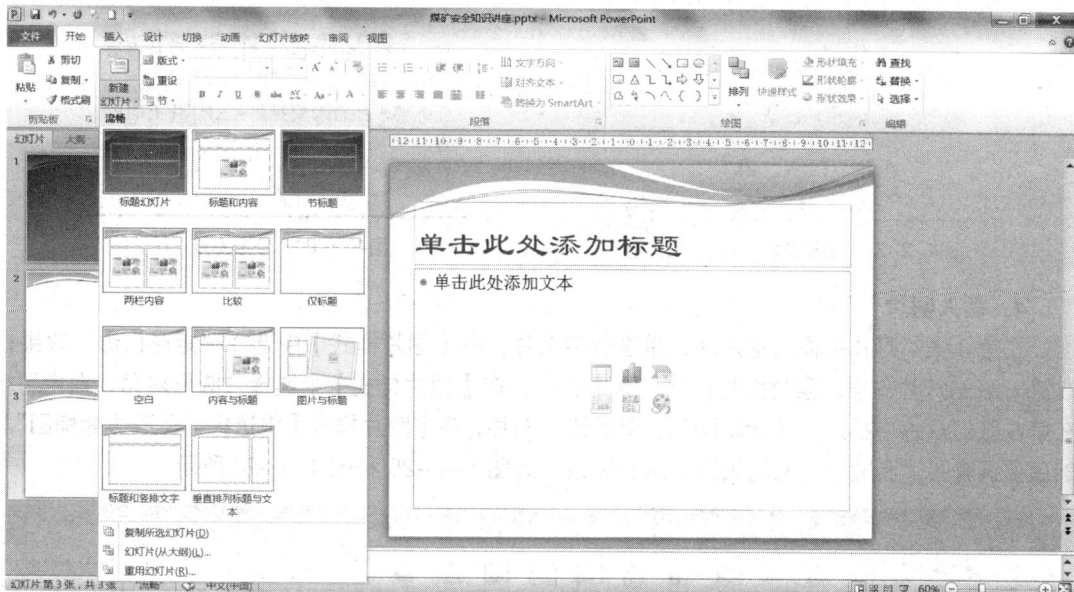

图4-2-21 新建幻灯片

3. 添加文字内容

字体要尽量大。在"字体"栏中可以设置字号、加粗、阴影、颜色等，同时打开【字体】对话框还能设置字符间距等，如图 4-2-22 至图 4-2-24 所示。

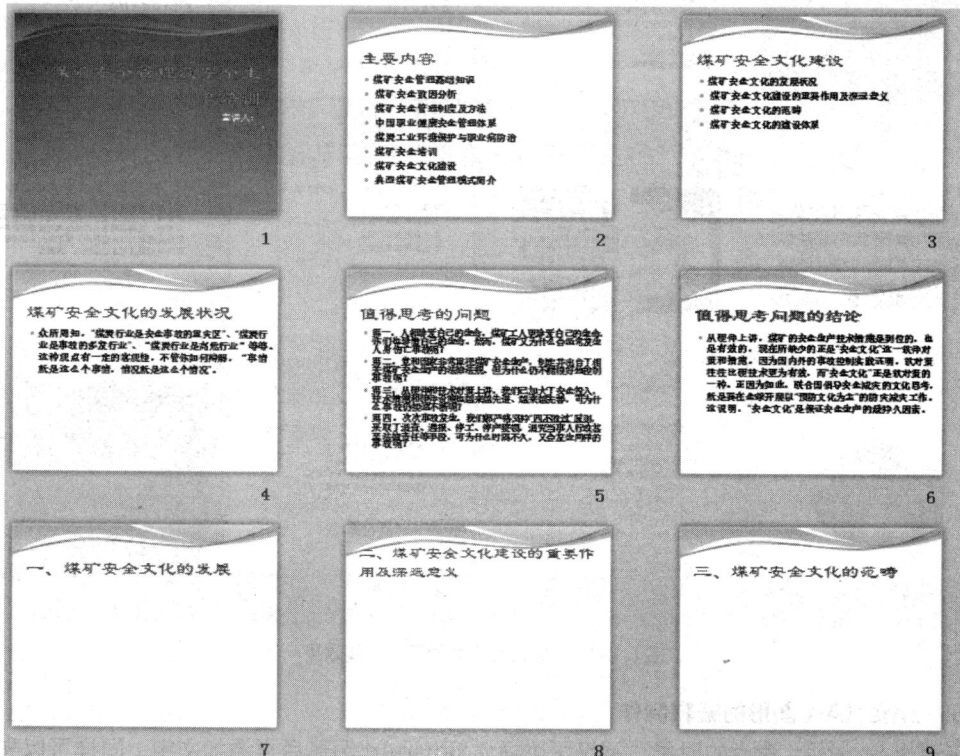

图4-2-22 新建幻灯片

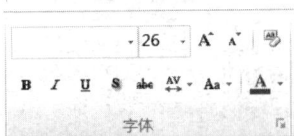

图4-2-23　字号设置

| 任务内容：根据准备资料，为幻灯片添加文字。 |
| 任务要求：合理安排每张幻灯片上的内容。 |
| 任务时间：10 分钟 |

图4-2-24　任务安排

4. 插入图片

在第 3 张幻灯片中插入图片后，单击选中图片，在【图片样式】中选择"矩形投影"效果；在第 6 张幻灯片中插入素材图片，单击选中图片，在【图片样式】中选择"圆形对角，白色"；在第 9 张幻灯片中插入相关素材图片，单击选中图片，在【图片样式】中选择"柔滑边缘椭圆"。然后要调整图片和文字之间的关系，达到和谐，如图 4-2-25 和图 4-2-26 所示。

图4-2-25　图形工具中的格式设置

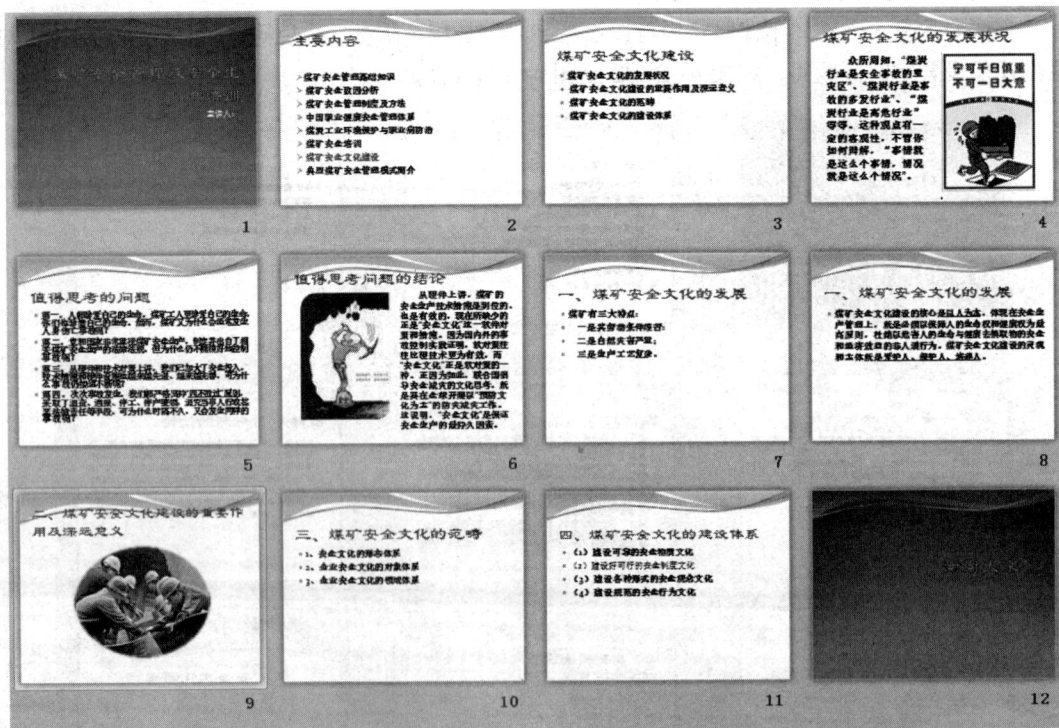

图4-2-26　插入图片后的演示文稿效果

5. SmartArt 图形的编辑制作

在使用 SmartArt 命令的时候，不仅可以插入 SmartArt 图形后再添加文字，同样可以先有文字再转换成 SmartArt 图形，其具体的制作方法如下。

STEP 1 选择第 2 张幻灯片，用鼠标框选所有文字，右击，在弹出的快捷菜单中选中【转换为 SmartArt】，此时会展开二级菜单，鼠标移动到任何一种列表上都会进行自动预览，这里我们单击选择"连续块状流程"，如图 4-2-27 和图 4-2-28 所示。

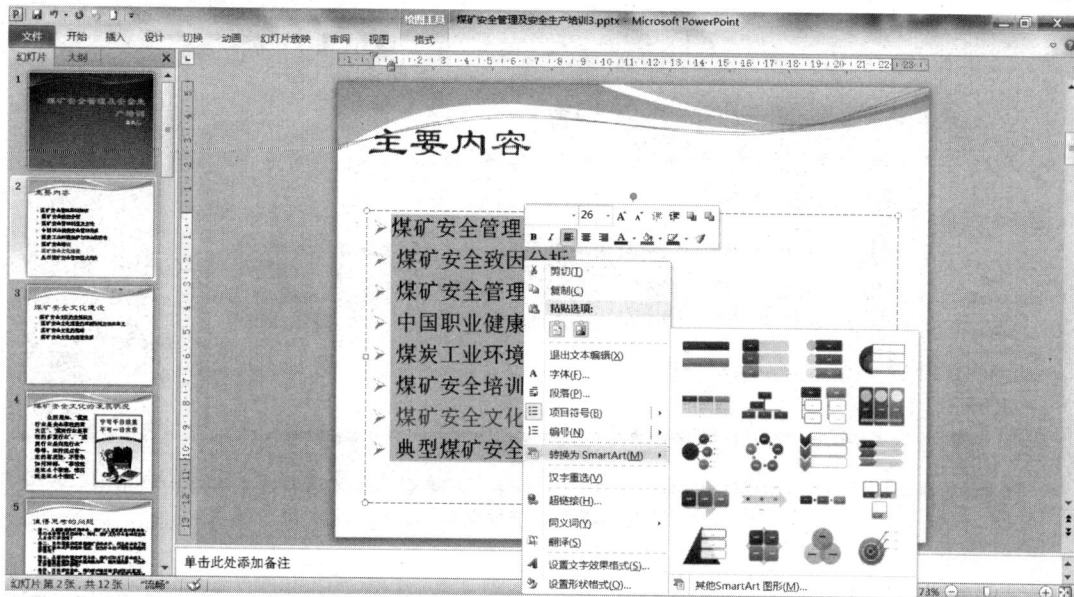

图4-2-27 框选文字右击弹出的快捷菜单

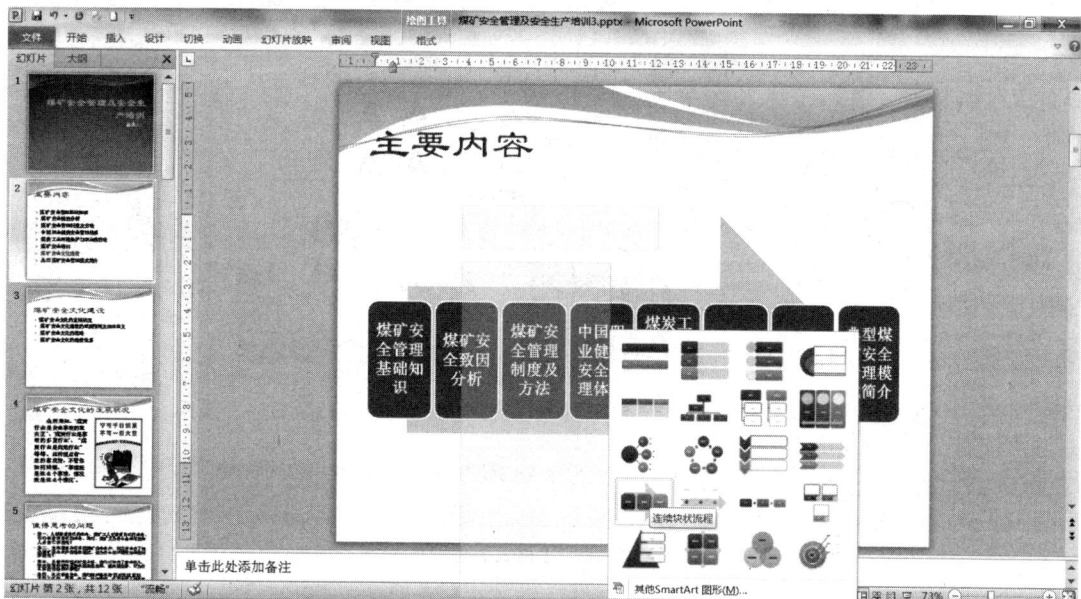

图4-2-28 鼠标移动到"连续块状流程"可以预览

STEP 2 按照此法可完成第 2、3、7、11、12 张幻灯片。此处不再重复。选中转换好的 SmartArt 图形，会显示【SmartArt 工具】下的【设计】和【格式】选项卡，从中可以改变图形的布局、SmartArt 样式、形状样式等，如图 4-2-29 和图 4-2-30 所示。

图4-2-29　正文文字

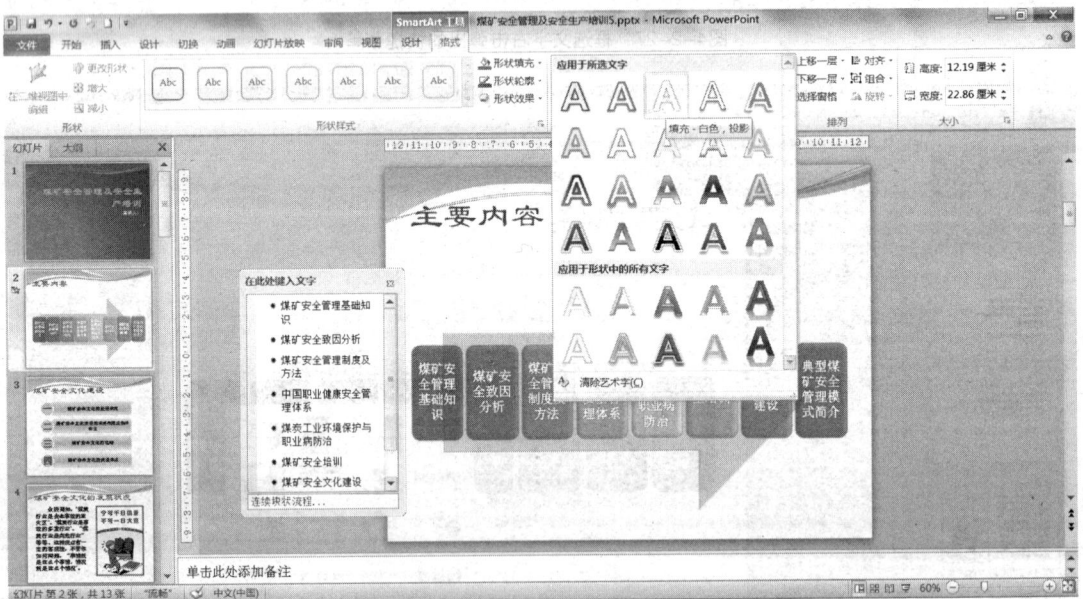

图4-2-30　【格式】选项卡

STEP 3 在本演示文稿的第 5 张和和第 8 张幻灯片中，使用了【插入】选项卡中【形状】命令，这里需要先绘制矩形，然后右击矩形，在弹出的快捷菜单中选择【编辑文字】，此时矩形内会出现光标闪烁，把之前准备好的文字粘贴进去即可，如图 4-2-31 至图 4-2-33 所示。

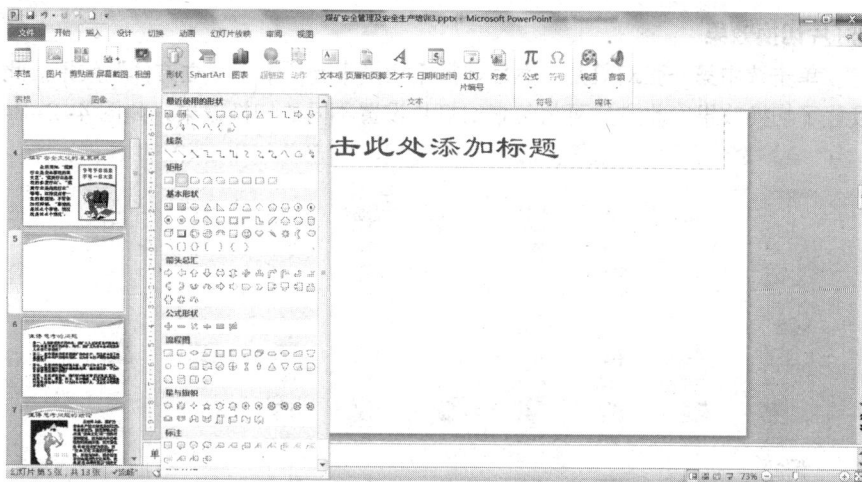

图4-2-31 【插入】选项卡中选择【形状】命令

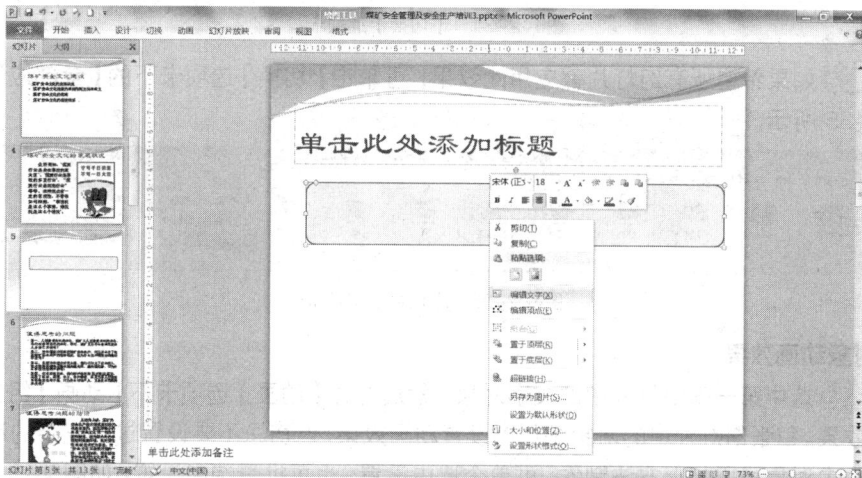

图4-2-32 向矩形中添加文字

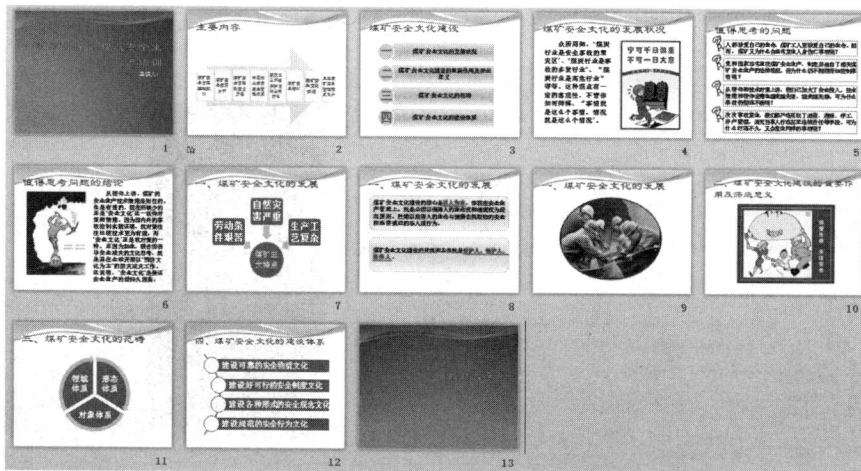

图4-2-33 演示文稿整体效果图

6. 幻灯片切换效果

STEP 1 单击选中第一张幻灯片，然后选择【切换】选项卡下"立方体"效果。此时只有当前幻灯片设置了切换效果。此方法可为每张幻灯片设置不同的切换效果，如图4-2-34所示。

图4-2-34 【切换】选项卡

STEP 2 如果希望所有幻灯片都应用此效果，可单击【切换】选项卡下的【全部应用】命令，如图4-2-35所示。

图4-2-35 【切换】选项卡

7. 对象动画效果

STEP 1 选中第一张幻灯片中的文字对象，然后选择【动画】选项卡下【动画】组里"浮入"动画进入效果。每张幻灯片中的对象都可以设置动画效果，但切忌不要设置过分复杂的动画效果。其余幻灯片中对象可用如上方法制作，可单个选中设置，也可批量选中设置，如图4-2-36所示。

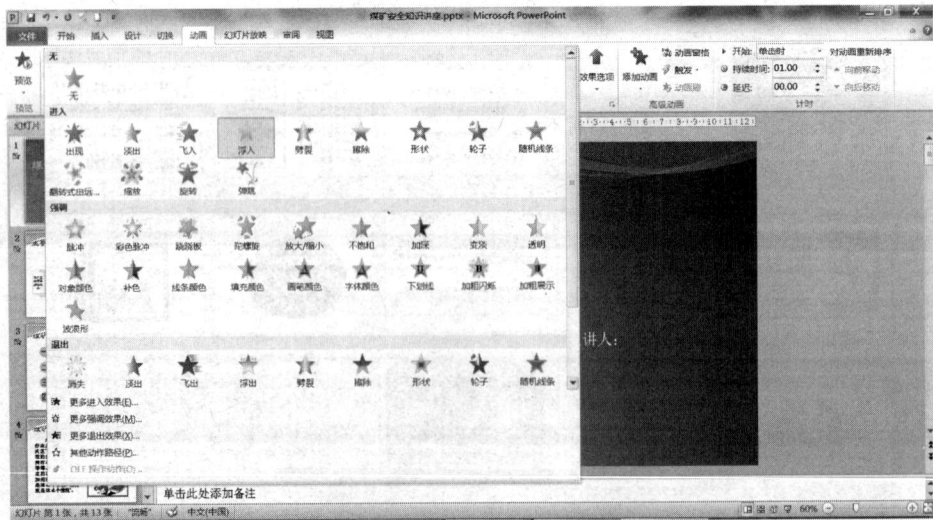

图4-2-36 【切换】选项卡

STEP 2 设置"浮动"效果的"方向"为"上浮";"序列"为"作为一个对象",如图 4-2-37 所示。

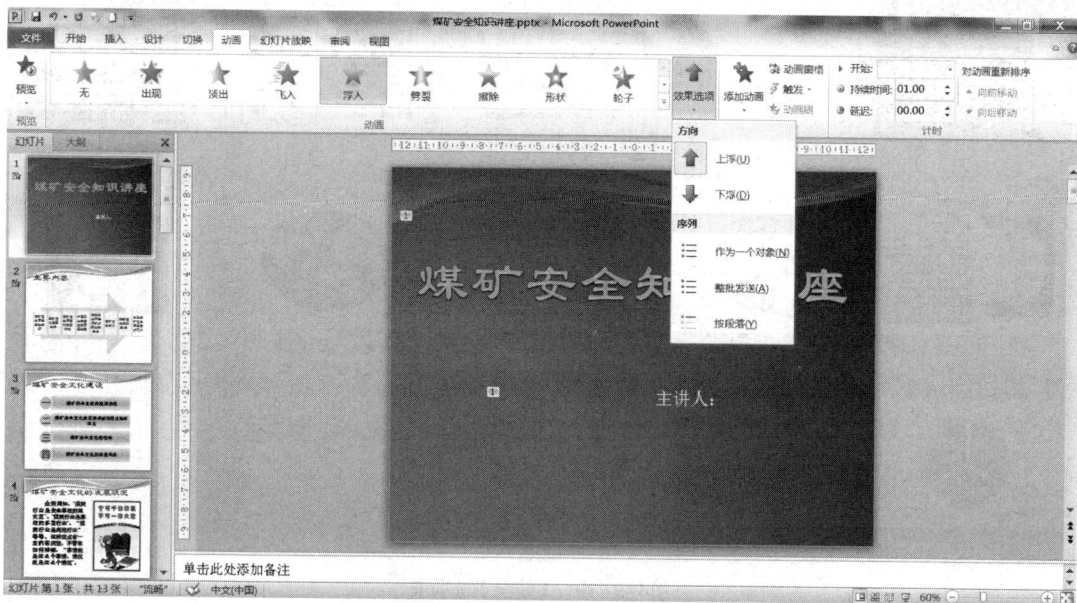

图4-2-37　【切换】选项卡

STEP 3 同一对象是可以重复设置动画效果的,这些动画效果会按顺序播放。此处标题性文字我们可以重复设置效果,单击【动画】选项卡→【添加动画】→【强调】效果中的"脉冲",如图 4-2-38 所示。

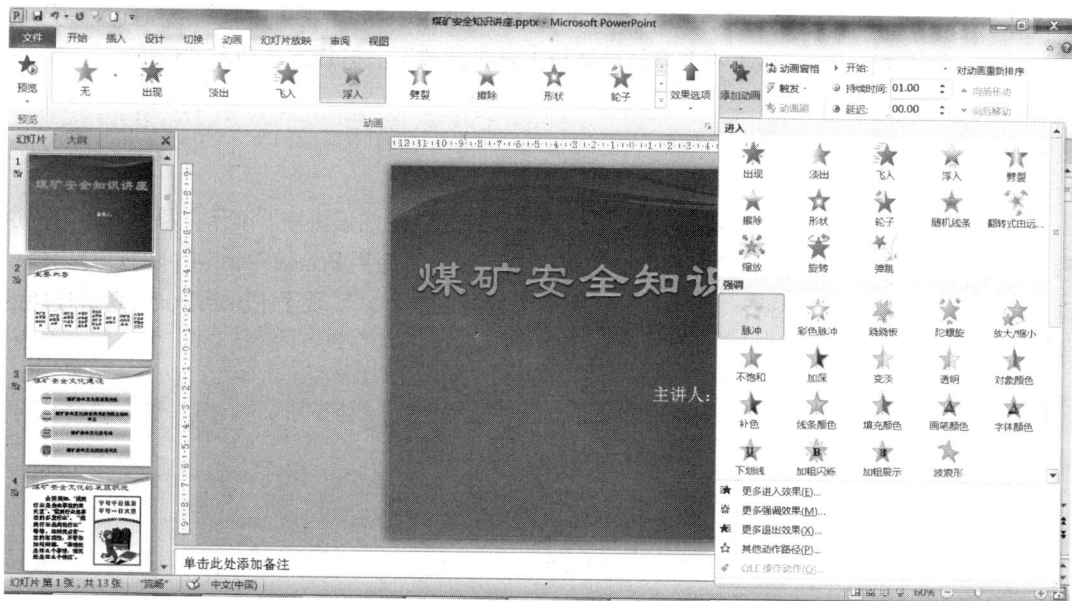

图4-2-38　【动画】选项卡

STEP 4 其余幻灯片或按以上方法进行设计制作,这里不再重述。所有动态效果添加以后,在每张幻灯片的左下角都会出现设置动态效果后的图标，如图 4-2-39 所示。

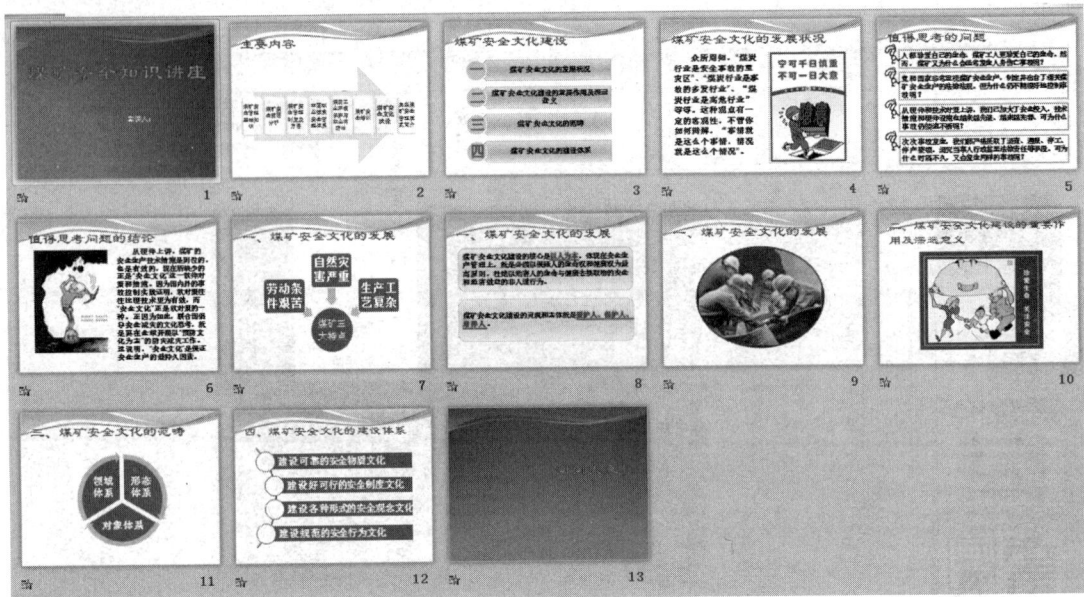

图4-2-39　【动画】选项卡

8.　打包输出

打包，指的是将独立的但已经综合使用的单个或者多个文件，集成在一起，生成一种独立于运行环境的文件。将 PowerPoint 打包能解决运行环境的限制、文件损坏或者无法调用等不可预料的问题。比如，打包文件能在没有安装 PowerPoint、Flash 的运行环境下，以及目前主流的各种操作系统下运行。打包好的文件如果拷贝到 U 盘，刻录成 CD，就可以拿到没有 PowerPoint 的计算机或者 PowerPoint 版本不兼容的计算机上正常播放了。打包方法参考"任务一"中相关内容。

4.2.5　任务小结

通过在 PowerPoint 2010 环境下编辑制作完成"煤矿安全知识讲座"演示文稿，在学习的过程中熟悉了 PowerPoint 2010 更多的动态效果制作，学会了使用 PowerPoint 中的幻灯片切换、对象动画效果、艺术字、图表、音频、视频等高级效果的制作，实现了 PowerPoint 高级技能的学习与掌握。

参考文献

[1] 宋翔. Word 排版之道. 北京：电子工业出版社，2015.

[2] 王欣欣. 文档之美——打造优秀的 Word 文档（第 2 版）. 北京：电子工业出版社，2014.

[3] Excel Home. Word 2010 实战技巧精粹. 北京：人民邮电出版社，2012.

[4] 黄华，姜晓，陈丹儿. Excle 表格设计大师. 北京：中国铁道出版社，2009.

[5] Excel Home. Excle 2010 数据处理与分析实战技巧精粹. 北京：人民邮电出版社，2014.

[6] 刘浩. 美哉！PowerPoint：完美幻灯片演示之路. 北京：电子工业出版社，2009.

[7] 张志，刘俊，包翔. 说服力：工作型 PPT 该这样做. 北京：人民邮电出版社，2011.

[8] 张志，刘俊，包翔. 说服力：让你的 PPT 会说话. 北京：人民邮电出版社，2011.

[9] 聂敏，芦彩林，刘继华. 计算机应用基础：Windows 7+Office 2010. 北京：电子科技大学出版社，2016.

[10] 邓蓓，孙锋. 新思路计算机应用基础教程. 北京：中国铁道出版社，2013.

[11] 刘士杰. 办公自动化设备的使用与维护. 北京：人民邮电出版社，2013.

[12] 王德永，杨立峰. 计算机应用基础项目化教程. 北京：人民邮电出版社，2011.

[13] 未来教育与科学研究中心. 2017 年 3 月计算机等级考试二级 MS Office 教材. 北京：电子科技大学出版社，2016.

[14] 全国计算机等级考试教材. 2017 年 3 月计算机等级考试二级 MS Office 上机考试题库. 北京：电子科技大学出版社，2016.

[15] 全国计算机等级考试教材. 2017 年 3 月计算机等级考试二级 MS Office 模拟考场. 北京：电子科技大学出版社，2016.

[16] 唐琳，李少勇. PowerPoin 2013 实用幻灯片制作. 北京：清华大学出版社，2015.